Beck'sche Schwarze Reihe
Band 299

W0035035

WOLFGANG VAN DEN DAELE

Mensch nach Maß

*Ethische Probleme
der Genmanipulation
und Gentherapie*

VERLAG C.H.BECK MÜNCHEN

Mit 6 Tabellen

CIP-Kurztitelaufnahme der Deutschen Bibliothek

Daele, Wolfgang van den:
Mensch nach Maß : eth. Probleme d. Genmanipula-
tion u. Gentherapie / Wolfgang van den Daele. –
München : Beck, 1985.
   (Beck'sche Schwarze Reihe ; Bd. 299)
   ISBN 3 406 30863 5

NE: GT

ISBN 3 406 30863 5

Originalausgabe
Einbandentwurf von Rudolf Huber-Wilkoff, München
© C. H. Beck'sche Verlagsbuchhandlung (Oscar Beck), München 1985
Gesamtherstellung: Georg Appl, Wemding
Printed in Germany

Inhalt

Kapitel I

Embryonen im Labor und künstliche Familien.
Konsequenzen der Befruchtung außerhalb des Mutterleibes .

Kapitel II

Genomanalyse, genetische Tests und ‚Screening‘. Fortschritte der Medizin und der sozialen Kontrolle.

Kapitel IV

Kapitel V

Vorbemerkung

Die hier vorgelegten Untersuchungen fassen Materialien einer Studiengruppe der *Vereinigung Deutscher Wissenschaftler e. V. (VDW)* zusammen, in der wir von 1982–1985 Probleme, Chancen und mögliche Folgen der Anwendung neuer Techniken der experimentellen Neukombination von Genen und der Fortpflanzungsbiologie behandelt haben. Die Arbeit der Studiengruppe wurde vom Bundesminister für Forschung und Technologie finanziell gefördert.

Der Gruppe gehörten die folgenden Personen an:

Günter Altner, Universität Heidelberg; *Kurt Bayertz,* Universität Bielefeld; *Klaus Buchholz,* Institut für landwirtschaftliche Technologie und Zuckerindustrie, Braunschweig; *Jobst Conrad,* Wissenschaftszentrum Berlin; *Friedrich Cramer,* Max-Planck-Institut für experimentelle Medizin, Göttingen; *Wolfgang van den Daele,* Universität Bielefeld; *Hans-Günter Gassen,* Technische Hochschule Darmstadt; *Joachim Hahn,* Tierärztliche Hochschule Hannover; *Frank Herzfeld,* Technische Universität Hannover; *Rainer Hohlfeld,* Institut für Wissenschaft und Gesellschaft, Erlangen; *Jürgen Hübner,* Forschungsstätte der Evangelischen Studiengemeinschaft, Heidelberg; *Volker Kasche,* Universität Bremen; *Regine Kollek,* Universität Hamburg; *Georg Melchers,* Max-Planck-Institut für Biologie, Tübingen; *Klaus-Michael Meyer-Abich,* Universität Essen; *Klaus Röhring,* Evangelische Akademie, Hofgeismar; *Hans-Peter Schreiber,* Oberwil, Schweiz; *Hans-Peter Vosberg,* Max-Plank-Institut für medizinische Forschung, Heidelberg.

Nur in einem interdisziplinären Kontext, wie ihn die Studiengruppe darstellt, kann man versuchen, die komplexen Probleme zu bearbeiten, die das Thema der nachfolgenden Untersuchungen sind. Ich danke den Mitgliedern der Studiengruppe für vielfältige Anregungen, Diskussionen und Kritiken. Ferner danke ich für die

Durchsicht von Teilen des Manuskripts und für sachliche Hinweise den Herren Dr. *M. Al-Hasani* und Dr. *K. Diedrich*, Medizinische Hochschule Lübeck, Prof. *Joachim Hahn*, Tierärztliche Hochschule Hannover, Prof. *Jürgen Kunze* und Prof. *Karl Sperling*, Freie Universität Berlin, Prof. *Arno Motulsky*, University of Washington, Seattle, und Prof. *Wilhelm Steinmüller*, Universität Bremen.

Einleitung
Technische Möglichkeiten und moralische Probleme

„Die Beschreibung des Lebens auf molekularer Ebene bedeutet den Beginn einer Technologie zur Umgestaltung der lebendigen Welt nach menschlichen Zwecken, zur Neukonstruktion der uns umgebenden Lebensformen – jede wie wir das Ergebnis von drei Milliarden Jahren Evolution – zu Projektionen des menschlichen Willens. Und viele sind tief beunruhigt durch diese Aussicht."

Robert Sinsheimer[1]

Am beunruhigendsten ist vielleicht die Aussicht, daß die Neukonstruktion des Lebendigen nicht auf Bakterien, Pilze oder Schweine beschränkt bleibt, sondern auch den Menschen erfassen wird. Die moderne Biologie macht Eigenschaften der menschlichen Natur, die bislang Grenzen und Bezugspunkte technischen Handelns waren, nunmehr selbst zu Objektbereichen dieses Handelns. Der Mensch kann sich in einem neuen Sinne selber machen.

Nun ist der Mensch überhaupt ein Wesen, das sich selbst erzeugt. Es ist sozusagen seine besondere biologische Natur, Kultur hervorzubringen, die Umwelt zu manipulieren und Zwänge der natürlichen Evolution durch selbstgeschaffene historische Bedingungen zu ersetzen. Dadurch verändert er seine Natur. Die Erfindung der Landwirtschaft, die Einführung der Schrift, Stadtentwicklung, Wissenschaft und Industrialisierung haben sich auf unsere körperliche Konstitution ausgewirkt, auf unsere typischen Krankheiten, unser Lebensalter und unsere durchschnittliche Kinderzahl, unsere psychischen Strukturen und Bedürfnisse. In zweifacher Hinsicht aber waren die Veränderungen der menschlichen

Natur bislang begrenzt. Sie haben gewisse grundlegende biologische Prozesse des Lebens ausgeklammert. Und sie waren, obwohl von Menschen gemacht, nicht von Menschen gesteuerte Projekte. Sie waren Resultate historischer Entwicklungen, nicht Optionen, über die nach Abwägung von Zielen und Mitteln entschieden wurde. Beide Begrenzungen beginnt die Wissenschaft aufzulösen. Sie macht die Selbsterzeugung des Menschen zum technologischen Projekt.

Diese Perspektive ist ambivalent. Einerseits eröffnen sich neue Handlungsmöglichkeiten. Wir können vielleicht unsere Lebenszeit verlängern, erbliche Krankheiten vermeiden oder heilen, unsere emotionalen und intellektuellen Ressourcen erweitern. Andererseits entfällt die Beruhigung, daß wir gewisse Dinge glücklicherweise nicht können.

Bislang stand die biologische Verfassung des Menschen kaum zur Disposition. Körperbau und Organfunktionen, Geschlecht und Fortpflanzung, grundlegende Antriebe und Kompetenzen folgten biologischen Normen der Evolution, die wir nicht außer Kraft setzen, und Zufallsprozessen der Rekombination von Genen der Eltern, die wir nicht steuern konnten. Jeder hatte diese Eigenschaften als gegeben, als Schicksal hinzunehmen. Wir konnten sie beeinträchtigen oder zerstören, im günstigen Fall auch einmal wiederherstellen, aber wir konnten sie kaum gezielt verändern.

Eben diese Situation wird durch die neuen Biotechniken beendet. In Zukunft wird vielleicht unsere heutige Art, Kinder zu bekommen, nur noch eine unter vielen Möglichkeiten sein, wie man sich fortpflanzen kann. Wir werden die Erbanlagen unserer Kinder vorgeburtlich analysieren und auswählen, ja vielleicht in einigen Fällen auch rekonstruieren können. Es wird persönlichkeitsverändernde Drogen geben. Mit Fantasie kann man am Horizont exotische Verbindungen von Gehirnen und Computern und Zwischenformen von Mensch und Tier heraufkommen sehen.

Die menschliche Natur wird unter dem Einfluß von Wissenschaft und Technik kontingent, d.h. sie kann auch anders sein, als sie gegenwärtig ist. Damit wird sie entscheidungsfähig und zunehmend auch entscheidungsbedürftig. Selbst der Verzicht auf jeden

Eingriff erscheint dann noch als ein bewußter Akt der Herstellung menschlicher Natur. Nach welchen Kriterien sollen solche Entscheidungen fallen? Und wer soll sie treffen? Wie und wozu soll die Macht, die uns hier über uns selbst zuwächst, genutzt werden? Gibt es Grenzen, jenseits derer ihre Anwendung zwar noch technisch möglich, moralisch aber nicht mehr zu vertreten wäre? Haben wir Maßstäbe, Mißbrauch und akzeptable Nutzung zu unterscheiden? Sollten wir in manchen Fällen schon auf die Entwicklung des technischen Wissens selber und nicht erst auf seine Anwendung verzichten?

Diese Fragen sollen im folgenden für eine Reihe von Techniken und Anwendungen der modernen Genetik und Fortpflanzungsbiologie behandelt werden. Die Fragen sind moralische. Moral mißt Handlungen nicht an relativen, bedingten Zweckmäßigkeiten und an Präferenzen (also dem, was wir erreichen *wollen*), sondern an absoluten Werten und den daraus sich ergebenden Pflichten (also dem, was wir erreichen *sollen*). Es geht nicht darum, ob wir klug oder ökonomisch oder auch einfach nur demokratisch legitimiert handeln, wenn wir eine Technik in diesem oder jenem Fall anwenden. Es geht darum, ob uns solche Anwendung erlaubt bzw. vielleicht geboten ist.

Moralische Diskussionen setzen Maßstäbe der Bewertung voraus. Die Suche nach diesen Maßstäben muß von den in unserer Gesellschaft geltenden Wertvorstellungen ausgehen. Moral ist eine soziale Tatsache. Sie entspringt weder allein dem privaten Gewissen, noch kann man sie neu konstruieren. Wir finden sie vor und leben in ihr. Selbst wo wir sie im einzelnen kritisieren, müssen wir uns noch auf ihre Prinzipien im allgemeinen berufen. Die Frage ist jedoch, ob die geltende Moral überhaupt noch über allgemein verbindliche Maßstäbe verfügt, die sich sozialen Regeln für die Anwendung der neuen Biotechniken zugrundelegen ließen.

Die spontane moralische Entrüstung, die einige der möglichen Anwendungen, z.B. Menschenzüchtung, das Klonen (die ungeschlechtliche Vermehrung) von Individuen oder Mensch-Tier-Verbindungen in uns wachrufen, könnte als Indikator für das Bestehen solcher Maßstäbe genommen werden. Aber unsere Gefühle täuschen. Sie sind bezeichnenderweise um so klarer, je weiter die Realisierung der Technik noch aussteht. Die Techniken kommen jedoch in kleinen Schritten, die für sich genommen nicht unplausibel sind, und an die man sich gewöhnen kann. Es fragt sich, wie stabil und vor allem wie übereinstimmend unsere moralischen Gefühle unter dann so veränderten Umständen sein werden. Menschenzüchtung etwa stößt heute auf einhellige Ablehnung. Die technischen Voraussetzungen dazu aber werden mit Sicherheit geschaffen werden, mit medizinischen Rechtfertigungen. Wenn gezielte Gentherapie erst einmal Routine ist, werden sich als nächstes Eltern auf ein subjektives Recht berufen, ihre Kinder genetisch mit ,günstigen' Eigenschaften auszustatten (robuste Gesundheit, Intelligenz, angenehmes Äußeres usw.). Ist dieser Schritt getan, erscheint es keineswegs mehr ganz abwegig, daß auch der Staat im Interesse der Gesamtentwicklung versucht, den Genpool der Bevölkerung zu beeinflussen – etwa wie er in der Gegenwart versucht, das Bildungsniveau der Bevölkerung zu beeinflussen.

Was die Suche nach verbindlichen Bewertungsmaßstäben so schwierig macht, ist der Pluralismus und die Relativität unserer geltenden Moral.

Nicht alle Wertvorstellungen werden von allen Mitgliedern der Gesellschaft geteilt. In vielen Bereichen ist, was der eine als absolutes Gebot betrachtet, für den anderen nur eine unverbindliche Vorliebe. Soweit dieser Pluralismus reicht, wird sozialer Zusammenhang nicht durch gemeinsame moralische Regeln hergestellt, sondern durch Toleranz und die Achtung wechselseitiger Freiheit. Jeder soll nach seiner Façon selig werden können. Der Pluralismus ist jedoch begrenzt. Wir haben kollektiv geteilte Wertvorstellungen, etwa in den Prinzipien der Verfassung und ihren Interpretationen: Würde des Menschen, Freiheit der Person, Gleichheit usw., sowie in vielen Normen unseres Strafrechts. Wir greifen auf solche Vorstellungen zurück, wenn wir über die Sittenwidrigkeit von Rechtsgeschäften urteilen (§ 138 Bürgerliches Gesetzbuch) und die Einhaltung des Sittengesetzes als immanente Schranke des Grundrechtsgebrauchs anerkennen (Art. 2, Absatz 1 des Grundgesetzes). Auf diesen Hintergrund geteilter Wertungen müssen moralische Urteile über die Anwendung der neuen Techniken bezogen werden, wenn sie die Chance haben sollen, soziale Regeln zu werden.

Die geteilten Wertungen sind räumlich und zeitlich relativ. Sie gelten für uns heute. Andere Länder und andere Epochen haben andere Maßstäbe. Moral ist wandelbar. Aber ist sie darum weniger verbindlich? Die Tatsache, daß andere Kulturen Kindestötung nach der Geburt als Mittel der Familienplanung akzeptieren oder hilflose Alte aussetzen, bedeutet nicht, daß wir das eigentlich auch tun könnten. Das Bewußtsein, daß wir selbst oder unsere Nachkommen die jetzt gültigen Werte einmal ablehnen könnten, muß zwangsläufig das Pathos unserer moralischen Urteile – und Verurteilungen – verringern. Aber es macht moralische Urteile, die diese Werte zum Maßstab nehmen, nicht unsinnig.

Im folgenden werden wir das Recht, von den Verfassungsgrundsätzen bis zur Einzelrechtsprechung, als eine wichtige, wenn auch nicht als alleinige Quelle zur Erkenntnis von kollektiv geteilten Wertvorstellungen verwenden. Unser Ziel wird es sein, aus typischen Fallentscheidungen und Konfliktlösungen allgemeine Wertungsgesichtspunkte zu gewinnen, die auf die neuen, durch die Biotechniken gestellten Probleme anwendbar sind. Das Verfahren ist induktiv, nicht deduktiv. Es geht von konkreten Problemlösungen aus und versucht, die darin implizierten Prämissen herauszuarbeiten. Dagegen wird nicht der Versuch gemacht, solche Prämissen aus obersten Prinzipien der Moral herzuleiten. Modell dieser Vorgehensweise ist eher die richterliche Rechtsfortbildung als das rationale Naturrecht. Die Anknüpfung der Wertungen an faktische Entscheidungen in der Gesellschaft ist wichtiger als ihre Begründung aus einem Systementwurf.[2]

Natürlich kann keine noch so klare Anknüpfung an in der Gesellschaft schon getroffene Entscheidungen solchen Wertungen den Charakter einer zwingenden Ableitung geben. Sowohl die Wahl der Ausgangspunkte und Prämissen wie deren Fortentwicklung zu anwendbaren Regeln implizieren weitere Wertungen. Letztlich müssen diese sämtlich ihrerseits in soziale Prozesse zurückgebunden werden, nämlich in Diskussionen über akzeptable und wünschenswerte Mittel und Ziele menschlichen Handelns. Alles Folgende ist als Beitrag zu einer solchen Diskussion zu verstehen.

Die gewählte Vorgehensweise bedingt eine relativ pragmatische, d. i. handlungsorientierte Analyse der Probleme. Unsere Themen sind: die künstliche Befruchtung außerhalb des Mutterleibes und die damit zusammenhängenden Varianten menschlicher Fortpflanzung, die Diagnose und Prognose menschlicher Erbanlagen, die eugenische Selektion in der Bevölkerung und Gentherapie. Das abschließende Kapitel faßt einige grundsätzliche Aspekte des sich abzeichnenden Verhältnisses zur menschlichen Natur zusammen und diskutiert die Verlagerung der normativen Probleme von der Moral zur Politik.

Kapitel I
Embryonen im Labor und künstliche Familien.
Konsequenzen der Befruchtung außerhalb des
Mutterleibes

1. Stand der Technik, Anwendungen, offene Probleme

Die Technik der In-vitro-Befruchtung (IVB) ist in der Öffentlichkeit unter dem irreführenden Titel ‚Retortenbaby' bekanntgewor-
den. Sie besteht im wesentlichen darin, daß die ersten 48 bis höchstens 72 Stunden der menschlichen Embryonalentwicklung, von
der Befruchtung der Eizelle bis zu den frühen Zellteilungen, aus
dem Eileiter der Frau ins Labor verlegt werden (in vitro = im
Glas). Die benötigten Eizellen werden der Frau durch einen operativen Eingriff (Bauchspiegelung) entnommen. Zuvor werden die
Eierstöcke durch Hormongaben dazu stimuliert, in einem Zyklus
mehrere Eier reifen zu lassen (Superovulation). Die Eizellen werden in einer Lösung mit männlichem Samen befruchtet und bis
zum 4- bis 8-Zellstadium kultiviert. Dann werden sie, sofern ihre
Entwicklung erkennbar normal ist, in die Gebärmutter übertragen.
In der Regel werden zwei bis drei Embryonen übertragen. Die
Technik impliziert keine Eingriffe in die embryonalen Zellen selbst.
Die Embryonen werden in einem Stadium zurückverpflanzt, das
auch bei normaler Befruchtung in vivo (= im Körper) vor der Einnistung in der Gebärmutter liegt. In diesem Stadium hat der Embryo noch keine spezialisierten Zellen ausgebildet. Zellen, die später den Fötus mit seinen Organen bilden werden, sind noch nicht
differenziert von Zellen, die die Plazenta und die Nabelschnur bilden werden.[1]
  Hauptanwendungsbereich der In-vitro-Befruchtung ist die Behandlung von Unfruchtbarkeit bei Frauen mit defekten Eileitern.

Von Verfechtern der Technik wird die Zahl der in Frage kommenden Frauen in der Bundesrepublik auf etwa 100 000 geschätzt, wobei allerdings offen ist, wieviele von ihnen auch tatsächlich ein Kind wollen. Aber nicht die bloße Zahl möglicher Fälle, sondern die außerordentliche Intensität, mit der die betroffenen Frauen ihren Kinderwunsch verfolgen, dürfte der Hauptfaktor für die Durchsetzung der Technik sein. Die Zahl der in vitro gezeugten Kinder wächst schnell. Von 1978–1982 waren weltweit etwas über 70 Geburten zu verzeichnen. Bis Anfang 1984 waren es schon über 500 mit insgesamt fast 600 Kindern, bis Mitte 1985 allein in der Bundesrepublik über 130. Hier führen etwa 20 Kliniken und Facharzt-Praxen In-vitro-Befruchtung durch. Die Erlanger Klinik hatte im April 1983 eine Warteliste von etwa 1500 Personen.[2]

Die In-vitro-Befruchtung steht an der Schwelle vom medizinischen Experiment zur Routinebehandlung. Technisch liegt ein gewisses Problem nach wie vor in der niedrigen Erfolgsrate, gemessen an der Zahl der Schwangerschaften, die pro Zahl übertragener Embryonen erzielt wird. Bei den Engländern *Edwards* und *Steptoe* lag die Rate 1978, als sie das erste Kind in vitro erzeugten, bei etwa 1%. Heute dürfte sie zwischen 10% und 20% betragen. Die meisten übertragenen Embryonen gehen also verloren. Ähnliches gilt allerdings auch für die natürliche Befruchtung. Nur etwa 30% der entstehenden Embryonen nisten sich dauerhaft ein. Die Gründe für die hohe Verlustrate bei der In-vitro-Befruchtung sind nicht vollständig geklärt. In Frage kommen der Zeitpunkt der Eigewinnung, Abnormalitäten des Embryos infolge der Entwicklung unter Laborbedingungen oder die Techniken und der Zeitpunkt der Verpflanzung in die Gebärmutter. Man vermutet, daß die physikalischen und physiologischen Belastungen durch die Laborumwelt, z. B. der Lichteinfluß oder das Fehlen von Hormonen und anderen ‚Frühschwangerschaftsfaktoren‘ im künstlichen Nährmedium wichtige Variablen für die Überlebensfähigkeit des Embryos sind.

Die Befürchtung, daß das Verfahren mit den Embryonen im Labor zu Mißbildungen beim späteren Kind führen könnte, hat sich nicht bestätigt. Zwar ist nicht undenkbar, daß die niedrige Erfolgsrate bei der Embryoübertragung und der relativ hohe Anteil von

Fehlgeburten bei In-vitro-Befruchtungs-Schwangerschaften u. a. auch auf Schädigungen des Embryos zurückzuführen sind. Das Risiko, daß solche Schädigungen zur Geburt geschädigter Kinder führen, wird jedoch für gering gehalten. Die Kliniker vertrauen auf ein gewisses ‚Alles-oder-Nichts-Prinzip‘: Embryonen, die in dieser frühen Phase geschädigt werden, sind mit hoher Wahrscheinlichkeit überhaupt nicht entwicklungsfähig. Sie werden also gar nicht erst eingenistet oder später abgestoßen und jedenfalls nicht geboren.[3] Die bisherigen In-vitro-Befruchtungs-Geburten scheinen dieses Vertrauen zu rechtfertigen.

Die Möglichkeiten der In-vitro-Befruchtungs-Technik reichen über die Behandlung eileiterbedingter Unfruchtbarkeit hinaus. Der Embryo muß nicht notwendigerweise in die Gebärmutter der Spenderin der Eizelle zurückverpflanzt werden. Jede andere Frau kann das Kind austragen. Frauen, die keine funktionsfähige Gebärmutter haben oder aus irgendwelchen Gründen (z. B. beruflichen oder psychischen) eine Schwangerschaft nicht auf sich nehmen wollen, könnten also ein genetisch eigenes Kind durch eine ‚Ersatzmutter‘ oder ‚Mietmutter‘ austragen lassen.

Die In-vitro-Befruchtung macht menschliche Embryonen außerhalb des Körpers der Frau verfügbar und eröffnet so ein weites Feld für technische Eingriffe, die teils schon realisierbar sind, teils durch die weitere Entwicklung möglich werden könnten.[4] So können Embryonen tiefgefroren und für Zwecke der Familienplanung gelagert werden. Sie können durch Teilung vervielfältigt werden. Dabei entstehen genetisch identische (eineiige) Zwillinge, die man zur Geschlechtsbestimmung oder Diagnose erblicher Krankheiten verwenden könnte, falls man zuläßt, daß im Testverfahren (etwa der Chromosomenanalyse) der eine Embryo für den anderen ‚verbraucht‘ wird. Gentherapie in der Keimbahn, sollte sie jemals möglich sein, würde vermutlich ebenfalls an In-vitro-Befruchtungs-Embryonen ansetzen.

Die In-vitro-Befruchtung liefert der Wissenschaft menschliche Embryonen als mögliche experimentelle Systeme für embryologische, immunologische und pharmakologische Forschung außerhalb der Fortpflanzung. Dabei ist technisch die Entwicklung in vi-

Tabelle 1: Technische Perspektiven der menschlichen Fortpflanzung und des Verfahrens mit Embryonen

Verfahren mit Embryonen	Mögliche Anwendungen im Rahmen der Fortpflanzung	Mögliche Anwendungen außerhalb der Fortpflanzung
ohne Eingriffe in die befruchtete Eizelle:		
Kultivierung in vitro bis zu einem Entwicklungsstadium vor der Einnistung	Embryoübertragung auf die Mutter (Patientin mit Kinderwunsch)	Embryonen als experimentelles Material der Forschung
	Embryoübertragung auf eine andere Frau (Austragung durch ‚Ersatzmutter‘)	
Gefrierkonservierung	Lagerung für spätere Übertragung (Familienplanung)	Lagerung für den ‚Verbrauch‘ in der Forschung
Kultivierung in vitro über das Entwicklungsstadium der Einnistung hinaus	‚vorgeburtliche‘ Entwicklung außerhalb des Mutterleibes (echtes Retortenbaby)	Embryonen höherer Entwicklung als Material der Forschung
		Züchtung von Embryonalgewebe für Organtransplantationen
mit Eingriffen in die befruchtete Eizelle:		
Embryoteilung und Embryovervielfältigung	Schaffung von eineiigen Zwillingen (Mehrlingen)	Vermehrung genetisch homogenen Forschungsmaterials
	genetische Diagnostik und Selektion	
	Geschlechtsbestimmung und Selektion	
Entnahme von Zellen	genetische Diagnostik und Geschlechtsbestimmung	
Chimärenbildung (Mischung von Zellinien unterschiedlicher Herkunft)		experimentelles System für die Forschung
Kerntransplantation (‚Klonierung‘)	Nachkommen, die mit einem Elternteil genetisch identisch sind	Züchtung von genetisch identischem Embryonalgewebe für Organtransplantation
Genübertragung	Korrektur genetischer Defekte (Gentherapie)	
	Konstruktion genetischer Eigenschaften (Menschenzüchtung)	

tro nicht unbedingt auf das Stadium beschränkt, in dem normalerweise die Einnistung des Embryos in der Gebärmutter stattfindet. Theoretisch könnte die vollständige Embryonalentwicklung in vitro versucht werden, mit dem Ziel, ein echtes ‚Retortenbaby‘ möglich zu machen. Embryonale Zellen können benutzt werden, um Chimären, Mischungen mit Zellinien anderer Arten, herzustellen. Chimären eignen sich besonders zur experimentellen Untersuchung der Embryonalentwicklung.

Schließlich ist denkbar, daß man in menschlichen Embryonen ‚kloniert‘, etwa den Kern der embryonalen Zelle durch den Kern der Zelle eines anderen Individuums ersetzt. Bei Mäusen ist dies schon gelungen. Beim Menschen könnte es dazu dienen, sich genetisch identische Nachkommen zu verschaffen oder embryonales Gewebe zu züchten, das ohne Gefahr einer Immunreaktion als Material für Organtransplantationen beim Spender des Zellkerns verwendet werden kann. Allerdings ist dies bislang bloße Fantasie.

Eine Übersicht über mögliche Anwendungsbereiche der In-vitro-Befruchtung und die zugrundeliegenden technischen Eingriffe in menschliche Embryonen gibt die nebenstehende Tabelle 1.

Als Methode zur Behandlung von Unfruchtbarkeit stößt die In-vitro-Befruchtung heute weder bei der medizinischen Profession noch in der Öffentlichkeit auf nennenswerten Widerspruch. Unfruchtbarkeit ist eine Abweichung von der ‚normalen‘, die menschliche Art kennzeichnenden Beschaffenheit des Körpers und gilt deshalb als Krankheit. Die In-vitro-Befruchtung wird dabei als Behandlungsform offenbar ebenso akzeptiert wie beispielsweise Nierenwäsche, Plastikadern oder sonstige Prothesen, mit denen wir körperliche Funktionsmängel ausgleichen.

Die Finanzierung durch die Krankenversicherung dürfte gewährleistet sein. Der Deutsche Ärztetag hat im Mai 1985 Richtlinien verabschiedet, die die Durchführung der In-vitro-Befruchtung in der Bundesrepublik berufsrechtlich absichern.[5]

Von bloß noch historischem Interesse ist heute auch die Frage, ob es moralisch gerechtfertigt war, das Risiko der erstmaligen An-

wendung der In-vitro-Befruchtung auf den Menschen einzuge-
hen.[6] Die Frage war 1978 keineswegs beantwortet. Die Wissenschaftler sind das Risiko eingegangen, und sie haben offenbar
Glück gehabt. Ihre Vorgehensweise ist ein Beispiel für die Tendenz, öffentliche Debatten darüber, was ein Forscher darf und was
er nicht darf, mit einer Politik der ‚vollendeten Tatsachen' zu unterlaufen.

Wir werden im folgenden den Normalfall der In-vitro-Befruchtung zur Behandlung von Unfruchtbarkeit nicht mehr thematisieren. Die Probleme, die dann noch offen bleiben, betreffen die Ausdehnung des Anwendungsbereichs von In-vitro-Befruchtung und
die Begrenzung der weiteren technischen Eingriffe in menschliche
Entwicklung, die im Rahmen der In-vitro-Befruchtung möglich
werden. Im einzelnen sind diese Probleme:

– die Anwendung von In-vitro-Befruchtung für Prävention und
Therapie erblicher Krankheiten, für Familienplanung und Geschlechtsbestimmung und zur Verbesserung des menschlichen Erbguts

– Verfahren mit Embryonen, die in die Gebärmutter übertragen
werden sollen: Gefrierkonservierung, Teilung, Embryobanken

– die Verwendung von Embryonen, die nicht übertragen werden sollen, als experimentelle Systeme in der Forschung

– die Übertragung von Embryonen in ‚Ersatzmütter' oder
‚Mietmütter'.

Zunächst sollen einige der Prämissen präzisiert werden, die bei
der Bewertung dieser Probleme zugrundegelegt sind.[7]

2. Prämissen der Bewertung

2.1 Menschliche Embryonen in vitro haben moralischen Status

Menschliche Embryonen in vitro sind nicht ein moralisch indiffe-
rentes Material, mit dem man nach Belieben verfahren kann. Zwar
sind sie vor der Einnistung weder strafrechtlich geschützt, noch
können sie als potentielle Rechtsträger (z. B. zukünftige Erben) be-

rücksichtigt werden.[8] Auch in vivo ist ihr Status prekär. Nur ein Bruchteil der befruchteten Eizellen erreicht die Einnistung und damit die Chance zu einer normalen fötalen Entwicklung. Gleichwohl betrachten wir Embryonen nicht bloß als irgendwelche Zellen, sondern als potentielles menschliches Leben, das als solches in unseren Handlungen zu respektieren ist. Dieser Respekt folgt aus der Anerkennung der Unantastbarkeit menschlichen Lebens. Ihm liegt mehr zugrunde als lediglich das Gebot, Leben und Gesundheit des zukünftigen Kindes zu schützen.

Natürlich sind wir verpflichtet, mit Embryonen so zu verfahren, daß zukünftige Kinder nicht gefährdet sind. Diese Verpflichtung allein würde aber den menschlichen Embryo moralisch noch nicht von, sagen wir, einem Auto unterscheiden. Wir sind auch verpflichtet, unser Auto verkehrssicher zu halten, so daß andere nicht gefährdet werden. Das Auto wird deshalb noch nicht zu einem moralischen Gegenstand. Wir können mit ihm relativ beliebig verfahren, es verkaufen, verschrotten, zweckentfremden. Die moralische Wertung von Embryonen zeigt sich aber gerade darin, daß wir von ihrer ‚Zweckentfremdung' zurückschrecken. Es ist schon ein Problem, Embryonen nicht lediglich als Vorform eines möglichen Kindes zu behandeln.

Der Grundsatz der Unantastbarkeit menschlichen Lebens bezieht sich nicht nur auf geborene Menschen, also auf Personen im Rechtssinne. Er erstreckt sich auf Vorstufen der Kindesentwicklung. Auch da, wo wir sie zulassen, betrachten wir die Abtreibung immer noch als ein moralisches Problem. Selbst ein zur Abtreibung vorgesehener Fötus, für den alle Rücksichten, die lediglich aus dem Schutz des zukünftigen Kindes abzuleiten sind, entfallen, verliert seinen moralischen Status nicht vollkommen. So behandeln wir etwa Experimente mit solchen Föten in Analogie zu Experimenten mit Menschen.

Die Frage ist, wo wir die Grenze ziehen, bis zu der wir moralische Verpflichtungen gegenüber den Entwicklungsformen menschlichen Lebens anerkennen. Die Biologie beantwortet diese Frage nicht. Biologisch gibt es von der befruchteten Eizelle bis zum vollentwickelten Fötus ein Kontinuum von Lebensformen, die alle in unterschiedlicher Weise der Möglichkeit nach individuelles menschliches Leben sind. Wir behandeln heute einfache menschliche Körperzellen nicht anders als sonstiges lebendiges Naturmaterial. Menschliche Zellinien werden in Kulturen gezüchtet und können ähnlich wie tierische Zellen als Grundlage für die Produktion biologischer Wirkstoffe dienen. Allerdings würden wir vermutlich schon bei einem Einsatz von kompletten Organen Einspruch erheben. Oder sollte man vielleicht Teile des menschlichen Körpers, die für die industrielle Produktion entsprechend umgesteuert sind, als ‚neu und nützlich' zum Patent anmelden können? Man sollte davon ausgehen, daß der Schritt von moralisch indifferentem Naturmaterial (Biomasse) zu Vorformen menschlichen Lebens, die wir in unseren Handlungen zu respektieren haben, jedenfalls mit dem Übergang zu Embryonen getan ist.

Die Anerkennung eines moralischen Status verlangt nun nicht, daß wir uns jeder instrumentellen Verfügung zu enthalten haben. Tatsächlich lassen wir ja die Abtreibung unter gewissen Voraussetzungen zu. Auch akzeptieren wir die ‚Spirale' als Mittel der Empfängnisverhütung, obwohl deren Wirkung darin besteht, Embryonen an der Einnistung in der Gebärmutter zu hindern. Moralischer Status verlangt jedoch, daß wir unsere Verfügung durch gute Gründe rechtfertigen.

Damit ist die entscheidende Frage, was wir als ‚gute Gründe' anerkennen. Die folgenden Prämissen betreffen die Tragweite zweier Gründe, die durch die Gewährung verfassungsmäßiger Freiheiten in unserer Gesellschaft anerkannt sind: die Selbstbestimmung der Person und der Fortschritt wissenschaftlicher Erkenntnis.

2.2 Es gibt moralische Schranken der Verfügung über sich selbst

Verfügungen über das eigene Leben und den eigenen Körper sind ein Kernbereich der verfassungsrechtlich geschützten Autonomie der Person (Art. 1 und 2 Grundgesetz). Gleichwohl ist Selbstbestimmung nicht der einzige, jeden Eingriff rechtfertigende Gesichtspunkt, unter dem wir die Verfügung einer Person über sich selbst bewerten.

Solche Verfügungen unterliegen Schranken, soweit sie zugleich Eingriffe in schützenswerte Rechte und Interessen anderer bedeuten. Bei Entscheidungen über die Fortpflanzung sind dies insbesondere die Rechte und Interessen des zukünftigen Kindes. Man wird daher beispielsweise Eltern für moralisch verpflichtet halten, bei der Wahl der Fortpflanzungsmethode besondere Risiken für das Kind zu vermeiden.

Nach denselben Gesichtspunkten bleibt die Abtreibung grundsätzlich problematisch. Auch sie berührt als Verfügung über sich selbst immer zugleich Rechte ,anderer'. Auch wenn man eine Fristenlösung befürwortet, so bedeutet das nicht, daß es schützenswerte Positionen des Fötus gar nicht gibt, sondern nur, daß deren Aufhebung gerechtfertigt ist, weil man in der freien Lebensplanung der von ungewollter Schwangerschaft betroffenen Frau ein überwiegendes Gut sieht. Sobald der Fötus einmal ein gewisses Entwicklungsstadium erreicht hat – in den meisten Ländern nach dem dritten Monat – werden an die Zulassung der Abtreibung strengere Maßstäbe angelegt. Nur die medizinische Indikation (Gesundheit der Mutter) und in gewissem Umfang die eugenische Indikation (Gesundheit des werdenden Kindes) werden noch anerkannt.[9]

Aber auch soweit die Interessen Dritter nicht berührt sind, erkennen wir Schranken in der Verfügung über den eigenen Körper an. Wir beginnen zwar, die freigewählte Selbsttötung zu akzeptieren, aber wir respektieren nicht jedes Motiv. Der Tötungsentschluß eines unheilbar Kranken wird anders beurteilt als eine Selbstverbrennung aus politischem Protest. Die Differenz wird deutlich, wenn wir uns fragen, ob wir moralisch legitimiert sind, bei der Tat mitzuwirken oder sie auch nur untätig geschehen zu lassen. Umgekehrt halten wir uns in den allermeisten Fällen für moralisch berechtigt, den Freitod anderer wenigstens vorläufig zu verhindern.[10]

Auch unterhalb der Grenzsituation der Selbsttötung kann man nicht beliebig über sich selbst verfügen. In einigen Fällen versucht das Recht, den Menschen ,vor sich selbst' zu schützen, etwa durch das Verbot, Drogen zu besitzen oder zu erwerben. Ähnliche Funktion sollte auch die Mindestaltersgrenze (25 Jahre) haben, die im Gesetzentwurf von 1972 für die Sterilisation als Mittel der Familienplanung vorgesehen war.[11] Zumindest beschränken wir in einer Reihe von Fällen die Beteiligung Dritter an solchen Selbstverfügungen. Ebensowenig wie bei der Tötung auf Verlangen (§ 216 Strafgesetzbuch) ist bei erheblichen Eingriffen in die körperliche Integrität die Einwilligung des Verletzten allein ausreichender Rechtfertigungsgrund. Ein Arzt, der einen Menschen ohne medizinische Indikation verstümmelt, ist auch dann wegen Körperverletzung strafbar, wenn der Betroffene in vollem Bewußtsein der Konsequenzen eingewilligt hat.[12]

Wie immer wir das Gut, das durch solche Schranken der Selbstverfügung geschützt werden soll, definieren: Schutz vor sich selbst, Therapieorientierung der ärztlichen Profession, Leistungsfähigkeit der Sozialversicherung usw., zugrunde liegt die Idee, daß es allgemeine Interessen an der körperlichen Unversehrtheit gibt, die der Entscheidungsfreiheit des einzelnen vorgeordnet sind. Leben, körperliche und persönliche Integrität sind nicht lediglich Individualrechtsgüter wie das Eigentum an Sachen. Über das bloße Recht der Selbstbestimmung hinaus gelten inhaltliche Bedingungen für einen menschenwürdigen Umgang mit der menschlichen Natur.

Historisch sind solche inhaltlichen Schranken immer das Einfallstor für paternalistische Bevormundungen und Freiheitsbeschränkungen gewesen. Die Entwicklung des Sexualstrafrechts bietet dafür reichlich Beispiele. Die Tendenz der letzten Jahrzehnte geht dahin, den Rechtszwang zu reduzieren und die Eigenverantwortung des einzelnen zu betonen. Diese Entwicklung geht teilweise zusammen mit einem Wandel der inhaltlichen Vorstellungen darüber, was als zulässiger Umgang mit sich selber gelten kann. Insbesondere tragen die neuen technischen Möglichkeiten der Biomedizin und Humantechnologie (künstliche Besamung, Sterilisation, kosmetische Chirurgie) zu solchem Wandel bei. Eine Entmoralisierung der Verfügung über den eigenen Körper bedeutet dieser Rückzug des Rechts nicht. Was unserer Eigenverantwortung überlassen bleibt, ist deshalb noch nicht moralisch indifferent. Nach wie vor würden wir z. B. eine Selbstverstümmelung, um Arbeitsunfähigkeit herbeizuführen, nicht nur als Ausnutzung der

Versichertengemeinschaft verwerfen, sondern auch als ein unmoralisches Verfahren, mit dem eigenen Körper umzugehen.

Was sich in dieser Prämisse ausdrückt, ist eine moralische Begrenzung der Instrumentalisierung der menschlichen Natur. Die moralische Qualität dieser Natur steht dem Subjekt selbst nicht unbegrenzt zur Disposition, eine Situation, die in der Formel von der ‚Unveräußerlichkeit‘ der Menschenrechte zum Ausdruck kommt. Wesentlich für unsere moralische Bewertung einer Verfügung über sich selbst ist die Reichweite des Eingriffs in die körperliche Integrität, der Zweck des Eingriffs und die Verhältnismäßigkeit von Zweck und Eingriff.

2.3 Wissenschaftliche Erkenntnisziele rechtfertigen die Verfügung über menschliche Lebensprozesse nur bedingt

Der Fortschritt wissenschaftlicher Erkenntnis ist ein gesellschaftlicher Wert, der durch die Gewährung eines Verfassungsrechts der ‚Freiheit der Forschung‘ im Grundgesetz anerkannt ist (Art. 5 Abs. 3). Eine Einschränkung dieser Freiheit ist im Grundgesetz nicht ausdrücklich vorgesehen. Unbestritten steht jedoch dieses Recht, wie alle Freiheitsrechte unter dem impliziten Vorbehalt der Verträglichkeit mit allen anderen verfassungsmäßig geschützten Positionen. Im Bereich der Humanexperimente folgt daraus ohne weiteres, daß Eingriffe in menschliche Lebensprozesse ohne die gültige Einwilligung der Betroffenen unzulässig sind. Die Frage ist jedoch, ob, falls die Einwilligung vorliegt, der wissenschaftliche Zweck die Mittel heiligt.

Betrachten wir zunächst zwei Extreme: Auf der einen Seite haben wir Forschung mit menschlichen Körperzellen. Gegen sie dürfte es keine Einwände geben. Auf der anderen Seite haben wir Experimente mit lebenden Menschen. Hier gibt es klare moralische Grenzen. Selbst wenn das Ziel einwandfrei ist, etwa der Entwicklung dringend benötigten medizinischen Wissens dient, so ist die Forschung doch unzulässig, wenn sie das Risiko erheblicher Gesundheitsschädigung oder gar des Todes der experimentellen Subjekte in sich birgt.[13] Das jeweilige Subjekt mag moralisch berechtigt sein, sich für den Erkenntnisfortschritt aufzuopfern, die Wissenschaft ist moralisch nicht berechtigt, dieses Opfer anzunehmen. Doch was gilt zwischen diesen Extremen?

Eine erste Orientierung liefert das Beispiel der nicht-therapeutischen Forschung an zur Abtreibung vorgesehenen oder abgetriebenen lebenden, aber nicht überlebensfähigen Föten. Über die Zulässigkeit solcher Forschung ist (in den USA und Großbritannien) heftig diskutiert worden. Sollen hier die moralischen Schranken gelten, die sonst (sterbende) Menschen schützen? Die Mutter kann durch Schwangerschaftsabbruch über das Leben des Fötus entscheiden. Folgt daraus, daß sie dann auch über seine sonstige Verwendung, also z. B. für Forschungszwecke, entscheiden können muß?[14]

Eine Reihe von amerikanischen Staaten haben jede nicht-therapeutische Forschung an zur Abtreibung bestimmten Föten untersagt. Das Department of Health, Education, and Welfare hat für in seinem Bereich geförderte Projekte solche Forschung begrenzt zugelassen. Die Forschung darf nur minimale Risiken für den Fötus implizieren, sie darf weder sein Leben künstlich verlängern, noch experimentell seinen Tod beschleunigen, und sie muß den Zweck verfolgen „wichtige biomedizinische Erkenntnisse zu gewinnen, die auf andere Weise nicht zu erhalten sind".[15]

Diese Regelung bekräftigt den moralischen Status des Fötus. Der Fötus muß dem Recht der Frau auf freie Gestaltung ihres Lebens weichen, aber er ist nicht schlechthin das Eigentum der Frau. Die Vorstellung, daß der Fötus, da er ohnehin absterben muß, der Forschung als freie Ressource dienen könnte, wird also abgewiesen. Der abgetriebene Fötus ist nicht irgendein abgetrennter Körperteil der Frau, sondern eher in Analogie zu sterbenden Personen zu behandeln. Das deutsche Recht schweigt sich aus. Die Einwilligung (zumindest) der Mutter ist die einzige Bedingung für die Verwendung von Föten in der Forschung.[16]

In der Sache erscheint das Prinzip der amerikanischen Regelung richtig und verallgemeinerungsfähig. Danach käme es für die Rechtfertigung der Verfügung über menschliche Lebensformen nicht auf Forschung schlechthin an, sondern auf die Ziele der Forschung. Forschung ist selbst ein Mittel zu Zielen, und nicht alle Ziele sind gleich wertvoll. Hielte man schon die Forschungsintention als solche für rechtfertigend, so hätte man in Wahrheit Beliebigkeit der Zwecke, zu denen menschliche Lebensprozesse instrumentalisiert werden können, eingeführt. Dem ist vorgebeugt, wenn man nur solche Forschung zuläßt, die direkt medizinischen Zwecken dient.

Eine solche Abgrenzung mag pragmatische Probleme haben, wie sie ähnlich auch bei der Unterscheidung von therapeutischer und nicht-therapeutischer Forschung im Bereich der Humanexperimente deutlich geworden sind. Es liegt nahe, aller möglichen Forschung das Etikett ‚medizinisch‘ anzuhängen, nur weil sie langfristig irgendwann einmal klinisch relevant werden könnte. Vielleicht kann das abgewehrt werden, wenn man strikt kontrolliert, ob es notwendig ist, das angestrebte Wissen durch Experimente am Menschen zu gewinnen. Im gegenwärtigen Zusammenhang kommt es aber nicht so sehr darauf an, ob man schon über klare Kriterien verfügt, die möglichst wenige Grenzfälle zulassen, sondern darauf, daß bei der Suche nach solchen Kriterien vom Grundsatz auszugehen ist, daß die unterschiedlichen Formen menschlichen Lebens, wenn sie schon nicht erhalten werden können, auch in der Forschung nur dem Leben selbst als Mittel dienen dürfen, nicht dem abstrakten Interesse an Zuwachs wissenschaftlicher Erkenntnis überhaupt.

3. Lösungsvorschläge für Einzelprobleme

Im folgenden soll versucht werden, aus den genannten Prämissen Lösungsvorschläge für die offenen moralischen Probleme im Zusammenhang mit In-vitro-Befruchtung und Embryoübertragung abzuleiten. Solche Ableitung kann nicht logisch zwingend sein. Sie bietet daher, selbst wenn man sich über die Prämissen einigt, Raum für Unterschiede und Kontroversen der Bewertung.

3.1 Anwendungsbereiche der In-vitro-Befruchtung

Unfruchtbarkeit

Ausgangspunkt ist die Zulässigkeit der In-vitro-Befruchtung zur Behandlung von Unfruchtbarkeit. Dann fragt sich, wer berechtigt sein soll, eine solche Behandlung zu verlangen. Gegenwärtig wird In-vitro-Befruchtung in den meisten Kliniken grundsätzlich nur für verheiratete Paare angeboten. Die Richtlinien des Deutschen Ärztetages gehen in dieselbe Richtung. Damit versucht man, die neue Technik soweit wie möglich von zusätzlichen moralischen Debatten zu entlasten. In einer Harris-Umfrage aus den USA billigten 1978 85% der befragten Frauen In-vitro-Befruchtung für verheiratete Paare, die anders keine Kinder bekommen konnten, aber nur 21% für unverheiratete Paare.[17]

Angesichts der Verbreitung nicht-ehelicher Lebensgemeinschaften mutet die Beschränkung der In-vitro-Befruchtung auf verheiratete Paare anachronistisch an. Zwar sollte ein Kind möglichst in einem vollständigen Elternhaus aufwachsen. Aber man kann bei der gegenwärtigen Einstellung zur Ehescheidung kaum vertreten, daß diese Aussicht nur besteht, wenn die Eltern verheiratet sind. Jedenfalls wäre es sehr fragwürdig, wenn Paare, die In-vitro-Befruchtung wünschen, ihren Kinderwunsch dem Arzt gegenüber durch Vorlage der Heiratsurkunde legitimieren müßten. Die Tatsache der Partnerschaft, die in der Beteiligung an der In-vitro-Befruchtung zum Ausdruck kommt, muß hinreichend sein.[18]

Alleinstehende Frauen

Die Frage, ob In-vitro-Befruchtung alleinstehenden Frauen angeboten werden soll, führt auf die allgemeinere Frage, ob man medizinische Technik benutzen soll, um Familien mit einem Elternteil zu schaffen, ob also Ärzte sich an solchen Verfahren beteiligen sollen. Der Ärztetag hat sich grundsätzlich dagegen ausgesprochen.[19] Eine umfassende Diskussion dieser Frage geht über die Darstellung der Probleme der In-vitro-Befruchtungs-Technik hinaus. Zwei häufige Einwände sollen jedoch kurz behandelt werden.

Der erste Einwand ist: In einer unvollständigen Familie mit nur einem Elternteil aufzuwachsen, ist eine Beeinträchtigung des Kindeswohls, bei der es keine ärztliche Hilfestellung geben sollte. Der Einwand arbeitet mit einer empirischen Unterstellung. Zwar weisen zahlreiche Untersuchungen auf Entwicklungsprobleme von Kindern hin, die bei nur einem Elternteil aufwachsen. Aber dabei handelt es sich in der Regel um Kinder geschiedener Eltern (sog. Scheidungswaisen), die die ehelichen Konflikte der Eltern und den Verlust der Beziehung zu einem Elternteil durchleben mußten. Ob Kinder, die von vornherein allein gewollt und aufgezogen werden, entsprechende Probleme bekommen, ist offen.

Das vollständige Elternhaus mag soziale Norm und verbindliches Leitbild des Verfassungsauftrags des ‚Schutzes der Familie‘ (Art. 6 Grundgesetz) sein. Daraus folgt aber noch nicht ohne weiteres die Befugnis, die abweichende Entscheidung einer Frau, die ein Kind alleine haben will, gesellschaftlich und rechtlich zu sanktionieren. Im Adoptionsrecht gibt es eine Kontrolle des Kinderwunsches am Maßstab des Kindeswohls – wenn es um die Zuordnung bereits existierender Kinder geht. Bei der Zeugung von Kindern gibt es eine solche Kontrolle nicht. Sie würde darauf hinauslaufen, die Menschen danach einzuteilen, wer im Interesse seiner Kinder würdig ist, sich fortzupflanzen, und wer nicht. Auch der Kinderwunsch einer alleinstehenden Frau kann grundsätzlich nicht nach diesen Kriterien zensiert werden. Dann wird aber eine solche Zensur nicht dadurch legitim, daß die Frau zur Erfüllung ihres Wunsches ärztliche Hilfe in Anspruch nehmen muß.

Der zweite Einwand ist: In-vitro-Befruchtung für alleinstehende Frauen setzt Samenspende außerhalb einer Partnerbeziehung (sog. heterologe Insemination) voraus. In der Regel verliert das Kind dadurch jede Beziehung zu seinem genetischen Vater (Kenntnis der Abstammung und mögliche Unterhalts- und Erb(ersatz)ansprüche). Der Einwand richtet sich gegen die Praxis der heterologen Insemination überhaupt. Die zentrale Frage ist dabei, ob man dem Spender ermöglichen soll, seine Gene anonym und ohne Folgen für ihn selber weiterzugeben, ob also Samenspende nicht anders zu behandeln ist als etwa Blutspende. Die Frage ist bei uns offen und kann hier nicht im einzelnen behandelt werden.[20]

In vielen Ländern ist Fremdspende an verheiratete Paare Routinepraxis. Dagegen wird die Spende an alleinstehende Frauen häufig abgelehnt.[21] Diese Differenzierung ist verständlich. Sie soll möglichen Einwänden vorbeugen. Aber sie ist nach dem oben Gesagten schwer zu rechtfertigen. Alle Probleme, die aus dem Abbruch des Verhältnisses des Kindes zu seinem genetischen Vater folgen, gelten sowohl bei Spende an ein Paar wie bei Spende an eine alleinstehende Frau. Die möglicherweise bessere Lage des Kindes innerhalb der Paarbeziehung ist für die Beurteilung der Technik der heterologen Insemination nicht entscheidend. Wenn diese Technik überhaupt zugelassen wird, muß sie daher auch alleinstehenden Frauen zur Verfügung stehen. Dasselbe würde dann auch für die In-vitro-Befruchtung gelten. Jeder, der schon darin einen Angriff auf die Institution von Ehe und Familie sieht, muß sich entgegenhalten lassen, daß die Zahl der Frauen, die von diesen Möglichkeiten Gebrauch machen würden, mit Sicherheit sehr klein bleiben würde.[22]

Angeborene Krankheiten

Besteht das Risiko, daß Eltern eine Erbkrankheit weitergeben, so kann In-vitro-Befruchtung eingesetzt werden, um angeborene Defekte (z.B. Chromosomenanomalien) schon an den Embryonen zu diagnostizieren und diese notfalls auszusondern. Dieses Verfahren ist sicher weniger einschneidend als die bislang übliche vorgeburtliche Diagnose durch Fruchtwasserspiegelung mit nachfolgender Abtreibung eines bis zu fünf Monaten entwickelten Fötus. Obwohl es strenggenommen nicht eine Krankheit, sondern das kranke Leben selbst verhindert, sollte es als medizinisch indiziert und daher zulässig anerkannt werden.

Dabei setzen wir voraus, daß (in Zukunft) eine solche Diagnose durch Entnahme von Zellen aus dem Embryo erfolgen würde und keine unverhältnismäßigen Risiken für das zukünftige Kind enthält. (Zur Frage, ob man für diagnostische Zwecke durch Teilung des Embryos ein identisches Doppel schaffen darf, s.u.) Ferner ist vorausgesetzt, daß die Diagnostik an klare Krankheitsbilder gebunden ist, also die Verhinderung individuellen zukünftigen Leidens das Ziel bleibt. Ausgeschlossen sein sollten Selektionen, die darauf abzielen, eine wie immer definierte ‚fitness‘ des Genpools der Bevölkerung zu erhalten oder gar die genetische Ausstattung von Individuen in sozial erwünschter Richtung oder nach Planung der Eltern zu ‚verbessern‘.

Geschlechtsbestimmung

Geschlechtsbestimmung ist in demselben Umfang möglich wie die Diagnose genetischer Defekte: durch Zellentnahme, Chromosomenanalyse und Selektion von Embryonen in vitro. Sie kann medizinisch indiziert sein, z. B. wenn die Vererbung einer X-gebundenen Krankheit, die (von der Mutter) nur auf männliche Nachkommen übertragen werden kann, ausgeschlossen werden soll. Sie kann aber auch eine bloße Verfügung der Eltern über die genetischen Eigenschaften ihres Kindes sein.

Eine solche Verfügung wäre unzulässig, wenn man mit ihr die Grenze zur Konstruktion oder Züchtung der eigenen Nachkommen überschreiten oder ihr doch bedenklich nahekommen würde. Das erscheint fraglich. Die bloße Geschlechtswahl hält sich im Rahmen der bei der Befruchtung von der Natur selbst vorgegebenen Alternativen und ist von der Intensität her sicher nicht dem Versuch vergleichbar, durch Veränderungen des Genoms auf die psychischen oder intellektuellen Eigenschaften des Kindes Einfluß zu nehmen.[23]

Die Einwände gegen die Geschlechtsbestimmung müßten eher an ihren sozialen Auswirkungen ansetzen. Bei den Präferenzstrukturen, die in den entwickelten Gesellschaften bestehen, würde sich wahrscheinlich die Zwei-Kind-Familie als Standard durchsetzen: erst ein Junge und dann ein Mädchen – in genau dieser Reihenfolge. Die Zahl der Ein-Kind-Familien (bevorzugt Jungen) würde leicht zunehmen, die der Familien mit drei und mehr Kindern abnehmen. Das relative Gleichgewicht der Anzahl von Männern und Frauen würde sich nur wenig verschieben. Aber die überwiegende männliche Erstgeburt würde die traditionellen Geschlechtsrollenstereotypen des ‚überlegenen‘ Mannes stärken und den Abbau der Diskriminierung von Mädchen erschweren.[24] Derartige Konsequenzen setzen allerdings eine leicht verfügbare und billige Technik der Geschlechtsbestimmung voraus. Eine solche Technik bietet die In-vitro-Befruchtung nicht.

Geschlechtsbestimmung im Rahmen von In-vitro-Befruchtung verbietet sich beim gegenwärtigen Stand der Technik jedoch deshalb, weil sie nicht am Sperma des Mannes, sondern an den Embryonen selbst ansetzen muß. Sie bedeutet die Produktion von ‚Überschuß‘-Embryonen als Selektionsmaterial. Das verletzt den moralischen Status der Embryonen. Ziel der weiteren Entwicklung in der In-vitro-Befruchtungs-Technik muß es sein, nicht mehr Embryonen in vitro zu erzeugen, als ohne Bedenken auch eingepflanzt werden können. Grundsätzlich sollten keine Embryonen erzeugt werden, die von vornherein, also unabhängig von ihrer Gesundheit, dazu bestimmt sind, von der Entwicklung ausgeschlossen zu werden. Stimmt man dem zu, so ist die Selektion von Embryonen ebensowenig eine akzeptable Methode der Geschlechtsbestimmung wie etwa die Abtreibung eines gesunden Fötus.

Familienplanung

Familienplanung ist ein weiterer nicht-medizinischer Verwendungsbereich, in dem In-vitro-Befruchtung eine gewisse Rolle spielen könnte. Man könnte mit eingelagerten (tiefgefrorenen) Embryonen durch In-vitro-Befruchtung auch dann zu einem eigenen Kind kommen, wenn man sich hat sterilisieren lassen. Man könnte im vorgerückten Alter ein in der Jugend gezeugtes Kind haben und auf diese Weise Mißbildungsrisiken verringern. Gegen eine solche Verwendung spricht, daß sie Tiefgefrierkonservierung von Embryonen für unbestimmte Zwecke auf unbestimmte Zeit voraussetzt (s. u.). Sollte es dagegen möglich werden, Eizellen (wie heute Sperma) zu lagern, könnten diese Bedenken entfallen. Problematisch bliebe in jedem Falle die Möglichkeit einer In-vitro-Befruchtung nach dem Tode des Spenders. Es ist fraglich, ob man ein legitimes Interesse haben kann, ein Kind so zu planen, daß es bei seiner Geburt Halbwaise ist.[25]

Nicht-medizinische Anwendungen von In-vitro-Befruchtung

würden selbst dann kaum eine praktische Bedeutung gewinnen, wenn man sie zulassen würde. Immerhin muß die Frau sich einer beschwerlichen Operation unterziehen, ohne daß ein Erfolg garantiert werden kann. Das wird sie für eher triviale Ziele nur in Ausnahmefällen wollen. Darüber hinaus tendiert die ärztliche Profession dazu, solche Anwendungen dadurch zu erschweren, daß sie angesichts knapper klinischer Ressourcen medizinisch begründeter In-vitro-Befruchtung Vorrang einräumt.

3.2 Verfahren mit Embryonen vor der Einpflanzung

Grundsätzlich sollten an Embryonen, die in die Gebärmutter übertragen werden, nur solche Veränderungen, Untersuchungen und Einwirkungen zulässig sein, die medizinisch begründet und für das zukünftige Kind risikolos sind.

Teilung von Embryonen

Nach diesem Grundsatz wäre eine Teilung von Embryonen, um eineiige Zwillinge oder Drillinge zu schaffen, da sie nicht medizinisch begründet ist, in jedem Falle abzulehnen. Die Problematik einer solchen Teilung liegt darin, daß sie den Embryo nicht selbst als den Anfang individuellen menschlichen Lebens, sondern lediglich als Ausgangsmaterial für die Herstellung anderer Embryonen behandelt. Das liegt auf der Hand bei mehrfacher und kontinuierlicher Teilung, die Embryonen und damit zukünftige Kinder gleichsam ‚in Serie‘ produziert. Es gilt aber im Prinzip auch, wenn lediglich ein weiterer Zwilling erzeugt wird, der unmittelbar eingepflanzt werden soll. Hinzu kommt, daß Embryoteilung das erste Beispiel für die Einführung von Techniken nicht-sexueller Fortpflanzung beim Menschen und ein Schritt zur technischen Herstellung von Genomen ist. Sicher wäre Embryoteilung von allen denkbaren Techniken der Menschenkonstruktion die ‚vorsichtigste‘, da sie ein bestehendes Genom nur kopiert und es nicht selbst verändert. Aber sie wäre der Anfang eines Weges, den wir im Prinzip nicht betreten sollten.[26]
Für die Teilung von Embryonen kann es medizinische Gründe

geben, falls genetische Defekte am Embryo selbst nur festgestellt werden können, indem man ein identisches Doppel schafft, das man in der Chromosomenanalyse ‚verbrauchen‘ darf. In diesem Fall werden weder der Status des übrigbleibenden Embryos noch die Interessen des zukünftigen Kindes beeinträchtigt. Die Frage ist hier aber, ob man einen Embryo erzeugen darf, der nicht aus eigenem Recht existieren soll, sondern lediglich als diagnostische ‚Sonde‘ für sein identisches Gegenstück gedacht ist. Darin liegt eine Instrumentalisierung menschlicher Lebensformen, die ungeachtet des moralischen Zwecks der Verfügung moralisch problematisch ist. Falls man sich entschließt, diese Instrumentalisierung bei Embryonen der frühesten Entwicklungsstufe überhaupt zuzulassen (siehe Teil 4), ist Embryoteilung für genetische Diagnostik der noch am ehesten vertretbare Anwendungsfall.

Gefrierkonservierung

Gefrierkonservierung von Embryonen und nachfolgendes Auftauen wird bei einigen Säugetieren praktiziert und ist im Prinzip auch beim Menschen möglich. Aufgrund der Erfahrungen mit Tieren unterstellt man, daß das Verfahren risikolos ist, weil sich Embryonen, die geschädigt sind, ohnehin nicht einnisten oder rechtzeitig abgestoßen werden. Ob das zutrifft, muß sich jedoch, ähnlich wie bei der Einführung der In-vitro-Befruchtung selbst, letztlich an den geborenen Menschen bestätigen. Inzwischen haben auch hier die Wissenschaftler ‚vollendete Tatsachen‘ geschaffen. Das erste Kind, das sich aus einem vier Monate lang tiefgefrorenen Embryo entwickelt hat, wurde 1984 in Australien geboren.[27]

Gefrierkonservierung kann medizinisch geboten sein, wenn beispielsweise die Untersuchung des Embryos auf genetische Defekte oder Gebärmutterkomplikationen der Frau eine rechtzeitige Einpflanzung ausschließen. Gegenwärtig wird das Verfahren angewandt, um die Erfolgsrate der In-vitro-Befruchtung pro Bauchspiegelung zu erhöhen. Die erzeugten Embryonen können in mehreren Zyklen zur Einflanzung genutzt werden. Dabei kann man weniger Embryonen einpflanzen und so das Risiko von Mehrlingsschwangerschaften verringern. Ferner erscheint Einfrieren als ein akzeptables Verfahren für Embryonen, die bei einer In-vitro-Befruchtung ‚übrigbleiben‘, weil mehr Eier befruchtet worden sind, als eingepflanzt werden können. Solche Embryonen können für einen eventuellen späteren Kinderwunsch desselben Paares aufbewahrt werden. Gleichwohl erscheint es abwegig, das Einfrieren von Embryonen geradezu als eine ‚sittliche Pflicht‘ zu bezeichnen.[28] Die Alternative ist, daß man nichtbenötigte Embryonen absterben läßt, was angesichts der von der Natur in vivo betriebenen ‚Verschwendung‘ mit nicht eingenisteten Embryonen jedenfalls nicht weniger akzeptabel erscheint, als sie ‚auf Eis‘ zu legen.

Grundsätzlich sollten Embryonen nur zur Einpflanzung für vorweg spezifizierte Zwecke konserviert werden, z. B. für einen weiteren Zyklus der Frau oder eine zukünftige Schwangerschaft desselben Paares. Verschiedentlich ist vorgeschlagen worden, die Zeitdauer der Lagerung zu begrenzen.[29] Dem ist zuzustimmen. Andernfalls bekommt man eine Population von Embryonen auf Vorrat, die niemandem mehr zugeordnet werden können. Das ist mit dem Status der Embryonen als potentiellem individuellem Leben nicht vereinbar.

Embryobanken

Embryobanken, in denen nach dem Vorbild der heute schon bestehenden Samenbanken Embryonen auf unbestimmte Zeit und für unbestimmte Zwecke (Spende) gelagert werden, sollte man nicht einrichten. Sie setzen voraus, daß man über lebende Embryonen wie über Sachen verfügen kann. Es fragt sich, ob das ein adäquater Umgang mit Entwicklungsstufen menschlichen Lebens ist. Im Prinzip sollte ‚Elternschaft‘ das Modell für das Verhältnis zu ihnen abgeben, nicht ‚Eigentum‘.[30]

4. Insbesondere: Experimente mit menschlichen Embryonen

4.1 Kategorisches Verbot?

Darf man Embryonen, die nicht in die Gebärmutter übertragen werden sollen, zu wissenschaftlichen Experimenten verwenden? Die Frage gehört zu den umstrittensten, die bislang durch die In-vitro-Befruchtungs-Technik aufgeworfen wurden.[31] Alle möglichen Positionen werden vertreten:

(a) vollständiger Ausschluß jeder Art von Experimenten[32]

(b) bedingte Freigabe von Experimenten: zeitliche Begrenzung für die Entwicklung in vitro (ca. 14 Tage), inhaltliche Beschränkung auf medizinische Ziele der Forschung, keine Erzeugung von Embryonen für das Labor[33]

(c) bedingte Freigabe: zeitliche Begrenzung für die Entwicklung in vitro, inhaltliche Beschränkung auf medizinische Ziele, aber Erzeugung von Embryonen für das Labor zulässig[34]

(d) bedingte Freigabe: zeitliche Begrenzung für die Entwicklung in vitro, keine Erzeugung von Embryonen für das Labor, aber ohne inhaltliche Beschränkung der Ziele der Forschung[35]

(e) bedingte Freigabe: zeitliche Begrenzung für die Entwicklung in vitro, keine inhaltliche Beschränkung der Ziele der Forschung, Erzeugung von Embryonen für das Labor zulässig[36]

(f) grundsätzliche Freigabe von Experimenten: keine zeitliche Begrenzung für die Entwicklung in vitro, keine inhaltliche Beschränkung der Ziele der Forschung, Erzeugung von Embryonen für das Labor zulässig[37]

Es scheint, als könne nur eine klare Absage an alle Experimente eine bedrohliche Entwertung menschlichen Lebens abwenden. Die Wissenschaft ist im Begriff, als gesellschaftliche Praxis zu etablieren, daß menschliches Leben doch als bloßes Mittel zum guten Zweck behandelt werden darf – vorausgesetzt, der zu erwartende Nutzen ist hinreichend hoch. Die Frage ist jedoch, ob ein kategorisches Verbot von Experimenten mit Embryonen mit unseren sonstigen Wertungen in Einklang zu bringen ist. Wir lassen unter bestimmten Bedingungen Experimente mit sterbenden Personen zu und mit lebenden (wenn auch nicht lebensfähigen) Föten. Warum dann nicht auch mit Embryonen, die eine sehr viel niedrigere Entwicklungsstufe menschlichen Lebens repräsentieren?

Die Biologen verweisen darauf, daß Embryonen in den frühen Stadien der Zellteilung wenig Menschenähnliches haben. Sie sind Zellgebilde, die bis zum 8. Tag eine Größe von etwa 0,2 mm nicht überschreiten und noch keinerlei Differenzierung nach menschlichen Organen aufweisen. Rudimente menschlicher Organe bilden sich nicht vor der 6. Woche, erste Anzeichen für neurologische Aktivitäten (Reaktion auf Reize) gibt es in der 7. bis 8. Woche, ein erkennbares menschliches Gesicht bekommt der Fötus in der 13. Woche.[38]

Allerdings darf man aus diesem biologischen Tatbestand keine falschen Schlüsse ziehen. Menschenähnlichkeit in Gestalt und Verhalten oder gar Personqualitäten sind nicht Bedingung für den moralischen Status menschlichen Lebens. Bislang respektieren wir in unseren Handlungen menschliches Leben in jeder Form, nicht nur solches, das bestimmten Kriterien genügt. Diese Position sollte verteidigt werden. Sie sichert u.a., daß Entscheidungen über die Abtreibung von Föten oder über die Behandlung schwerstgeschädigter Neugeborener oder todgeweihter alter Menschen moralische Probleme bleiben und nicht auf bloße Fragen der Klassifikation reduziert werden können.[39]

Auf der anderen Seite ist eine Differenzierung des dem Leben geschuldeten Respekts nicht völlig ausgeschlossen. Die Forderung, daß es für das ‚Recht auf Leben' keinen Unterschied geben dürfe, „zwischen den einzelnen Abschnitten des sich entwickelnden Lebens vor der Geburt oder zwischen geborenem und ungeborenem Leben",[40] ist eine Regel, zu der in der sozialen Realität schon Ausnahmen formuliert worden sind, in Form von deutlich abgestuften Wertungen der verschiedenen Formen menschlichen Lebens. Das Lebensrecht eines genetisch geschädigten Fötus im Mutterleib wird anders eingeschätzt als das eines behindert geborenen Kindes. Ferner differenzieren wir nach dem Lebensalter der Föten. Abtreibungsentscheidungen aufgrund der sog. Notlagenindikation müssen bis zur 12. Schwangerschaftswoche fallen, solche aufgrund angeborener Schädigung des Kindes bis zur 22. Woche (§ 218 a Strafgesetzbuch). Eine ähnliche Abstufung des Lebensrechts eines Embryos vor der Einnistung im Verhältnis zu dem eines eingenisteten Fötus liegt § 219 d Strafgesetzbuch zugrunde. In der juristischen Konstruktion mag Empfängnisverhütung durch die Spirale an sich der Abtreibung äquivalent sein und der Verzicht des § 219 d Strafgesetzbuch auf die Bestrafung bloß pragmatisch durch Beweisschwierigkeiten begründet werden. In der gesellschaftlichen Moral besteht diese Äquivalenz nicht. Einen frühen Embryo (etwa durch den Gebrauch der Spirale) an der Einnistung zu hindern, was dazu führt, daß er abstirbt, wird nicht als ähnlich problematisch empfunden, wie einen eingenisteten Fötus abzutöten. Dementsprechend versteht es sich auch nicht von selbst, daß solche Handlungen nur bei existentiellen Konfliktlagen zulässig sein können, die auch eine Abtreibung rechtfertigen würden.[41]

Auch bei Forschung mit Embryonen lassen sich Beispiele angeben, die auf den ersten Blick nicht sonderlich problematisch erscheinen. Man nehme an, daß Embryonen, die bei einer klinisch begründeten In-vitro-Befruchtung übriggeblieben sind, also ohnehin absterben müssen, zu Beobachtungszwecken eine Woche kultiviert werden. Solche Forschung mag gegenwärtig wissenschaftlich unplausibel und überflüssig sein. Man kann auch vertreten, daß sie nicht gefördert werden sollte, um einem möglichen Mißbrauch vorzubeugen. Und auf jeden Fall ist sie regelungsbedürftig. Aber es erscheint schwierig zu begründen, daß sie moralisch schlechthin unerlaubt sein sollte. Offenbar werden wir auch hier nach den Zwecken und Verfahren der Forschung differenzieren müssen. Drei Fragen sind zu beantworten:

(1) Sind Experimente mit Embryonen auf bestimmte inhaltliche Ziele der Forschung zu beschränken? Sollen sie in der Grundlagenforschung zulässig sein?

(2) Dürfen Embryonen eigens zu Forschungszwecken erzeugt werden?

(3) Bis zu welchem Stadium dürfen Embryonen in vitro für die Forschung weiterentwickelt werden?

4.2 Beschränkung auf klinisch relevante Forschung

Aus dem moralischen Status menschlicher Embryonen folgt, daß sie auch in der Forschung nicht zu beliebigen Zielen verwendet werden können. An dem Erfordernis eines besonderen rechtfertigenden Zwecks sollte man festhalten und Embryonen ebenso wie Föten in Experimenten nur verwenden dürfen, wenn die Forschung einen klaren und unmittelbaren medizinischen Bezug hat.

Diese Regelung schließt Grundlagenforschung mit menschlichen Embryonen aus. Das wird Widerspruch bei den Wissenschaftlern auslösen, die darauf verweisen, daß bestimmte Fragen der Embryologie oder Immunologie ohne die Nutzung menschlicher experimenteller Systeme vielleicht nur sehr schwer oder gar nicht zu beantworten sein werden. Erkenntnisinteressen sind jedoch von den moralischen Schranken, die durch den Status der Forschungsgegenstände gesetzt werden, nicht ausgenommen. Die Bedeutung einer Fragestellung für den Fortschritt der Wissenschaft im allgemeinen, also auch die Tatsache, daß wichtige Ergebnisse mit anderen Mitteln nicht erzielt werden können, ist noch keine Rechtfertigung für experimentelle Eingriffe in menschliches Leben. Rechtfertigen kann im allgemeinen die Einwilligung der betroffenen Subjekte, zusammen mit einem vertretbaren Risiko-Nutzen-Verhältnis. Bei bewußtlosen Sterbenden, bei Föten und bei Embryonen kommt eigene Einwilligung nicht in Betracht. Dann sollten Experimente mit dem menschlichen Leben an das Ziel gebunden bleiben, diesem Leben selbst zu dienen – entweder als Therapieversuch oder zur Gewinnung klinisch relevanter Informationen. Forschung ist eine wichtige Ressource unserer Gesellschaft und in vieler Hinsicht das Modell für ,rationales Handeln'. Sie sollte nicht zugleich das Modell dafür liefern, daß menschliche Lebensformen ,neutral', d.h. für nicht definierte, also alle möglichen Zwecke instrumentalisiert werden können.

Zur Kennzeichnung derjenigen Forschungen, die nach dieser Abgrenzung zulässig bleiben, kann man die Behandlung von Unfruchtbarkeit, die Entwicklung nebenwirkungsfreier Methoden der Empfängnisverhütung und die pränatale Diagnose und Behandlung von angeborenen Krankheiten am Embryo als mögliche Bezugsfälle heranziehen. Nicht zugelassen wäre dagegen Forschung, die zunächst nur dem ‚besseren Verständnis von zellulären und Entwicklungsprozessen' dient, auch wenn sie auf lange Sicht Fortschritte bei der Aufklärung und Behandlung von Krankheiten erwarten läßt.[42]

Schwierigkeiten macht die Beurteilung von Arzneimittel- und Chemikalientests. Die klinische Relevanz solcher Tests liegt auf der Hand. Möglicherweise wäre die Contergan-Katastrophe vermieden worden, wenn man das Mittel an menschlichen Embryonen hätte testen können. Mißbildungs- und Vergiftungsrisiken sind in hohem Maße artspezifisch. Ergebnisse aus Tierexperimenten sind daher nur bedingt übertragbar und keine befriedigende Alternative.

Gleichwohl schreckt man vor einer solchen Verwendung menschlicher Embryonen zurück.[43] Schon die Größenordnung derartiger Tests und die Zahl der dabei ‚verbrauchten' Embryonen wäre schwer mit dem grundsätzlichen moralischen Status von Embryonen vereinbar. Embryonen wären in der Tat auf die Stufe der Versuchstiere reduziert, die sie ersetzen. Im übrigen wären solche Tests nur möglich, wenn man Embryonen ungehemmt für das Labor erzeugen und in vitro bis zu einem Stadium kultivieren könnte, in dem die Folgen der Arzneimittel- und Chemikalieneinwirkung an ihren differenzierten Geweben und Organen feststellbar werden. Dazu die folgenden Abschnitte.

4.3 Keine Erzeugung von Embryonen für das Labor

Die Zahl von Embryonen, die im Rahmen medizinischer In-vitro-Befruchtung ‚übrigbleiben', ist gering und wird mit zunehmender Verbesserung der In-vitro-Befruchtungs-Technik weiter abnehmen. Schließt man aus, daß Embryonen eigens für Laborzwecke erzeugt werden, wäre daher Forschung mit Embryonen sehr erschwert, auch diejenige, die ihrer Zielsetzung nach an sich vertretbar erscheint.

Gleichwohl spricht einiges für einen solchen Ausschluß. Mehr noch als bei der Nutzung vorhandener, ohnehin zum Absterben verurteilter Embryonen, springt bei ihrer Erzeugung für Forschungszwecke die Versachlichung und Instrumentalisierung menschlichen Lebens ins Auge. Dabei geht es weniger um die Verletzung der ‚Rechte' oder Lebensaussichten der einzelnen Embryonen. Deren Chancen, zu leben und sich zu geborenen Kindern zu entfalten, sind auch bei normaler Entstehung in vivo gering. Es geht darum, welche Handlungsweisen im Umgang mit menschlichen Lebensformen wir in der Gesellschaft zulassen und etablieren wollen.

Hinzu kommt, daß der mögliche Nutzen von Forschung an menschlichen Embryonen jedenfalls gegenwärtig bloß hypothetisch ist und ein Verbot, sie für das Labor zu erzeugen, der sicherste Weg ist, ihrem Mißbrauch, etwa überflüssiger Forschung, vorzubeugen. Auf jeden Fall muß verhindert werden, daß menschliche Embryonen unkontrolliert und in großer Zahl unsere Laboratorien bevölkern wie anderes Versuchsmaterial auch und wie heute schon bestimmte menschliche Krebszellinien.

Diese Beschränkung schließt nicht aus, daß Embryonen für Forschungszwecke geteilt (vervielfältigt) werden können. Aber die Teilung muß im Prinzip denselben strikten Beschränkungen unterliegen wie die Forschung mit diesen Embryonen selbst. Generell sollten Embryonen nicht für irgendwelche zukünftige Forschung auf Vorrat bereitgestellt werden dürfen, sondern nur für spezifizierte Projekte. Die Spender der Ei- und Samenzellen müssen ihre Zustimmung erteilen, die sich auf die Verwendung, Teilung, Konservierung etc. der Embryonen für ein definiertes Projekt beziehen sollte.[44]

Eine weitere Frage ist, ob Embryonen im Rahmen von Experimenten vorzeitig abgetötet werden dürfen. Genau dies schließen einige amerikanische Regelungen bei Föten aus.[45] Eine weniger strikte Regelung für Embryonen erscheint angesichts ihres niedrigen Entwicklungsstandes vertretbar. Zwar würden damit Embryonen, die nicht übertragen werden, nicht in jeder Hinsicht sterbenden Subjekten gleichgestellt. Aber wir differenzieren auch in anderen Zusammenhängen (z. B. der Schwangerschaftsdefinition bei der Abtreibung) zwischen dem moralischen Status des Fötus und dem des Embryos vor der Implantation.

4.4 Zeitgrenze für die Kultivierung in vitro

Ursprünglich wurden Experimente mit menschlichen Embryonen mit der Notwendigkeit begründet, Sicherheit und Erfolgswahrscheinlichkeit der Behandlung von Unfruchtbarkeit durch In-vitro-Befruchtung und Embryoübertragung zu erhöhen. So haben beispielsweise australische Forscher Embryonen über den klinischen Zeitpunkt der Übertragung hinaus im Labor entwickelt, um festzustellen, wieviel Prozent von ihnen überhaupt zu normalen Blastozysten werden, die die Chance hätten, eine Schwangerschaft auszulösen.[46]

In diesem medizinischen Kontext wird – jedenfalls solange sich besondere Risiken für In-vitro-Befruchtungs-Schwangerschaften nicht zeigen – kaum eine Notwendigkeit bestehen, Embryonen für experimentelle Zwecke über ein Stadium von etwa 14 Tage hinaus im Labor zu entwickeln. Dies ist der Zeitpunkt, an dem in vivo die Einnistung des Embryos in der Gebärmutter abgeschlossen ist und die normale fötale Entwicklung beginnt. Die ersten Vorschläge zur Zulassung von Experimenten mit Embryonen empfahlen daher auch, die Entwicklungszeit auf etwa 14 Tage zu begrenzen.[47]

Es ist jedoch absehbar, daß in der medizinischen Forschung Bedarf entstehen wird, Embryonen in vitro über die Phase der Einnistung hinaus zu entwickeln. Wenn man Gentherapie am Embryo anstrebt, erscheint es aus dem Blickwinkel der Forschung plausibel, Embryonen wenigstens so weit zu entwickeln, daß man die Möglichkeiten und Konsequenzen von Therapieversuchen in vitro beurteilen kann. Wie bei jeder experimentellen Therapie wären auch bei Gentherapie Fehlschläge am Anfang unvermeidbar. Die Kultivierung der Embryonen im Labor bis etwa zum üblichen Zeitpunkt der Fruchtwasserspiegelung würde die Abtreibung mit all den daraus folgenden Schwierigkeiten für die Frau erübrigen. Ähnliche Argumente für eine längere Entwicklungszeit in vitro ergeben sich, wenn man menschliche Embryonen nutzen will, um zu testen, ob bestimmte Arzneimittel giftig oder krebsauslösend sind, oder wenn man – was eine der spektakulären medizinischen Perspektiven ist – differenziertes embryonales Gewebe für Organtransplantationen bei Erwachsenen gewinnen möchte.[48]

Angesichts solcher Perspektiven verwundert es nicht, wenn die Wissenschaftler zum Rückzug von der ursprünglich klaren zeitlichen Begrenzung drängen. Ein mögliches nächstes ‚Angebot‘ ist die Entstehung von Wahrnehmung oder Schmerzempfindlichkeit des Embryo, etwa ab der 6. Woche seiner Entwicklung. Wahrscheinlich ist jedoch, daß die 14-Tage-Grenze als ‚willkürlich‘ und ‚unnötig unflexibel‘ diskreditiert wird, daß man auf wichtige Forschung verweist, die sonst nicht möglich wäre, und vorschlägt, die Definition der Grenzen zulässiger Forschung den Wissenschaftlern selbst zu überlassen – all dies in Leitartikeln von *Nature*, der führenden britischen Naturwissenschaftszeitschrift.[49] Nach allem, was man hört, ist die deutsche Wissenschaft dabei, für sich eine ähnlich ‚tolerante‘ Regelung zu beanspruchen. Eine Beratergruppe der Bundesärztekammer bereitet eine Entschließung vor, die ebenfalls empfiehlt, von einer festen Zeitgrenze für die Kultivierung von Embryonen in vitro abzusehen, um wichtige mögliche Forschung nicht von vornherein auszuschließen. Dabei beruft man sich auf die Autorität der britischen Royal Society.

Moralische Grenzen der Forschung zu definieren, ist Sache der Gesellschaft, nicht der Wissenschaftler. Wissenschaftler haben ein institutionalisiertes Interesse, was zulässig ist, an dem auszurichten, was wissenschaftlich ertragreich und notwendig ist. Wo würden sie die Grenze der Entwicklung von Embryonen in vitro ziehen? Die Schmerzempfindlichkeit nach der 6. Woche wäre kein zwingendes Argument, da es wirksame Betäubungsverfahren gibt, die auch schon bei Tierversuchen vorgeschrieben sind. Ein weiterer Leitartikel in *Nature* visiert die 20. Woche als mögliche Grenze an: „Entwicklung verläuft nach der Befruchtung kontinuierlich. Warum also soll man nicht die Zeitbegrenzung, die bei einem Fötus für die legale Abtreibung gilt, auf andere Praktiken übertragen, die jetzt zum ersten Mal möglich werden, etwa die Untersuchung von Entwicklung an lebensfähigen Embryonen?"[50] Ob die Wissenschaftler gut beraten sind, die ‚Freiheit‘ der Forschung derart weit zu fassen, steht dahin. Die Gefahr, daß der Gesetzgeber zu übereilten Gegenreaktionen provoziert wird, ist nicht von der Hand zu weisen. In England hat der rechtskonservative Abgeordnete Enoch *Powell* einen Gesetzentwurf eingebracht, der jede Forschung an Embryonen absolut ausschließt. Der Entwurf passierte zwei Abstimmungen im Parlament, und die Embryologen hatten Mühe, seine Verabschiedung zu verhindern.[51]

Experimentelle Entwicklung von menschlichen Embryonen über das Stadium der Einnistung hinaus ist fragwürdig. Selbst wenn das Ziel der Forschung einwandfrei ist, die vorgesehenen Mittel sind es nicht. Die Kultivierung von Embryonen in vitro bis in die ersten Stadien der fötalen Entwicklung (Trennung von Plazenta und Keim, Differenzierung der Organe, Gehirn- und Herztätigkeit – alles bis zur 10. Woche) ist der Schritt zur Erzeugung von Menschen im Labor und, was schwerer wiegt, für das Labor. Föten in vivo, also nach erfolgreicher Einnistung in die Gebärmutter, haben den Status von werdendem Leben und genießen den moralischen Schutz, der aus diesem Status folgt. Dieselben Föten in vitro, also im Labor, hätten den Status von Versuchslebewesen, die zwar ebenfalls gewisse moralische Rücksichten verlangen, die aber nur für die Forschung erzeugt und entwickelt werden.

Föten sollten nur unter engen Auflagen zur Forschung freigegeben werden. Sie sind in erster Linie Lebewesen aus eigenem Recht. Wenn sie, wie im Fall zugelassener Abtreibung, höherem Recht weichen müssen, sind sie ähnlich wie sterbende Personen zu behandeln. Ihr Leben (außerhalb der Gebärmutter) darf in Grenzen für Forschungszwecke genutzt werden. Die amerikanische Regelung, daß fötales Leben nicht für die Forschung künstlich verkürzt oder verlängert werden darf, bringt jedoch zum Ausdruck, daß das (sterbende) Leben des abgetriebenen Fötus zwar der Forschung dienen soll, daß es aber nicht zum Zwecke der Forschung erzeugt werden soll. Aus diesem Grund wäre eine Abtreibung zu dem Zweck, einen für die Forschung geeigneten Fötus zu erhalten, auch wo sie gesetzlich nicht verboten ist, in jedem Fall moralisch unvertretbar.[52] Was für den in vivo durch Abtreibung erhaltenen

Fötus gilt, muß auch für einen Fötus gleichen Entwicklungsgrades gelten, den man in vitro aus einem Embryo erzeugen könnte. Die Erzeugung und Entwicklung menschlicher Föten lediglich für Forschungszwecke kann weder in vivo noch in vitro zugelassen werden.

Die Zeitgrenze für die Kultivierung in vitro, etwa entsprechend der Phase der Einnistung, dürfte die eigentlich kategorische moralische Schranke für Experimente mit Embryonen sein. Das Verbot, Embryonen für das Labor zu erzeugen, beruht wenigstens teilweise auf bloß pragmatischen Gründen, etwa der sicheren Kontrolle des Mißbrauchs der Forschung und dem fehlenden Nachweis eines legitimen Bedarfs. Insoweit hat dieses Verbot den Status eines Moratoriums und wäre unter veränderten Umständen, z. B. wenn ein außerordentlicher medizinischer Nutzen entdeckt würde, allenfalls verhandelbar. Die Zeitgrenze für die Kultivierung der Embryonen im Labor aber ist nicht verhandelbar – jedenfalls nicht, solange die gegenwärtig bestehenden Wertungen des (werdenden) menschlichen Lebens intakt sind. Das gilt ohne Ansehen des Nutzens der angestrebten Forschung. Die Klinik der Frühgeburt und der genetischen Krankheiten, die Chirurgie und die Pharmakologie könnten sehr nützlichen Gebrauch von Föten fortgeschrittenen Entwicklungsgrades machen, als experimentelles System und als therapeutische Ressource, etwa als Organbank. Aber auch medizinischer Nutzen rechtfertigt nicht ein Verfahren mit menschlichem Leben, das unsere Begriffe von der unantastbaren Würde dieses Lebens in Frage stellt.[53]

5. Ersatz- oder Mietmutterschaft: die für andere übernommene Schwangerschaft

5.1 Pragmatische oder grundsätzliche Probleme?

Biologisch muß ein Embryo, der in vitro erzeugt ist oder durch Ausspülung aus der Gebärmutter im Labor verfügbar wird, nicht unbedingt von seiner genetischen Mutter ausgetragen werden. Er kann auch einer anderen Frau eingepflanzt werden. Der Zusammenhang zwischen genetischer Abstammung, Schwangerschaft und rechtlich-sozialer Mutterschaft wird aufgelöst. Unterschiedliche Konstellationen sind auseinanderzuhalten.

Erstens: Ein durch In-vitro-Befruchtung erzeugter Embryo wird einer anderen Frau als der Eispenderin eingepflanzt. Die Frau, die das Kind austrägt, soll die Mutter werden. Diese Konstellation ist kein Fall von Ersatzmutterschaft. Es wird eine Eizelle gespendet bzw. ein Embryo, wenn der männliche Samen nicht vom Partner der austragenden Frau stammt. Der Fall bleibt im folgenden außer Betracht.[54]

Zweitens: Der Embryo wird einer anderen Frau als der Eispenderin eingepflanzt. Die austragende Frau soll das Kind jedoch nach der Geburt an die Eispenderin zurückgeben. Diese soll Mutter des Kindes werden.

Diese Konstellation ist der eigentliche Fall der Ersatzmutterschaft. Die Schwangere trägt ein genetisch fremdes Kind für eine andere Frau aus. Sie stellt lediglich ihren Körper als Mittel der Entwicklung des Kindes, sozusagen als Brutkasten, zur Verfügung. Biologisch-technisch wird die genetische Mutter in ähnlicher Weise von der Entstehung des Kindes distanziert wie sonst der Vater. Sie liefert ihre Keimzellen ab und empfängt später das fertige Kind – allerdings mit dem Unterschied, daß das Kind nicht von ihrem Partner geboren wird. Sozial und psychisch werden Schwangerschaft und Elternschaft getrennt. Die Erfahrung der Schwangerschaft ist nicht mehr Teil der Einübung der Elternrolle. Und umgekehrt impliziert sie nicht mehr, daß eine solche Rolle einmal übernommen werden soll – mit den daraus resultierenden Verpflichtungen dem Kind gegenüber.

Drittens: Der Embryo wird in vivo durch künstliche Besamung erzeugt. Den Samen liefert der ‚Vertragsvater' (heterologe Insemination). Die austragende Frau soll das Kind nach der Geburt dem Samenspender und dessen Partnerin übertragen. Diese sollen die Eltern werden.

Auch bei dieser Konstellation ist die austragende Frau vereinbarungsgemäß Mutter für eine andere Frau. Aber sie trägt ein Kind aus, das genetisch ihr eigenes (und das nichteheliche des Samenspenders) ist. Terminologisch soll dieser Fall als Ersatzmutterschaft mit heterologer Insemination von der Ersatzmutterschaft mit Embryotransfer unterschieden werden.

Bisher ist meist die dritte Konstellation gemeint, wenn von Ersatzmutter, ‚Mietmutter' oder ‚Leihmutter' die Rede ist.[55] Sie ist in einer Reihe von Fällen in verschiedenen Ländern praktiziert worden, darunter in der Bundesrepublik[56] und beginnt, die Gerichte und Gesetzgeber zu beschäftigen. Die Fragen, die sie aufwirft, sind in vieler Hinsicht erhellend für die Problematik der Ersatzmutterschaft überhaupt. Es sind vor allem die folgenden:

(1) Kann die Frau gezwungen werden, das Kind nach der Geburt an den Vater bzw. die Vertragseltern abzugeben?

1978 wurde in England über die Klage eines (Vertrags-)Vaters gegen eine Ersatzmutter entschieden, die sich geweigert hatte, das Kind herauszugeben. Die Frau hatte 3000 Pfund für die künstliche Besamung und die Austragung des Kindes erhalten. Der Vater unterlag mit dem Anspruch, daß ihm die elterliche Sorge übertragen werde. Daß die Mutter sich dazu vertraglich verpflichtet hatte, spielte keine Rolle.[57]

Das entspricht dem deutschen Recht. Da diese Ersatzmutter ein genetisch eigenes Kind austrägt, ist sie nach allen in Frage kommenden biologischen Kriterien die natürliche Mutter und daher auch die rechtliche. Diese Zuordnung kann nicht durch einfachen Vertrag geändert werden. Adoption oder auch nur die Übertragung der elterlichen Sorge an den nichtehelichen Vater setzt stets die Mitwirkung des Vormundschaftsgerichts voraus, das die Interessen des Kindes dabei zu wahren hat.[58] Vor der Geburt des Kindes sind solche Verfügungen aus gutem Grund überhaupt ausgeschlossen. Die Mutter soll sich nicht festlegen können, bevor sie die Bedeutung ihrer Beziehung zu dem Kind, z. B. den Grad der Bindung nach der Geburt, ermessen kann. Die Einwilligung zur Adoption kann sie erst 8 Wochen nach der Geburt wirksam erklären.[59] Folgerichtig muß auch die vertragliche Zusage, eine solche Einwilligung nach der Geburt zu erklären, unwirksam sein. Die Frau kann ihre Mitwirkung an der Adoption konsequenzlos verweigern, wenn sie ihre Meinung ändert.[60]

Die Frage ist, ob dasselbe auch für die Ersatzmutterschaft mit Embryotransfer gelten sollte. Hier ist die leibliche Mutter nicht zugleich die genetische. Zunächst ist daher zu klären, wer in diesem Fall die rechtliche Mutter sein soll. Kommt es auf die Gene oder auf die Austragung des Kindes an?

Es besteht eine gewisse Tendenz, wie allgemein bei der Vaterschaft auch bei der Mutterschaft in erster Linie auf die Gene abzustellen.[61] Dem entspricht es, wenn zuweilen die Chance des Kindes, seine genetische Abstammung zu kennen, geradezu zum zentralen Kindesinteresse stilisiert wird. Gene sind jedoch nicht alles, weder bei der Konstitution einer so komplexen Beziehung wie Elternschaft, noch für die Definition der Kindesidentität. ‚Genetischer Reduktionismus‘ oder gar eine Mystifizierung der ‚Bande des Blutes‘ sind unangebracht. Anders als Vaterschaft ist Mutterschaft schon biologisch mehr als die Ablieferung von Genen. Durch Schwangerschaft und Geburt entsteht eine Lebensgemeinschaft mit dem Kind. Die Frau, die das Kind austrägt, leistet Entscheidendes für seine Entwicklung. Sie ernährt es, reguliert seinen Stoffwechsel, führt Schadstoffe ab usw. Psychisch und der sozialen Einschätzung nach ist sie eher die Mutter des Kindes als die Frau, die ihre Gene eingebracht hat.[62]

Die Frau, die ein Kind zur Welt bringt, sollte daher dieses weder adoptieren müssen, um seine Mutter zu werden, noch sollte sie, da sie wirkliche und nicht nur vermutete Mutter ist, ihre Mutterschaft anfechten können. Wenn dies nach geltendem Recht nicht eindeutig ist, sollte das Recht entsprechend geändert werden.[63] Gilt die Ersatzmutter durch Embryotransfer als die natürliche und damit auch als die rechtliche Mutter des Kindes, so ist auch ihre Zusage, das Kind nach der Geburt wegzugeben, grundsätzlich wirkungslos. Ebensowenig wie der Mutter, die nach Samenspende ein Kind geboren hat, kann ihr das leibliche Kind mit rechtlichem Zwang (Gerichtsvollzieher) entzogen werden, wenn sie es lieber behalten will.[64]

(2) Können die ‚Vertragseltern' gezwungen werden, das Kind zu übernehmen?

Man kann sich verschiedene Gründe vorstellen, warum die Vertragseltern sich weigern könnten, das Kind nach der Geburt zu übernehmen. Ihre Ehe kann inzwischen gestört oder geschieden sein, das Kind kann geschädigt sein. Im Januar 1983 gebar in den USA eine Ersatzmutter nach heterologer Insemination ein Kind mit Mikrozephalie. Der Vertragsvater lehnte es ab, das Kind zu übernehmen. Eine Entscheidung darüber, ob er dazu verpflichtet ist, erübrigte sich, da er beweisen konnte, daß das Kind genetisch vom Partner der Ersatzmutter stammen mußte.[65]

Nach geltendem Recht können widerstrebende Vertragseltern nicht gezwungen werden, das Kind anzunehmen. Ebenso wie die Auflösung einer Kindesbeziehung gilt ihre Begründung als eine höchst persönliche Lebensentscheidung, die niemandem aufgedrängt werden darf. Im allgemeinen hält man es für unvereinbar mit dem Wohl des Kindes, wenn dieses zu Eltern geschafft wird, von denen schon feststeht, daß sie es nicht haben wollen.[66]

Es fragt sich, ob diese Lösung zwingend ist. Wäre es nicht denkbar, daß der nicht-eheliche Vater oder bei Ersatzmutterschaft durch Embryoübertragung beide Vertragseltern ohne weiteres rechtlich Eltern werden, wenn und sobald die leibliche Mutter ihre Rechte aufgibt? Davon, daß ihnen in diesem Fall das Kind ,aufgedrängt' wird, kann man im Ernst nicht sprechen, denn sie haben es (zumindest auch) in die Welt gesetzt. Ob man eine Prüfung am Maßstab des Kindeswohls einschalten sollte, ist ebenfalls zweifelhaft. Denn das Kind soll seinen genetischen Erzeugern rechtlich zugeordnet werden, und die kann sich bekanntlich niemand aussuchen. Entsprechend findet eine Prüfung, ob die Erzeuger auch geeignete Eltern sind, normalerweise nicht statt.[67]

(3) Ist die Vereinbarung eines Entgelts für die Übernahme der Schwangerschaft und die Übertragung der elterlichen Rechte wirksam?

Bei den bislang bekanntgewordenen Ersatzmutterschaften mit Samenspende wurden in der Regel Entgelte gezahlt, Summen von

10 000 $ oder 25 000 DM oder 6000 Pfund, die jedenfalls den Ersatz von Aufwendungen (etwa für besondere Kleidung, Arztkosten und evtl. Verdienstausfall) deutlich übersteigen. Hinzu kommen Honorare für die Vermittlungsagenturen in etwa derselben Größenordnung.[68]

Nach überwiegender Meinung sind solche Vereinbarungen unwirksam. Die Begründung und Auflösung von Familienverhältnissen sollte nicht Gegenstand finanzieller Transaktionen werden können.[69] In der Tat schreckt die Nähe zum ‚Babykauf'. Aus denselben Gründen ist in den meisten Rechtsordnungen entgeltliche Adoption und oft auch private Adoptionsvermittlung ausgeschlossen.

Müssen danach konsequenterweise auch Entgeltvereinbarungen bei Ersatzmutterschaft mit Embryotransfer hinfällig sein? Oder rechtfertigt der Umstand, daß sich die leibliche Mutter in diesem Fall bloß als Träger eines genetisch fremden Kindes anbietet, eine andere Bewertung? (s. u.)

(4) Wer hat das Recht, über eine Abtreibung des Kindes zu entscheiden?

Unbestreitbar kann die Ersatzmutter das Kind abtreiben, falls sie selbst durch die Schwangerschaft gesundheitlich gefährdet ist (medizinische Indikation). Dagegen wäre eine persönliche Notlage der Ersatzmutter wohl kein Argument mehr, da sie das Kind ja gar nicht endgültig behalten soll. Hier müßte allenfalls auf die Situation der vorgesehenen Vertragseltern abgestellt werden. Falls ein Recht besteht, sich von ungewollter Schwangerschaft zu befreien, geht dieses also der Ersatzmutter verloren. Entsprechendes gilt für den Fall, daß pränatal eine Schädigung des Kindes diagnostiziert wird. Wenn sichergestellt ist, daß die Vertragseltern das Kind übernehmen, müßten die auch entscheiden, ob das Kind geboren werden soll.

Aber sollen umgekehrt die Vertragseltern die Abtreibung verlangen dürfen, wenn sie selbst in eine Notlage geraten, etwa in eine schwere Beziehungskrise oder in finanzielle Probleme, und das erwartete Kind nicht mehr wollen? Bislang setzt noch jede Rechtsordnung einen Konflikt bei der schwangeren Frau selbst voraus, nicht bloß den Wegfall der Geschäftsgrundlage für einen Kinderwunsch. Problematischer noch: Soll die Ersatzmutter verpflichtet sein abzutreiben, wenn die Vertragseltern es verlangen? Kann sie sich vertraglich der Freiheit begeben, diese Entscheidung über ihren Körper selbst zu treffen – und ohne die Drohung von Schadensersatzansprüchen?

Man hat Regeln vorgeschlagen, nach denen diese und weitere Fragen, die die Ersatzmutterschaft aufwirft (etwa die Verhaltenspflichten der Schwangeren oder die Schadensersatzforderungen bei Nichterfüllung des Vertrages), pragmatisch gelöst werden könnten. Gegebenenfalls müßten dazu eben einige Gesetze geändert werden.[70] Das eigentliche Problem ist jedoch, ob man solche Regelungen überhaupt entwickeln soll. Wäre es nicht richtiger, die Etablierung von Ersatzmutterschaft als sozialer Praxis überhaupt zu unterbinden?

Die Meinungen sind geteilt. Während die Juristen oft für eine Anpassung des Rechts an die Praxis der Ersatzmutterschaft plädieren,[71] lehnen die professionellen Ethiker sie meist grundsätzlich ab.[72] Auffällig ist, daß Gremien, die sich kollektiv zur Ersatzmutterschaft zu äußern hatten, also: Ethikkommissionen, Untersuchungsausschüsse, professionelle Vereinigungen, sich bislang fast einhellig gegen das Verfahren ausgesprochen haben. Das gilt auch für die Richtlinien des Deutschen Ärztetages.[73] Die Ambivalenzen des Verfahrens legen offenbar nahe, es ,vorsichtshalber' zunächst ganz abzulehnen. Anders als bei den Experimenten mit menschlichen Embryonen fehlt bei der Ersatzmutterschaft eine institutionalisierte Lobby, die eine differenzierende fallweise Bewertung erzwingen könnte.

Die bisherigen Gesetzesinitiativen zeigen ein ähnliches Bild. In den USA lagen Mitte 1984 6 Gesetzesentwürfe zur Ersatzmutterschaft mit heterologer Insemination vor. Vier wollten sie mit mehr oder weniger ausführlicher Regelung zulassen, zwei lehnten sie grundsätzlich ab. Keine der Initiativen, Ersatzmutterschaft zuzulassen, hat jedoch bislang eine parlamentarische Abstimmung überstanden.[74]

Ob und unter welchen Bedingungen man Kinder haben will, ist eine persönliche Lebensentscheidung, die grundsätzlich jeder autonom, d. h. vor allem: ohne Intervention des Staates, treffen können muß. Daraus folgt nicht, daß man jede beliebige Technik der Reproduktion gebrauchen darf, um zu einem Kind zu kommen. Aber es folgt, daß die ‚Beweislast' denjenigen trifft, der den Gebrauch einer Technik einschränken möchte. Im folgenden soll eine Reihe von grundsätzlichen Argumenten gegen die Ersatzmutterschaft behandelt werden, wobei wir uns auf den Fall der Ersatzmutterschaft mit Embryoübertragung beziehen. Die Argumente liegen auf drei, sich teilweise überschneidenden Ebenen:

– Ersatzmutterschaft unterminiert die bestehende Institution der Familie

– sie ist eine nicht-akzeptable Umgangsweise der Frau (Ersatzmutter) mit ihrem eigenen Körper

– sie ist eine nicht-akzeptable Umgangsweise mit dem gezeugten Kind und unvereinbar mit dessen Wohl.

5.2 Gefährdung der Institution ‚Familie'?

Es scheint nicht besonders nahe zu liegen, in der Ersatzmutterschaft einen Verstoß gegen das ‚Wesen der Familie' zu sehen. Als ein Verfahren, den Wunsch nach einem eigenen Kind zu realisieren, bestätigt sie eher die geltenden kulturellen Stereotypen von der ‚Natur der Frau', insbesondere die Identifikation von Frauenrolle und Mutterschaft.[75] Aber dieses Verfahren ersetzt den ‚natürlichen' Zeugungsvorgang mehr oder weniger stark durch medizinische Techniken und knüpft im Ergebnis Elternschaft sozial und rechtlich nicht mehr in erster Linie an die biologischen Tatbestände von Geburt und Abstammung an, sondern an die Vereinbarungen der Beteiligten. Darin liegt ebenso wie bei der künstlichen Befruchtung mit Spendersamen eine Abweichung vom normativen Leitbild der ‚normalen' Familie, wie es auch der verfassungsrechtlichen Garantie von Ehe und Familie in Art. 6 des Grundgesetzes vorschwebt. Dieses Leitbild geht vom „Zusammenhang zwischen Geschlechtsgemeinschaft, biologischer Abstammung und sozialer Zuordnung" aus.[76] Die Frage ist, ob Abweichungen von diesem Leitbild ein Argument gegen die Zulässigkeit einer Technik sein können.

Institutionen wie die ‚normale' Familie sind gesellschaftlich eingeregelte Handlungskomplexe. Ihre Geltung hängt davon ab, daß die angebotenen Handlungsformen tatsächlich gewählt werden. Diese Wahl kann aber in einer Gesellschaft, in der Selbstbestimmung der Person ein oberster Wert ist, kaum normativ erzwungen werden. Verschiebt sich die soziale Praxis, so laufen die Institutionen leer. Sie verlieren ihre Funktion. Dagegen können sie auch nicht normativ immunisiert werden, wenn die abweichende Praxis selbst legitim ist. Auch der verfassungsrechtliche Schutz eines Standardtypus ‚normaler' Ehe und Familie kann dies nicht leisten. So mag beispielsweise die nicht-eheliche Lebensgemeinschaft aus dem besonderen Schutz und der staatlichen Förderungspflicht des Art. 6 des Grundgesetzes herausfallen, aber sie ist deshalb nicht illegitim. Sie ist ihrerseits durch das verfassungsmäßige Recht auf Selbstbestimmung gedeckt – und zwar einschließlich des Anspruchs, in einer solchen Lebensform Kinder zu haben. Letztlich muß die Verfassungsinterpretation dem sozialen Wandel nachgeben und ihr Leitbild von ‚Familie' den veränderten Formen, in denen Menschen zusammenleben und Kinder haben, anpassen.[77]

‚Unnatürlichkeit' der Fortpflanzungsmethode im Rahmen von Ersatzmutterschaft oder einer anderen Fortpflanzungstechnik ist erst dann ein relevanter Einwand, wenn sie die Würde des Menschen verletzt oder mit dem Wohl des Kindes unvereinbar ist, nicht schon dann, wenn sie lediglich das institutionalisierte Leitbild der ‚normalen' Familie überschreitet.

Entsprechendes gilt für die Forderung, Elternschaft letztlich nicht nach der Biologie der Abstammung zu regeln, sondern nach dem Konsens der Beteiligten. Vereinbarungen über Begründung und Auflösung von Eltern-Kind-Beziehungen sind dem geltenden Recht, wie das Beispiel der Adoption zeigt, nicht total fremd. Sie wären eine Fortsetzung der allgemeinen Tendenz moderner Rechte, Statusbeziehungen durch Vertragsbeziehungen zu ersetzen und Rechtsfolgen eher aus individuellen Willensentscheidungen abzuleiten als aus der Befolgung normierter Verhaltenstypen.[78] Das geltende Familienrecht ist bislang dieser Tendenz kaum gefolgt. Das erscheint rechtspolitisch gut begründet. Nicht nur aus Sorge um das Wohl der verhandelten Kinder, sondern auch, weil der Glaube an die Weisheit eines Planungs- und Entscheidungsrationalismus etwas Unzeitgemäßes hat. Eine so elementare Lebensbeziehung wie Elternschaft sollte auf Natur gegründet sein, so daß sie zunächst als gegeben hingenommen werden muß und weder entscheidungsfähig noch entscheidungsbedürftig ist.

Ob diese Politik hinreicht, jede Form von Ersatzmutterschaft strikt abzulehnen, ist jedoch fraglich. Man könnte Ersatzmutterschaft in Anlehnung an die Adoption ohne Abkehr vom Prinzip der biologisch begründeten Elternschaft regeln. Ebenso fragwürdig wäre es, eine mögliche Regelung nur deshalb zu unterlassen, weil die Unsicherheit der Rechtslage vom Gebrauch der Technik abschreckt und man auf diese Weise die Institution ‚Familie‘ gegen sozialen Wandel abschirmen kann.[79] Die Tatsache, daß Ersatzmutterschaft nicht in das gegenwärtige Familienrecht paßt oder in sonstiger Weise eine Abweichung von den institutionalisierten Formen der Familie bedeutet, ist als solche kein Einwand gegen ihre Legitimität.

5.3 Die Instrumentalisierung der Frau

Die Übernahme einer Schwangerschaft für andere ist rechtfertigungsbedürftig. Zwar ist Schwangerschaft weder unnatürlich noch eine Krankheit. Aber sie ist eine langdauernde und tiefgreifende Veränderung des Körpers, die nicht auf die Gebärmutter beschränkt ist, sondern den gesamten Stoffwechsel und die Psyche und Persönlichkeit der Frau erfaßt. Eine Schwangerschaft für andere ist einer Organspende hinreichend ähnlich, um analog bewertet zu werden. Wie diese sollte sie nur für einen Zweck legitim sein, der die Instrumentalisierung wichtiger Lebensfunktionen des Menschen rechtfertigt.

Als ein solcher Zweck kommt wohl nur in Betracht, unfruchtbaren Paaren zu einem eigenen Kind zu verhelfen. In diesem Fall dient Ersatzmutterschaft dem Ausgleich eines Gesundheitsdefizits, sie ersetzt eine fehlende, aber natürlicherweise gegebene Funktion. Die Situation entspricht der Spende eines Organs für fremdes Leben oder fremde Gesundheit, die der Modellfall für einen gerechtfertigten Eingriff in den eigenen Körper ist. Andere Zwecke, etwa die Vertragsmutter vor beruflicher Diskriminierung wegen Schwangerschaft zu bewahren oder ihr körperliche und psychische Belastungen abzunehmen, sind dagegen problematisch. Sie entspringen dem Interesse, von technischen Möglichkeiten zur Ausweitung der eigenen Handlungsfreiheit Gebrauch zu machen. Hielte man das für ausreichend, so hätte man auf das Erfordernis eines rechtfertigenden Zwecks überhaupt verzichtet. Denn Handlungsfreiheit bedeutet, daß die inhaltliche Legitimität der Handlungsziele nicht kontrolliert wird.

Allerdings ist zu fragen, ob überhaupt irgendein Zweck die Ersatzmutterschaft als Mittel rechtfertigen kann. Ersatzmutterschaft kann vermutlich nur als entgeltliche Dienstleistung praktische Bedeutung erlangen. Sie ist die Vermietung der Gebärmutter oder allgemeiner, des Körpers der Frau, soweit er an Schwangerschaft und Geburt beteiligt ist. Darin liegt, selbst wenn man die nähere Ausgestaltung nicht Marktkräften überläßt, sondern durch eine Behörde regelt, in jedem Falle eine zusätzliche Ökonomisierung des menschlichen Körpers und Lebens als Erwerbsquelle.

Man sucht nach geeigneten Analogien. Weder die Prostitution noch das klassische Ammenwesen passen. Im ersten Fall sind die Zwecke der Instrumentalisierung unvergleichbar, im zweiten die Intensität des Eingriffs in den Körper. Es gibt andere Beispiele, in denen es zulässig ist, den eigenen Körper gegen Entgelt zu instrumentalisieren. Das bedeutsamste ist sicher der Verkauf der Arbeitskraft, ein eher triviales ist die entgeltliche Blutspende. Die Schwangerschaft für andere geht deutlich über diese Fälle hinaus. Sie ist nicht in gleicher Weise abtrennbar vom eigenen Leben und der Person des Subjekts wie die zeitlich begrenzte Verausgabung von Arbeitskraft oder eine begrenzte Menge regenerierbaren Blutes. Sie ist eher Teil dieses Lebens. Soll man diesen Teil kommerzialisieren können?

Bislang bestand sozialer und moralischer Fortschritt darin, Instrumentalisierungen des Menschen zurückzudrängen, sofern sie zu einer Verdinglichung seines Lebens und seiner Person zu werden drohen. Der klassische Kampf des 19. Jahrhunderts um die Verkürzung der Arbeitszeit ist hierfür ein Beispiel, aber auch die Ablehnung von Knebelungsverträgen, z. B. Zölibatsklauseln im Arbeitsrecht. Die Frage ist, ob sich diese Tendenz angesichts der neuen Möglichkeiten, menschliche Lebensfunktionen zu technisieren, umkehren soll. Im Fall der Organspende haben wir uns gegen eine Kommerzialisierung entschieden – obwohl dies den Verzicht auf den maximal möglichen medizinischen Nutzen bedeuten könnte. Dieser gesellschaftlichen Wertung entspricht es, daß auch Schwangerschaft und Geburt allenfalls anderen Menschen gespendet, nicht aber als Ware gegen Geld gehandelt werden können.

Die bislang diskutierten Einwände gegen die Ersatzmutterschaft treffen einseitig die Handlungsfreiheit der Frau. Sie wird gehindert, ihre eigene Biologie als Erwerbsquelle zu nutzen oder sich bei ihrer Fortpflanzung von Schwangerschaft überhaupt unabhängig zu machen – sich also technisch in dieselbe Lage zu versetzen, in der der Mann von Natur aus ohnehin ist. Liegt darin nicht eine unnötig paternalistische Reglementierung der Wahlfreiheit der Frau im Umgang mit ihrem eigenen Körper?

Es ist fraglich, ob die Zulassung der Ersatzmutterschaft die Freiheiten der Frau in irgendeiner Form erweitern könnte. Schwangerschaft als Einkommensquelle hätte sozialpolitisch kaum vertretbare Konsequenzen. Ersatzmütter würden typischerweise den unteren sozialen Schichten entstammen. Für diese Frauen könnte aus der Möglichkeit, für andere schwanger zu sein, ein durch die ökonomische Lage bedingter Zwang werden. Profitieren würden davon andere Frauen, vielleicht auch Männer – auf jeden Fall Angehörige der sozialen Oberschichten. Entgeltliche Ersatzmutterschaft würde die Ausbeutbarkeit der Frau erhöhen. Sie erscheint daher ebensowenig wie die Adoption gegen Entgelt ein geeignetes Mittel, die sozialen Chancen von Frauen zu erhöhen.[80]

Wahlfreiheit hinsichtlich der Technik der Ersatzmutterschaft kann die entscheidende Benachteiligung der Frau bei der Fortpflanzung nicht verringern. Diese besteht nämlich nicht in den Lasten der Schwangerschaft, sondern in der einseitigen und ausschließlichen Zuschreibung von Verantwortlichkeiten bei der Pflege und Erziehung der Kinder nach der Geburt. Die Institutionalisierung von entgeltlicher Ersatzmutterschaft wäre im Gegenteil dem politischen Ziel der Frauenbewegung, die Kontrolle der Frau über ihren eigenen Körper zu erweitern, sogar abträglich. Die bisherige Praxis zeigt, daß Ersatzmütter, wenn sie den Anspruch auf Bezahlung nicht verlieren wollen, sich umfassenden Kontrollen ihrer Lebensführung unterwerfen müssen, die vom Arzt im Interesse der Gesundheit des Fötus (und im Interesse der Vertragseltern) definiert werden. Dazu gehören nicht nur die üblichen Vorsorgeuntersuchungen und natürlich der Übergang der Entscheidung über eine eventuelle Abtreibung an die Vertragseltern – außer im Fall einer medizinischen Indikation in der Person der Ersatzmutter. Die Schwangere muß in jeder Hinsicht Rücksicht auf den Fötus nehmen, notfalls einen gefährlichen Arbeitsplatz kündigen, das Rauchen aufgeben, Alkoholgenuß meiden, sich erforderlichen und zumutbaren operativen Eingriffen, etwa einem Kaiserschnitt, unterziehen.[81]

Es ist oft kritisiert worden, daß die Tendenz besteht, aus Fortschritten der pränatalen Diagnostik und der fötalen Chirurgie, allgemein aus der besseren Kenntnis der Entwicklungsbedingungen des Fötus, moralische oder gar rechtliche Handlungspflichten der schwangeren Frau gegenüber dem werdenden Kind abzuleiten.[82] Im Extremfall wird die Selbstbestimmung der Frau über ihren Körper durch die Kontrolle des Arztes ersetzt, der der Frau als der ,bessere' Sachwalter des Wohls des zukünftigen Kindes gegenübertritt. Die Frau wäre für die Zeit der Schwangerschaft auf den Status des Brutkastens reduziert. Die entgeltliche Ersatzmutterschaft ist der Modellfall dafür.

5.4 Die problematische Stellung des Kindes

Kein Handel mit menschlichem Leben

Entgeltliche Ersatzmutterschaft ist nicht nur als Verfügung der Frau über ihren eigenen Körper, sondern auch als Verfahren mit einem werdenden Kind bedenklich. Dabei kann es eigentlich keinen Unterschied machen, ob nach dem Wortlaut der Vereinbarung der Verzicht auf die Ausübung der elterlichen Sorge, die Zustimmung zur Adoption oder die Dienstleistung der Schwangerschaft ‚gekauft‘ wird. In jedem Fall wird das Kind selbst, seine Entwicklung bis zur Geburt, Teil der Leistung, die entgolten wird. Die genetischen Eltern, die das Kind nicht selbst bekommen können, lassen es machen und bezahlen dafür. Ist irgendeine der Regeln, nach denen wir normalerweise solche Austauschbeziehungen abwickeln, also Abnahmepflichten, Schadensersatzansprüche bei Schlechterfüllung, Rücktritts- und Zurückbehaltungsrechte hier angemessen? Offenbar nicht. Jede Konstellation, die die Entwicklung eines Kindes in die Nähe einer Dienstleistung oder Ware rückt, die ihren Preis hat, ist mit der Würde des geborenen Kindes als Person unvereinbar und sollte daher ausgeschlossen werden. Das gilt sowohl für die Ersatzmutterschaft mit Samenspende, bei der die Frau über ein genetisch eigenes Kind verfügt, wie bei der Ersatzmutterschaft mit Embryoübertragung, bei der ein genetisch fremdes Kind Gegenstand ist.[83]

Sieht man vom Problem der Entgeltlichkeit einmal ab, so bleibt aus der Sicht des betroffenen Kindes der entscheidende Einwand, daß sich aus dem Verfahren der Ersatzmutterschaft Nachteile für seine weitere Entwicklung ergeben könnten.[84]

Risiken für das Kind

Durch eine Ersatzmutterschaft gerät das Kind, auch wenn man Kommerzialisierung unterbindet, in eine ambivalente Lage. Bis zu seiner Geburt muß sich niemand so recht an es gebunden fühlen. In der Regel sind Schwangerschaft und Geburt eine wichtige Phase der Konstitution der Eltern-Kind-Beziehung. Für die Mutter gilt das schon biologisch, für den miterlebenden Vater zumindest sozial und psychisch. Diese Beziehungsaufnahme ist durch das Arrangement der Ersatzmutterschaft ausgeschlossen. Die Ersatzmutter soll geradezu jede Bindung an das entstehende Kind vermeiden, da sie sonst die Erfüllung des Vertrages gefährdet. Die genetischen Eltern ihrerseits wollen zwar das Kind, aber die Aufnahme einer Beziehung zu ihm wird auf den Zeitpunkt nach der Geburt verschoben. Sie adoptieren gleichsam ihr eigenes Kind. Liegt darin eine Distanzierung, die die Aussichten des Kindes, in einer Elternbeziehung geborgen zu sein, von vornherein verschlechtert?

Die meisten Einwände gegen die Ersatzmutterschaft beziehen sich eben hierauf. Testfall ist die Geburt eines behinderten Kindes. Der erste Fall, in dem dies passierte, führte prompt dazu, daß die Vertragseltern die Annahme des Kindes verweigerten. Das ist keine notwendige, aber doch eine nicht unwahrscheinliche Reaktion. Man weiß, daß die Aussichten behinderter Kinder, adoptiert zu werden, minimal sind. Eine Fortpflanzungsmethode, die dazu führen kann, daß das Kind wie bei der Adoption erst ‚nach Besichtigung‘ akzeptiert wird, muß daher abgelehnt werden. Das Kind sollte nicht in eine Situation hineingeboren werden, in der ihm der Schutz einer etablierten Eltern-Kind-Beziehung entzogen ist. Zwar kann man das Kind nicht davor schützen, daß es nach der Geburt von seinen Eltern zur Adoption freigegeben wird, aber man kann es davor schützen, vertraglich für diesen Zweck geplant zu werden, also schon mit dem Status ‚zur Adoption freigegeben‘ auf die Welt zu kommen.

Die entscheidende Frage ist, ob die Vertragseltern tatsächlich dieselbe Distanz zum Kind haben wie beim Normalfall der Adoption. Immerhin sind sie die genetischen Eltern, und das Bewußtsein der Abstammung („eigenes Fleisch und Blut") ist vermutlich eine Quelle von Bindung und Verantwortungsgefühl. Sie stehen dem Kind jedenfalls nicht ferner als im Normalfall ein nicht-ehelicher Vater, der mit der Mutter nicht zusammenlebt. Diesen würde man auch nicht ohne weiteres einem Fremden, der das Kind adoptieren will, gleichstellen. Zumindest würde man nicht sagen, daß schon die Tatsache, daß er die Schwangerschaft nicht miterlebt, eine mögliche Bindung an ‚sein Kind‘ unwahrscheinlich macht.

Mit dieser Überlegung lassen sich die Bedenken gegen die Ersatzmutterschaft allerdings nicht entkräften, wenn zwei Voraussetzungen gelten:

1. Die Beziehung zur Mutter ist entscheidend für die Entwicklung und das Wohl des Kindes, jedenfalls von größerer Bedeutung als die Beziehung zum Vater.

2. Für die Konstitution der Mutter-Kind-Beziehung ist die Erfahrung von Schwangerschaft und Geburt wesentlich.

Aber gelten die Voraussetzungen? Die Wissenschaft beantwortet diese Frage nicht. Zwar bieten die einschlägigen Disziplinen (Medizin, Psychologie, Sozialisationsforschung) zahlreiche Aussagen zum Thema. Aber diese sind bestenfalls plausible Hypothesen, meist jedoch unkontrollierbare Interpretationen sehr weniger empirischer Befunde im Lichte der normativen Leitbilder von Mutterliebe und des familienpolitischen Zeitgeistes. Früher stand unbestritten die Beziehung des Kindes zur Mutter im Vordergrund, seit den 70er Jahren wurde zunehmend eine gleichberechtigte Rolle des Vaters angenommen. Andererseits entdeckt man soeben die Bedeutung pränataler ‚Kommunikation' für die geistig-soziale Entwicklung des Kindes, was der Beziehung der Mutter zum Fötus während der Schwangerschaft neues Gewicht verleiht.[85]

Ob die Elternbeziehung des Kindes durch Ersatzmutterschaft tatsächlich in Frage gestellt wird, ist offen. Die Gefahr ist aber nicht von der Hand zu weisen. Das mag angesichts der sonstigen Probleme, die diese Methode stellt, ausreichen, sie abzulehnen. Ob es auch ausreicht, sie generell gesetzlich zu verbieten, kann man dagegen bezweifeln. Unentgeltliche Ersatzmutterschaft dürfte kaum eine verbreitete soziale Praxis werden. Moralisch mögen auch die Fälle problematisch sein, in denen die Übernahme einer Schwangerschaft eine echte ‚Spende' für eine andere Frau ist, die aus medizinischen Gründen ein Kind nicht selbst austragen kann. Rechtlich ist es aber vielleicht angemessen, sich einer Verurteilung zu enthalten und die Entscheidung der Verantwortung der Beteiligten zu überlassen – jedenfalls solange sich die möglichen Nachteile für das Kind nicht deutlicher bestimmen lassen als bisher.

5.5 Die Frage der Regelung

Bleibt die Frage, ob man die Abwicklung von Ersatzmutterschaften besonders regeln soll. Hier steht man vor einem Dilemma. Regelt man sie nicht, so wird es rechtliche Grauzonen geben, die für die Beteiligten Unsicherheiten, Konflikte und Enttäuschungen bedeuten können. Regelt man sie, so wertet man ein problematisches Verfahren, das man als unüberprüfbare Gewissensentscheidung des einzelnen allenfalls hinzunehmen bereit ist, zu einer sozialen Institution auf. Einer Politik, die der zunehmenden Technisierung des Menschen entgegenwirken will, entspräche es, eventuell auftretende Ersatzmutterschaften möglichst ,unauffällig' zu behandeln. Falls klargestellt ist, daß die Ersatzmutter zunächst in jeder Hinsicht als die natürliche Mutter des Kindes zu gelten hat, dürfte das geltende Recht ausreichen. Die Ersatzmutter wäre in allen Entscheidungen über ihre Schwangerschaft autonom. Die Vertragseltern bekommen das Kind nach den üblichen Verfahren (Adoption bzw. Übertragung des elterlichen Sorgerechts) unter Einschaltung des Vormundschaftsgerichts. Die vertragliche Regelung der Ersatzmutterschaft wäre zwar nicht sittenwidrig, aber in allen wesentlichen Hinsichten unerzwingbar.

Dagegen müßte entgeltliche Ersatzmutterschaft, einschließlich ihrer kommerziellen Vermittlung durch besondere Regelung wirksam unterbunden werden. Vorbild dafür könnten die bestehenden Strafvorschriften gegen entgeltliche Adoption sein. Zwar würde dies möglicherweise Ersatzmutterschaften auf einen unkontrollierbaren ,schwarzen Markt' abdrängen. Das kann jedoch kein Grund sein, eine Praxis, die man ansonsten eindeutig verwirft, doch zuzulassen.

6. Zusammenfassung in Thesen

Definition und offene Probleme

1. In-vitro-Befruchtung ist zur Behandlung von Unfruchtbarkeit von Frauen mit defekten Eileitern eingeführt worden. Die Ver-

schmelzung von Ei- und Samenzellen und die ersten Tage der menschlichen Embryonalentwicklung werden ins Labor verlegt. Der Embryo wird vor Beginn einer differenzierten Organentwicklung in die Gebärmutter zurückverpflanzt.

2. In-vitro-Befruchtung führte 1978 erstmals zur Geburt eines Kindes. Sie ist heute medizinische Routine. Ihre Finanzierung im Rahmen normaler Krankenkassenleistungen ist zu erwarten.

3. Die früher sehr umstrittene Frage, ob In-vitro-Befruchtung für das Kind besondere Risiken birgt, ist durch die von Forschern und Ärzten geschaffenen ‚vollendeten Tatsachen' beantwortet. Ein besonderes Mißbildungsrisiko besteht offenbar nicht.

4. Die offenen Probleme der In-vitro-Befruchtung betreffen die Ausdehnung des Anwendungsbereichs über die Behandlung von Unfruchtbarkeit hinaus, die Verfahrensweisen mit Embryonen in vitro – insbesondere ihre Verwendung in der Forschung – und die verschiedenen Möglichkeiten, befruchtete Embryonen einer anderen Frau als der Eispenderin zur Austragung einzupflanzen (Ersatzmutterschaften).

Prämissen der Bewertung

5. Die Techniken der modernen Biologie machen Eigenschaften der menschlichen Natur, die bislang Grenzen technischen Handelns waren, zu Objektbereichen dieses Handelns. Die Tendenz zur Technisierung der menschlichen Natur ist ein moralisches Problem, das uns Lasten der Rechtfertigung und Grenzziehung aufnötigt.

6. Der Grundsatz der Unantastbarkeit menschlichen Lebens gilt nicht nur für geborene Menschen, also Personen im Rechtssinne, sondern auch für Vorstufen der Kindesentwicklung. Auch menschliche Embryonen in vitro haben moralischen Status. Verfügungen über sie bedürfen besonderer Rechtfertigungsgründe.

7. Selbstbestimmung ist bei Verfügungen über das eigene Leben und den eigenen Körper ein zentraler, aber nicht der einzige Gesichtspunkt der Bewertung. Es gibt inhaltliche Bedingungen für einen menschenwürdigen Umgang mit der menschlichen Natur, die auch für die jeweilige Person nicht beliebig verfügbar sind.

8. Wissenschaftliche Erkenntnisziele sind kein absoluter Recht-fertigungsgrund für die Instrumentalisierung menschlicher Le-bensformen. Grundsätzlich sollten nur direkt medizinisch relevan-te Forschungen zulässig sein. Lebensformen, die nicht erhalten werden können, sollten auch in der Forschung nur dem Leben selbst als Mittel dienen dürfen, nicht dem abstrakten Interesse am Zuwachs wissenschaftlicher Erkenntnis überhaupt.

Anwendungsbereich von In-vitro-Befruchtung und Verfahren mit Embryonen vor der Einpflanzung

9. Die übliche Beschränkung von In-vitro-Befruchtung auf ver-heiratete Paare, oder zumindest stabile Partnerschaften, ist eine schwer zu rechtfertigende soziale Zensur des Kinderwunsches al-leinstehender Frauen. Ob alleinstehende Frauen die Behandlung in Anspruch nehmen können sollen, hängt von der Stellungnahme zur sog. heterologen Insemination (Fremdsamenspende) ab.

10. Eine Anwendung von In-vitro-Befruchtung für die Diagnose und Prävention von Erbkrankheiten erscheint unbedenklich. Die Selektion von Embryonen vor der Einnistung ist der Abtreibung nach vorgeburtlicher Diagnose im fortgeschrittenen Schwanger-schaftsstadium vorzuziehen.

11. Geschlechtsbestimmung im Rahmen von In-vitro-Befruch-tung ist möglich, wenn auch nicht sehr wahrscheinlich. Sie ist be-denklich, da sie die Behandlung von Embryonen lediglich als Se-lektionsmaterial für Elternwünsche voraussetzt.

12. Teilung von Embryonen, um eineiige Zwillinge/Mehrlinge zu schaffen, ist abzulehnen. Die Ausgangsembryonen werden bloß als Material für die Herstellung anderer Embryonen verwendet. Dies ist ein Schritt zur Menschenkonstruktion (Kopie von Geno-men).

13. Teilung von Embryonen zu diagnostischen Zwecken – der eine Embryo muß als Sonde zur Untersuchung des anderen ver-braucht werden – kann allenfalls zulässig sein.

14. Gefrierkonservierung von Embryonen, die bei einer In-vi-tro-Befruchtung ‚übrigbleiben‘, ist unbedenklich. Sie sollte aber nur für bestimmte Zwecke und für begrenzte Zeit erfolgen.

15. Embryobanken sollten nicht eingerichtet werden. Sie setzen voraus, daß über Embryonen wie über Sachen verfügt werden kann. Das adäquate Verhältnis zu ihnen ist aber eher ‚Elternschaft‘, nicht ‚Eigentum‘.

Experimente mit menschlichen Embryonen

16. Die Wissenschaft hat ein institutionalisiertes Interesse, menschliche Embryonen in vitro zu entmoralisieren. Freies Experimentieren mit solchen Embryonen verspricht Erkenntnisfortschritte in der Embryologie, der Immunologie und der Medizin der erblichen Krankheiten.

17. Moralische Grenzen der Forschung zu definieren, ist Sache der Gesellschaft und nicht das Privileg der Forscher. Aus einer bloß wissenschaftlichen Sicht kann es durchaus legitim und plausibel sein, menschliche Embryonen eigens für das Labor zu erzeugen, dort bis zum Alter von mehreren Monaten (z. B. der legalen Frist für Schwangerschaftsabbruch) zu entwickeln und in Experimenten zu töten.

18. Ein kategorisches Verbot aller Embryonenexperimente ist am ehesten geeignet, der Entwertung menschlicher Lebensformen durch die Forschung vorzubeugen. Ein solches Verbot widerspricht jedoch den deutlich abgestuften Wertungen solcher Lebensformen, die in der Gesellschaft etabliert sind und unsere Handlungsweisen gegenüber geborenen Kindern, Föten verschiedener Altersstufen und nichteingenisteten Embryonen unterschiedlich regeln. Man wird daher nach dem Zweck und dem Verfahren der Forschung differenzieren müssen.

19. Forschung mit menschlichen Embryonen sollte nur zugelassen sein, wenn sie das geeignete und notwendige (also: das einzige) Mittel ist, wichtige Erkenntnisse von unmittelbarer klinischer Relevanz zu erzielen. Menschliche Embryonen sind kein mögliches experimentelles System der biologischen Grundlagenforschung.

20. Eine Erzeugung von Embryonen für die Forschung käme allenfalls wegen des sehr geringen Entwicklungsgrades der frühen Embryonen in Betracht. Sie würde jedoch in besonders deutlicher Weise demonstrieren, daß menschliche Lebensformen nur noch

Mittel zum ‚guten‘ Zweck sind. Zumindest ein Moratorium erscheint daher gegenwärtig angebracht.

21. Eine Kultivierung von menschlichen Embryonen über den Zeitpunkt der Einnistung in die Gebärmutter (etwa 14 Tage) hinaus, also die Schaffung von differenzierten Föten in vitro für die Forschung, muß ausgeschlossen werden. Solche Föten wären der definitive Schritt zur Erzeugung von Menschen im Labor und für das Labor. Sie hätten den Status von reinen Versuchsmenschen. Selbst bei außerordentlichem medizinischen Nutzen erscheint dies unvertretbar.

Ersatzmutterschaft

22. Ersatzmutterschaft löst den Zusammenhang zwischen genetischer Abstammung, Schwangerschaft und rechtlich-sozialer Elternschaft auf. Verschiedene Konstellationen sind zu unterscheiden:

23. Erstens: Ersatzmutterschaft mit heterologer Insemination. Die Frau wird in vivo mit Fremdspendersamen des Vertragsvaters befruchtet. Sie trägt ein Kind aus, das genetisch ihr eigenes und das nichteheliche des Vertragsvaters ist. Zweitens: Ersatzmutterschaft mit Embryotransfer. Der Frau wird ein Embryo übertragen, der aus der Ei- und Samenzelle der Vertragseltern erzeugt ist. Sie trägt ein Kind aus, das genetisch das der Vertragseltern ist. In beiden Fällen soll sie das Kind nach der Geburt vereinbarungsgemäß den Vertragseltern übergeben.

24. Bei Ersatzmutterschaft mit heterologer Insemination ist die austragende Frau biologisch und rechtlich die Mutter des Kindes. Sie ist in allen Entscheidungen über ihre Schwangerschaft und das Kind frei. Ihre vor der Geburt eingegangenen Verpflichtungen sind unwirksam. An den Vater kann das Kind erst nach der Geburt unter Einschaltung des Vormundschaftsgerichts übertragen werden.

25. Bei Ersatzmutterschaft mit Embryotransfer sollte ebenfalls die austragende Frau und nicht die Eispenderin als Mutter des Kindes gelten. Schwangerschaft und Geburt begründen eine Lebensgemeinschaft mit dem Kind. Die Frau, die ein Kind zur Welt bringt, ist psychisch und der sozialen Einschätzung nach eher die

Mutter als die Frau, die ihre Gene zur Verfügung gestellt hat. In ihrer Person entstehen daher die elterlichen Rechte und Pflichten (einschließlich Unterhalts- und Erbrechtsbeziehungen).

26. Die pragmatischen Probleme der Regelung von Ersatzmutterschaften lassen sich gegebenenfalls durch gesetzliche Klarstellungen der Rechtslage bewältigen. Es bestehen aber grundsätzliche Einwände gegen das Verfahren auf drei Ebenen:

– Ersatzmutterschaft steht in Widerspruch zu den geltenden Institutionen der Familie

– sie bedeutet eine nichtakzeptable Instrumentalisierung des Körpers der Frau (Ersatzmutter)

– sie ist eine nichtakzeptable Umgangsweise mit dem gezeugten Kind und mit dessen Wohl unvereinbar.

27. Die Abweichung vom normativen Leitbild der ‚normalen‘ Familie ist kein Argument gegen die Nutzung einer Technik der Fortpflanzung. Institutionen sind gegen Funktionsverlust durch Wandel der sozialen Praxis nicht immunisierbar, wenn die Praxis selbst legitim ist. Auch die Verfassungsinterpretation der Familie muß ihr Leitbild schließlich veränderten Formen, wie Menschen zusammenleben und Kinder haben wollen, anpassen.

28. Die Übernahme einer Schwangerschaft für eine andere Frau, die nicht in der Lage ist, ein Kind selbst auszutragen, entspricht einer Organspende für fremdes Leben oder fremde Gesundheit. Solche Organspende ist ein Beispiel für einen gerechtfertigten, nicht medizinisch gebotenen Eingriff in den eigenen Körper.

29. Entgeltliche Ersatzmutterschaft ist eine problematische Ökonomisierung des menschlichen Körpers und des Lebens als Erwerbsquelle. Sie geht der Intensität des Eingriffs nach über andere Instrumentalisierungen des Körpers, etwa das klassische Ammenwesen oder den Verkauf der Arbeitskraft weit hinaus. Im Vergleichsfall der Organspende werden Entgeltlichkeit und Kommerzialisierung abgelehnt.

30. Entgeltliche Ersatzmutterschaft ist sozialpolitisch bedenklich, weil sie wahrscheinlich dazu führen würde, daß arme Frauen der sozialen Unterschichten die Kinder von reichen Angehörigen der Oberschichten austragen. Sie wäre darüber hinaus der Modell-

fall für die nahezu totale Kontrolle der Frau durch den Arzt, der als Sachwalter der Kindesinteressen auftritt. Bisherige Beispiele für die Ausgestaltung von Ersatzmutterschaftsverträgen zeigen, daß die Ersatzmütter bei Drohung des Verlusts des Entgelts sich weitgehenden Auflagen des Arztes des Kindes und der Vertragseltern zu unterwerfen haben, die vom Arbeitsplatz über Ernährungs- und Genußgewohnheiten bis zu medizinischen Operationen reichen.

31. Entgeltliche Ersatzmutterschaft macht ohne Rücksicht darauf, ob die Aufgabe der Elternrechte, die Zustimmung zur Adoption oder die Dienstleistung der Schwangerschaft ,gekauft' wird, das Kind selbst zum Teil einer Leistung, die entgolten wird. Eine solche Definition ist mit der Würde des zukünftigen Kindes unvereinbar und sollte daher ausgeschlossen sein.

32. Ersatzmutterschaft bringt das Kind in eine ambivalente Situation. Bis zu seiner Geburt werden Bindungen an das Kind aufgeschoben. Die austragende Frau soll vereinbarungsgemäß jede Bindung abwehren, die genetischen Eltern nehmen eine solche erst nach der Geburt auf. Sie adoptieren ihr eigenes Kind.

33. Testfall der ambivalenten Situation ist die Geburt eines behinderten Kindes. Der erste Fall, in dem dies eintrat, führte denn auch dazu, daß der Vertragsvater die Annahme des Kindes verweigerte. Eine Fortpflanzungsmethode, bei der das Kind wie bei einer Adoption erst nach Besichtigung akzeptiert wird, ist abzulehnen. Wenn möglich sollte das Kind nicht in eine Situation hineingeboren werden, in der es den Schutz einer etablierten Eltern-Kind-Beziehung nicht hat.

34. Die entscheidende Frage ist, inwieweit die genetischen Eltern faktisch sonstigen adoptionswilligen Paaren gleichzustellen sind. Gewisse Tendenzen zu genetischen Ideologien und die unbestreitbare Wirksamkeit des Deutungsmusters ,eigenes Fleisch und Blut' legen nahe, eine Bindung und ein gewisses Verantwortungsgefühl schon allein kraft genetischer Beziehung zu erwarten. Eine empirische Antwort auf die Frage gibt es nicht, das Risiko für das gezeugte Kind bleibt möglicherweise beträchtlich.

35. Ob in dieser Situation ein gesetzliches Verbot jeder Ersatzmutterschaft zu vertreten ist, erscheint fraglich. Man sollte eventu-

ell auftretende Fälle jedenfalls ‚unauffällig' behandeln, also Ersatz-mutterschaft nicht durch besondere Regelung zu einer sozialen In-stitution aufwerten. Wenn klar ist, daß die Ersatzmutter zunächst rechtlich die Mutter ist, reicht das geltende Recht zur Abwicklung aus.

36. Entgeltliche Ersatzmutterschaft sollte durch gesetzliche Re-gelung wirksam unterbunden werden.

Kapitel II
Genomanalyse, Genetische Tests und ‚Screening‘.
Fortschritte der Medizin und der sozialen Kontrolle

1. Techniken und Anwendungsbereiche

Die Gentechnik erlaubt im Prinzip eine vollständige Aufklärung der Strukturen und Funktionen des menschlichen Erbmaterials. Dieses Erbmaterial ist in mindestens 50 000 Genen enthalten, die auf 23 Chromosomenpaaren angeordnet sind. Jedes Gen speichert die Information für eine bestimmte Steuerung oder ein bestimmtes Produkt des Zellstoffwechsels. Ein paar Hundert dieser Gene sind ‚kartiert‘, d. h. ihre Lage auf einem der Chromosomen ist bekannt. Etwa 50 sind inzwischen mittels gentechnischer Methoden auch isoliert und in ihrer molekularen Struktur aufgeklärt (sequenziert) worden.[1]

Allerdings bedeutet die Bestimmung der Gene nur in sehr wenigen Fällen auch schon eine Erklärung der wahrnehmbaren (phänotypischen) Eigenschaften des Menschen. Komplexere Eigenschaften wie Verhalten, Charakter, Einstellungen oder Intelligenz sind auf eine unbekannte Kopplung von erblichen Faktoren und (vermutlich überwiegenden) Umwelt- und Erziehungseinflüssen zurückzuführen und entziehen sich schon von daher einer genetischen Analyse. Soweit sie überhaupt auf erblichen Anlagen beruhen, bestehen diese in einem Zusammenspiel vieler Gene, von dessen Verständnis wir auf absehbare Zeit weit entfernt sind. Diese Komplexität erspart uns nicht endgültig das Problem eines möglichen technischen Zugriffs auf solche Eigenschaften. Die Technik ist voll von Beispielen dafür, daß undurchschaute komplexe Systeme (black boxes) mit Hilfe von input-output-Korrelationen gesteuert werden. Solche Korrelationen könnten auch für das Zusammenspiel von Genen und den verschiedenen Ausprägungen von Intelligenz und Verhalten entdeckt werden.[2] Zum anderen belegt die klassische Züchtungsforschung an Tieren, daß auch komplexe (multifaktoriell vererbte) Eigenschaften durchaus mit biologischen Techniken beeinflußbar sind. Ausgeschlossen ist gegenwärtig jedoch eine technische Analyse dieser Eigenschaften auf biochemischer und molekularer Ebene, und insofern sind sie kein Thema der genetischen Analyse.

Am ehesten dürfte die Aufklärung sog. monogener Erbkrankheiten des Menschen gelingen, die auf der Schädigung (Mutation) einzelner Gene beruhen. Über 3000 solcher Krankheiten sind heute bekannt, und etwa 1% aller Neugeborenen sind davon betroffen. Die genetische Analyse wird entscheidende Fortschritte zu ihrem Verständnis bringen. So ist beispielsweise inzwischen die spezifische Mutation, die die Sichelzellanämie, eine krankhafte Veränderung des roten Blutfarbstoffs, auslöst, bekannt und identifizierbar. Diese Fortschritte können langfristig in einigen Fällen zu Therapien für erbliche Krankheiten führen, kurzfristig erweitern sie die Möglichkeiten der Diagnose.

Folgende Anwendungsbereiche zeichnen sich für genetische Tests am Menschen ab:

– Diagnose erblicher Krankheiten (einschließlich vorgeburtlicher Diagnose)

– Prävention von Krankheiten, für die eine erbliche Disposition besteht

– Familienplanung

– Abtreibung aus Gründen der Gesundheit des zukünftigen Kindes (‚eugenische‘ Indikation)

Diagnose durch genetische Tests ist dadurch gekennzeichnet, daß sie prognostisch ist. Sie identifiziert Krankheitsursachen, bevor diese sich in klinisch beobachtbaren Symptomen niederschlagen und erlaubt vorbeugende Behandlung, falls solche möglich ist. Für eine prognostische Diagnose erblicher Krankheiten muß nicht das defekte Gen selbst bestimmt werden. Neue technische Entwicklungen erlauben jetzt, defekte Gene indirekt nachzuweisen, mit Hilfe von sog. molekularen Markern, die mit ihnen gekoppelt sind. Man nimmt an, daß wenige Hundert solcher Marker ausreichen werden, um alle Gene, die monogene Erbkrankheiten auslösen, nachweisen zu können.[3] Ferner besteht in wachsendem Maße die Möglichkeit, genetische Defekte an ihren biochemischen ‚Fußspuren‘, den Produkten des Zellstoffwechsels zu identifizieren. Diese Technik ist gegenwärtig am weitesten entwickelt. Theoretisch könnte man heute an den Zellen, die man durch eine Fruchtwasseruntersuchung (Amniozentese) gewinnt, etwa 150 angeborene Stoffwechselkrankheiten des zukünftigen Kindes diagnostizieren. Die meisten Krankheiten sind allerdings zu selten, als daß ein Test praktikabel wäre.

Präventiv können genetische Tests auch genutzt werden, wenn eine Krankheit nicht schon durch die erbliche Anlage, sondern erst durch das Hinzutreten von Umweltfaktoren ausgelöst wird. Die Physiologie des Menschen ist nicht absolut einheitlich. Vielmehr gibt es zwischen und innerhalb von ethnischen Gruppen erhebliche angeborene Unterschiede im Stoffwechsel, die unterschiedliche Toleranzen gegenüber Umwelteinflüssen, z.B. Schadstoffen und Drogen, aber auch gegenüber Nahrungsmitteln bedingen. So wird etwa angenommen, daß eine besondere Anfälligkeit für bestimmte Lungenkrankheiten angeboren ist (Antitrypsinmangel). Ein großer Teil der Weltbevölkerung hat eine besondere angeborene Alkoholsensitivität. Angeboren ist möglicherweise auch die sehr unterschiedliche Ausprägung von Krankheitssymptomen bei Schwermetallvergiftungen. Hier eröffnet sich ein weiter Bereich für eine präventivmedizinisch orientierte ökologische Genetik. Dabei kann das Ziel entweder sein, den Einzelnen zu veranlassen, seine individuelle Lebensweise seinem besonderen genetischen Risiko anzupassen oder in der Gesellschaft die entsprechenden Sicherheitsstandards so zu erhöhen, daß sie auch noch für genetisch besonders Anfällige ausreichend sind.[4]

Genetische Tests können als Mittel einer ‚eugenischen‘, d.h. an der erblichen Gesundheit der Kinder orientierten Familienplanung eingesetzt werden. Man kann die Eltern testen, um festzustellen, ob und mit welcher Wahrscheinlichkeit sie bestimmte erbliche Krankheiten an die Kinder weitergeben. Letzteres ist auch möglich, wenn die Eltern selbst gar nicht krank werden können. Viele

Krankheitsanlagen sind rezessiv, d. h. sie wirken sich nicht klinisch aus, wenn ihr Träger sie nur von einem Elternteil (heterozygot) geerbt hat. Dagegen lösen sie die Krankheit aus, wenn sie von beiden Elternteilen (homozygot) vererbt werden. Sichelzellanämie z. B. ist heterozygot harmlos, homozygot dagegen eine schwere Krankheit, die unbehandelbar ist und meist im frühen Alter zum Tode führt. Sind beide Eltern heterozygote Träger der Anlage, so besteht für jedes Kind ein Risiko von 25%, daß es homozygoter Träger und damit krank wird.

In zunehmendem Umfang werden die genetischen Tests pränatal (vorgeburtlich) verwendbar. Man kann also statt der Eltern das werdende Kind selbst testen. Das hat den Vorteil, daß eine sichere Diagnose und nicht nur eine Wahrscheinlichkeitsaussage für den genetischen Zustand des Kindes möglich ist. Die schwerwiegende Folge ist allerdings, daß die Eltern im Fall eines Befundes vor die Entscheidung gestellt werden, ob sie aus eugenischen Gründen eine Abtreibung des betroffenen Fötus vornehmen sollen.

Eine erhebliche Rolle können genetische Tests im Rahmen präventiv orientierter Gesundheitspolitik spielen. Die Verhinderung einer Krankheit ist für den Betroffenen stets besser und für die Gesellschaft häufig billiger als ihre Behandlung. Es liegt daher nahe, die Identifikation der Betroffenen nicht dem Zufall zu überlassen, z. B. rechtzeitigem Arztbesuch, sondern in Frage kommende Risikogruppen systematisch ‚durchzukämmen‘, um alle Fälle zu erfassen.

Genetische Reihenuntersuchungen oder Suchtests (‚Screening‘) wurden zuerst in den USA durchgeführt. Dort gibt es seit den 60er Jahren eine Welle von staatlichen Programmen, die teils vorbeugende Behandlung von Krankheiten sicherstellen sollen, die bei Geburt unauffällig sind (z. B. Phenylketonurie), teils die heterozygoten Träger von Gendefekten, wie etwa der Sichelzellanämie, über Risiken der Fortpflanzung aufklären sollen. Der Staat New York sah schon 1974 das Screening aller Neugeborenen nach insgesamt sieben Krankheitsanlagen vor. Inzwischen sind wenigstens zehn Tests mehr oder weniger weit verbreitet. In der Bundesrepublik werden routinemäßig bis zu fünf Anlagen getestet (s. u. Abschnitt 4.1).

2. Probleme und Prämissen

Im Rahmen einer prognostischen und präventiven Medizin stellen Genomanalyse und genetische Tests eine wertvolle Erweiterung menschlicher Handlungsmöglichkeiten dar. Man muß daher nicht nur die von diesen Techniken ausgehenden Gefahren abwehren, sondern auch gerechten Zugang zu ihrer Nutzung sichern.

Zugang zu den Techniken ist zum Teil dadurch gesichert, daß sie in das Standardinstrumentarium ärztlichen Handelns aufgenommen werden. Das gilt inzwischen für eine Reihe von Tests, und zwar sowohl für solche, die rechtzeitige Behandlung von erblichen Krankheiten sichern sollen (Neugeborenentest nach PKU), wie auch solche, die pränatal unbehandelbare Erbschäden diagnostizieren (Amniozentese und Chromosomenanalyse bei schwangeren Frauen ab 35–40 Jahren). Diese Tests zu unterlassen, zumindest nicht auf ihre Möglichkeit hinzuweisen, ist in der Regel ein ärztlicher Kunstfehler, der schadensersatzpflichtig macht. Grundsätzlich dürfte es eine wichtige Aufgabe präventiv orientierter Gesundheitspolitik sein, die Verfügbarkeit derartiger Tests zu erweitern und ihre Einführung in die ärztliche Praxis zu erleichtern, z. B. durch entsprechende Vereinbarungen über die Krankenkassenfinanzierung.

Die Probleme dieser Techniken sind die Kehrseite ihrer Chancen. Genetische Tests und vorgeburtliche Diagnose erlauben uns, Krankheitsrisiken für zukünftige Kinder zu bestimmen. Folgt daraus eine Verpflichtung, auf Fortpflanzung zu verzichten oder einen betroffenen Fötus abtreiben zu lassen? Genetische Daten können Instrumente individueller Lebensplanung sein. Wie sichert man, daß sie nicht Instrumente sozialer Kontrolle werden? Genetik eröffnet neue Perspektiven der Krankheitsprävention. Werden den präventiven Möglichkeiten präventive Zwänge folgen? Welche Grenzen gibt es für genetische Selektion als Strategie individueller und gesellschaftlicher Planung?

Die folgenden Abschnitte versuchen, diese Fragen zu beantworten. Dabei gehen wir davon aus, daß angesichts des möglichen

Nutzens der genetischen Techniken die Gefahren ihres Mißbrauchs jedenfalls dann nicht gegen ihre grundsätzliche Einführung sprechen, wenn die Chance besteht, die Grenzen zulässiger
Anwendung zu definieren und zu kontrollieren. Ob diese Chance
besteht, wird von einer Reihe von Randbedingungen abhängen,
die als Ausgangspunkte der Wertung vorangestellt werden sollen.

2.1 Keine Rückkehr zur Bevölkerungseugenik

Es ist geltende medizinische Norm, daß genetische Tests und Beratung sich an der Fürsorge für die betroffenen Patienten bzw. Familien zu orientieren haben und nicht am Problem, wie langfristig die
genetische ‚Fitness‘ der Bevölkerung insgesamt sicherzustellen sei.
„Der Arzt in der Beratung wird immer nur prüfen, ob sich ein
überdurchschnittliches Erkrankungsrisiko für die Kinder des Ratsuchenden erkennen läßt.“[5]

Die klassische Eugenik war dagegen Bevölkerungseugenik. Sie
war alarmiert durch die Vorstellung, die moderne Medizin werde
immer mehr Menschen mit körperlichen und geistigen Gebrechen
Überleben und Fortpflanzung ermöglichen und daher zu einer stetigen Anhäufung schädlicher Gene in der Bevölkerung führen. Ihr
Ziel war es, Träger von Erbkrankheiten nach Möglichkeit von der
Fortpflanzung auszuschließen, um die drohende Degeneration des
Genpools abzuwenden. Dieses Eugenikkonzept ist einerseits
durch die politische Praxis, zu der es (nicht nur im NS-Staat) führte, diskreditiert. Andererseits sind seine wissenschaftlichen Voraussetzungen zunehmend unhaltbar geworden (s. u. Kapitel III). Es
spielt in der offiziellen Begründung für die genetische Beratung
keine Rolle mehr.

Ob die reale Praxis der Beratung dieser Philosophie durchgängig entspricht, ist indes schwer zu beurteilen. Zwar sind die offenen Befürworter einer aktiven Erbgesundheitspflege der Bevölkerung selten geworden. Aber was hindert den Humangenetiker, seine Vorstellungen über eine notwendige genetische ‚Bereinigung‘
der Bevölkerung in der jeweiligen Beratungssituation geltend zu
machen? Die Forderung, daß die Ratsuchenden bei ihrer Entschei

dung, ob sie ein Kind haben wollen oder nicht, in jedem Fall autonom bleiben müssen, ist selbstverständlich, aber schwer zu kontrol-
lieren – insbesondere wenn man weiß, daß die Betroffenen den
Arzt häufig ausdrücklich bitten, sie nicht nur über die Risiken aufzuklären, sondern ihnen zu sagen, was sie denn nun tun sollen.
Möglicherweise kann Autonomie erhöht werden, wenn man die
Beratungskonstellation erweitert, etwa durch Einbeziehung von
Behinderten (oder deren Vertretern), die von dem Risiko, das diagnostiziert worden ist, betroffen sind.[6] Im übrigen muß öffentliche
Kritik und Aufklärung absichern, daß die medizinische Genetik
sich an der Vorbeugung und Behandlung der Leiden von betroffenen Individuen orientiert – sowohl bei der Festlegung der jeweiligen Rolle des Arztes, wie auch für die Politik des öffentlichen Ge-
sundheitswesens.

2.2 Selbstbestimmung als Grenze gesellschaftlicher Rationalisierung

Wenn gewährleistet ist, daß die Anwendung der Genetik an der individuellen Krankheit orientiert ist, stehen wir vor weiteren grundsätzlichen Entscheidungen. Das öffentliche Interesse an effizienter
Krankheitsvorsorge kann dem Interesse des Einzelnen widersprechen, selbst zu bestimmen, welche Risiken er für seine Gesundheit
oder bei der Fortpflanzung für die Gesundheit seiner Kinder eingehen will.

Das Prinzip der Selbstbestimmung genießt einen gewissen Vorrang. Wir kennen rechtlichen Zwang zur Vorbeugung oder Behandlung von Krankheiten, soweit dazu Eingriffe in den Körper
erforderlich sind, nur zur Abwehr von Gefahren, die unbeteiligten
Dritten von den Krankheiten drohen. Diese Überlegung rechtfertigt den Impfzwang oder die Zwangsbehandlung bei ansteckenden
Krankheiten. Wir zögern jedoch, jemandem ‚vernünftigen‘ Umgang mit seiner Gesundheit vorzuschreiben, wenn dies lediglich in
seinem eigenen wohlverstandenen Interesse liegt. Allerdings gibt es
Tendenzen, diese Abwägung umzukehren. Der absehbare wirt-
schaftliche Ruin der Sozialversicherung zwingt dazu, präventive
Gesundheitsvorsorge in weitem Umfang verbindlich zu machen.

Und der vorherrschende Trend in unserer Präventionspolitik ist es, an den Betroffenen selbst anzusetzen: man sieht in deren Verhalten und Eigenschaften die relevanten Risikofaktoren.[7]

Es ist unbestritten, daß Krankheiten und krankheitsförderndes Verhalten Einzelner objektive Ursachen in den Lebens-, Arbeits- und Umweltbedingungen haben. Aber diese Ursachen lassen sich politisch nur schwer thematisieren. Die Selbstverwaltungsorgane der Sozialversicherung sind durch die paritätische Besetzung von Arbeitnehmern und Arbeitgebern sozialpolitisch weitgehend neutralisiert. Die Ärzteschaft hat ein ökonomisches Interesse, jede Form von öffentlicher Gesundheitsvorsorge professionell zu monopolisieren, also als medizinische Dienstleistung zu definieren. Hinzu kommen wissenschaftliche Schwierigkeiten, die Zusammenhänge zwischen Krankheitshäufigkeiten und relativ weit verbreiteten sozialen und Umweltbedingungen schlüssig zu demonstrieren. Auf der anderen Seite zeigt sich immer deutlicher, daß patientenorientierte Strategien in ihrer bisherigen Form, als Beratungsangebote, Gesundheitsaufklärung und Appelle an das Gesundheitsverhalten, ergebnislos bleiben. Sie scheitern, weil die Annahme eines einsichts- und handlungsfähigen autonomen Subjekts, die sie zugrunde legen, soziologisch unrealistisch ist. Man denke nur an die Versuche, Raucher ‚umzuerziehen‘. Insbesondere haben diese Strategien bisher auch nicht den erwünschten ökonomischen Entlastungseffekt gebracht. Unter der Voraussetzung, daß vorbeugende Maßnahmen wie bisher vorwiegend beim Gesundheitsverhalten des Einzelnen ansetzen, liegt es daher nahe, nach Wegen zu suchen, solches Verhalten direkt oder indirekt zu erzwingen.

Ein gewisser normativer Spielraum für einen solchen Zwang besteht durchaus. Die staatliche Aufgabe, wichtige Sozialbereiche, etwa Arbeit und Verkehr, sachgerecht zu regeln, schließt die Befugnis ein, den Einzelnen gewissen präventiven Zwängen zu unterwerfen, um die objektiven Risiken der Gesundheits- oder Lebensgefährdung zu reduzieren. Es erscheint selbstverständlich, daß man am Arbeitsplatz nicht autonom entscheiden darf, ob man die durch die Unfallverhütungsvorschriften vorgeschriebenen Schutzmaßnahmen auch für sich selber gelten lassen will oder nicht, oder daß man als Motorradfahrer gezwungen werden kann, einen Helm zu tragen. Die klarsten Beispiele von Zwangsprävention finden sich im Recht der Berufskrankheiten. Droht einem Arbeitnehmer eine Berufskrankheit, so kann der Sozialversicherer, wenn Abhilfe anders nicht zu schaffen ist, zur Vorbeugung der Krankheit ein Beschäftigungsverbot an dem entsprechenden Arbeitsplatz aussprechen (s. u. Abschnitt 5).

Sind die Beschäftigungsverbote das Modell für die zukünftige Präventionspolitik? Präventiver Zwang zur Gesundheit sollte dort enden, wo wesentliche Bereiche persönlicher Lebensgestaltung berührt werden, wo also die Wahl eines eigenen Lebensplanes und eine wenigstens grundsätzlich eigene Abwägung von Sicherheitsrücksichten und Risikoübernahme abgeschnitten wird. Diese Grenze wird mit der Gurtanlegepflicht für Autofahrer sicher nicht erreicht. In die Nähe aber geraten die Arbeitsschutzgesetze. Sie müssen daher im Prinzip das letzte Mittel und die Ausnahme bleiben. Die Effektivität und Wirtschaftlichkeit des Gesundheitssystems zum zentralen Gesichtspunkt zu machen und Ungewißheit und Risiken nach Möglichkeit durch Sicherheit und Planung zu ersetzen, liegt auf der Linie des gesellschaftlichen Rationalisierungsprozesses, den *Max Weber* als einen beherrschenden Grundzug unserer Kultur beschrieben hat. Ob dieser Prozeß unter den gegebenen gesellschaftlichen Bedingungen einen so hohen Gewinn verspricht, daß er unwiderstehlich ist und sich ohnehin durchsetzen wird, kann hier dahinstehen. Normativ verbindlich ist er jedenfalls nicht. Das Prinzip der Selbstbestimmung bleibt eine Schranke der gesellschaftlichen Rationalisierung. Das muß auch für Strategien der genetischen Prävention gelten.

2.3 Anerkennung des ‚Rechts, nicht zu wissen‘

„Know Your Genes“ – „Kenne Deine Gene!“ ist die jüngste Wendung, die die Wissenschaft der alten philosophischen Forderung, sich selbst zu erkennen, gegeben hat.[8] Aber wie weit geht diese Forderung? Sollte man seine Gene kennen?

Genetisches Wissen erhöht die Berechenbarkeit des Lebens. Heute sagt es zukünftige Gesundheit voraus, unabwendbare Krankheiten, Anfälligkeiten und Risiken. Morgen wird man vielleicht das voraussichtliche Lebensalter, Verhaltensdispositionen und kognitive Fähigkeiten aus den Erbanlagen diagnostizieren können.[9] Solches Wissen eröffnet neue Möglichkeiten einer ‚Rationalisierung' der Lebensführung. Es bietet Chancen, Zukunft durch Vorausschau und Planung zu kontrollieren. Diese Chancen zu nutzen, ist eine Option des Individuums. Es kann nicht eine Verpflichtung sein.

Die Kenntnis der eigenen Gene kann Handlungsmöglichkeiten nicht nur erweitern, sondern auch zerstören. Möglicherweise wird man mit Hilfe genetischer Diagnostik in absehbarer Zeit die sog. präsenilen Demenzen vorhersagen können (relativ häufiger, 1 : 2000, zwischen 40 und 60 Jahren beginnender Zerfall der Hirnfunktionen) oder auch Krebserkrankungen, die in späteren Jahren auftreten. Solche Möglichkeiten entstehen ohne Rücksicht darauf, ob das verfügbare Wissen auch Chancen bietet, die kommende Krankheit abzuwenden oder zu lindern. Inzwischen gibt es einen Test, der die Anlage für Huntingtonsche Krankheit identifizieren kann. Die Krankheit, die zu schweren neurologischen Störungen (Muskelkrämpfen) und schließlich zu vollständigem körperlichen und geistigen Verfall führt, bricht irgendwann zwischen dem 30. und 60. Lebensjahr aus. Sie ist unbehandelbar. Ist genetische Aufklärung in solchen Fällen wissenswertes Wissen?[10] In einer amerikanischen Umfrage gab eine Mehrheit der an Huntington Erkrankten an, sie hätte auf Kinder verzichtet, wäre sie rechtzeitig über ihre Krankheitsanlage informiert gewesen. Von den noch nicht betroffenen Risikopersonen (Alter unter 45 Jahren, ein Elternteil erkrankt) gaben andererseits 25% an, daß sie einen prognostischen Test vermutlich verweigern würden.[11]

Offenbar kann man sich ebensogut dafür entscheiden, die Gene, die das eigene Leben programmieren, nicht zu kennen. Man kann die Unbestimmtheit und Offenheit der Zukunft ihrer Berechenbarkeit vorziehen. Eine solche Entscheidung ist existentiell, vergleichbar etwa dem Bekenntnis zu einer Religion oder dem Entschluß,

Kinder zu haben. Sie betrifft das Selbstverständnis und den Lebensentwurf des Individuums – nicht nur, was jemand tun will, sondern, was er sein will. Die Freiheit solcher Entscheidungen ist der Kernbereich des Rechts der Person. Das Bundesverfassungsgericht hat den Anspruch der Person auf ‚informationelle Selbstbestimmung‘ bekräftigt und daraus die Freiheit abgeleitet, über die Erhebung und Verbreitung persönlicher Daten selbst zu entscheiden. Diese Freiheit kann zwar im öffentlichen Interesse eingeschränkt werden, aber nur unter Wahrung eines „unantastbaren Bereichs privater Lebensgestaltung, der der Einwirkung der öffentlichen Gewalt entzogen ist".[12] Bei der Aufklärung der genetischen Konstitution des Individuums dürfte dieser Bereich erreicht sein. Jeder hat ein unentziehbares Recht, seine Gene zu kennen, aber er muß auch ein ebensolches Recht haben, sie nicht zu kennen.

2.4 Abwehr genetischer Ideologien

Genetische Erklärungen und Techniken bieten scheinbar einfache Lösungen für komplexe Probleme und sind daher besonders geeignet, Ideologien für die Deutung der Realität und die Definition von Handlungsperspektiven zu liefern.[13]

Es besteht eine gewisse Konjunktur für biologische Interpretationen der Bedingungen individueller und gesellschaftlicher Entwicklung. Das Auftreten von Berufskrankheiten, abweichendes Verhalten und Kriminalität, Rollenunterschiede zwischen Mann und Frau, das Bildungsgefälle zwischen sozialen Schichten und die Machtkonkurrenz zwischen Staaten werden in der einen oder anderen Form mit der unveränderbaren Natur der Menschen, wie sie in ihren Genen festgeschrieben ist, in Zusammenhang gebracht. Meist dienen solche Interpretationen der Legitimation des status quo und der Diskreditierung von Handlungsprogrammen, die für Veränderungen an biographischen, sozialen oder politischen Faktoren des Problembereichs ansetzen wollen.

Es kann nicht klar genug betont werden, daß es für einen solchen Gebrauch der Genetik keine wissenschaftliche Grundlage gibt. Über den Einfluß von genetischen Bedingungen auf komplexe individuelle oder gar soziale Faktoren gibt es bislang nur unbewiesene Hypothesen. Zwar wäre es unvernünftig zu erwarten, daß es solchen Einfluß nicht gibt. Aber er wird keineswegs darin bestehen, daß diese Faktoren in irgendeiner Weise genetisch ,programmiert' wären. Dort, wo die genetische Programmierung einer menschlichen Eigenschaft aufgeklärt ist, z. B. bei den monogenen Erbkrankheiten, zeigt sich im Gegenteil, daß die Beziehung alles andere als einfach ist. Viele Krankheiten sind ,heterogen' genetisch bedingt, d. h. ein (nahezu) identisches klinisches Syndrom kann durch unterschiedliche, voneinander unabhängige Defekte an verschiedenen Genorten ausgelöst werden. Umgekehrt läßt das Vorliegen eines Defekts nicht immer einen sicheren Schluß auf die spätere Krankheit zu. Die Umstände, unter denen ein vorhandenes Gen aktiv wird und sich auswirkt, sind nur unvollkommen bekannt. Wie bei anderen kausalen Krankheitserklärungen weiß man nicht, ob man mit der Ursache im Genom nur eine notwendige oder schon eine hinreichende Bedingung der Erkrankung erkannt hat. Theoretisch ist z. B. denkbar, daß sich ein Defekt nicht auswirkt, weil er durch einen ,Fehler' an anderer Stelle wieder ausgeglichen wird.[14]

Jede Einführung genetischer Techniken muß mit öffentlicher Aufklärung über die Grenzen und die Bedeutung genetischen Wissens verbunden sein. Und sie sollte im Lichte möglicher Alternativen gesehen werden, die an anderen Bedingungen des Problems ansetzen. Die Genetik erfaßt regelmäßig nur einen kleinen Ausschnitt. Berufskrankheiten etwa werden durch die individuelle genetische Variabilität der Betroffenen zwar mitbedingt, aber entscheidend bleibt die Arbeitsumwelt. Nur der kleinere Teil aller Behinderungen beruht auf genetischen Defekten. Und von diesen ist ein Teil durch Neumutationen ausgelöst, zu denen wir vermutlich durch Strahlung und Chemikalien laufend beitragen.[15] Eine Fixierung auf genetische Strategien der Problemlösung mag wegen deren technischer Sinnfälligkeit naheliegen. Sie wäre aber sicher keine angemessene Definition unserer Handlungsprioritäten. Keinesfalls sollte der Eindruck verbreitet werden, mit den genetischen

Techniken hätten wir nunmehr wenigstens in Teilbereichen Patentlösungen für so komplexe Probleme wie das der Behinderten oder der Berufskrankheiten (dazu näher unten). Andernfalls wäre der Nutzen, den diese Techniken stiften können, durch den Nachteil aufgewogen, daß sie unsere Fähigkeit unterminieren, mit diesen Problemen umzugehen und Lösungen über die schwierige Veränderung der sozialen und politischen Faktoren zu suchen.

3. Genetische Verantwortung: Das ‚Recht, nicht zu wissen‘, unerwünschte genetische Information und Aufklärungspflichten

Das grundsätzliche ‚Recht, nicht zu wissen‘ muß Ausgangspunkt für die Bewältigung von Handlungsproblemen sein, die mit der Erzeugung unerwünschter genetischer Information und der möglichen Verpflichtung zur Aufklärung über die eigenen Gene verbunden sind. Die Frage ist hier insbesondere, wie die verständlichen und offensichtlich auch berechtigten Interessen Dritter zu bewerten sind, die wissen möchten, womit sie bei jemandem genetisch zu rechnen haben. Trägt man eine besondere genetische Verantwortung, andere durch seine Gene nicht zu schädigen?

Eine solche Verantwortung kommt vor allem in Betracht:
– gegenüber dem Partner, mit dem man zusammenlebt und gegebenenfalls gemeinsame Kinder haben wird und
– gegenüber zukünftigen Kindern, die das Interesse haben, nicht behindert geboren zu werden.[16]

3.1 Die Interessen des Partners und der zukünftigen Kinder

Gegenüber dem Ehepartner dürfte das ‚Recht, nicht zu wissen‘ den Vorrang haben. Zwar wird man verpflichtet sein, dem anderen wesentliche bekannte Umstände, die die eigene Person betreffen, zu offenbaren. Dazu gehören auch Krankheitsanlagen. Verschweigt man solche Umstände bei der Eheschließung, so kann der andere u. U. nach § 33 des Ehegesetzes die Aufhebung der Ehe (außerhalb des Scheidungsverfahrens) verlangen.[17] Man ist jedoch weder rechtlich noch moralisch genötigt, sich testen zu lassen, um herauszufinden, ob solche Umstände vorliegen. So verständlich das Interesse sein mag zu wissen, ob der andere mit dem Ausbruch einer unheilvollen Krankheit rechnen muß, oder welche Programmierung sonst in seiner Natur angelegt sein mag, dieses Interesse muß zurücktreten gegenüber der persönlichen Entscheidung des anderen, ohne eine solche Kenntnis leben zu wollen. Vielleicht haben die Partner ihre Beziehung so definiert, daß jeder erwarten darf, der andere werde ihm Klarheit über seine Gene verschaffen. Aber auch dann ist die Enttäuschung solcher Erwartungen, obwohl sie die Beziehung tangieren mag, noch nicht ohne weiteres zugleich die Verletzung einer moralischen Norm.[18]

Der eigentliche Adressat für eine ‚genetische Verantwortung‘ sind zukünftige Kinder. Unstreitig sind Eltern dazu verpflichtet, Behinderungen ihrer Kinder nach Kräften abzuwehren und behandelbare Krankheiten so früh und so wirksam wie möglich behandeln zu lassen. In der Regel erfüllen sie diese Verpflichtung durch die medizinische Versorgung des Kindes selbst. Man würde ihnen jedoch zumuten – wenn nicht rechtlich, dann doch moralisch – sich notfalls auch selbst genetisch testen zu lassen, wenn das für die rechtzeitige Diagnose und Behandlung erblicher Schädigungen des Kindes notwendig wäre. Praktische Bedeutung hat dieser Fall bislang nicht. Aber es ist denkbar, daß bei weiteren Fortschritten der genetischen Analyse und Frühtherapie in diesem Bereich indirekte Verpflichtungen entstehen, seine Gene zu kennen.

Die Frage ist jedoch, ob es zur Fürsorge der Eltern gehört, nicht nur eine drohende Schädigung ihrer Kinder, sondern schon die Geburt geschädigter Kinder selbst abzuwenden. In diesem Fall würde ein erheblicher Zwang zu genetischer Aufklärung entstehen. Sind Eltern zu eugenischer Familienplanung und daher zur Kenntnis ihrer Gene verpflichtet, um zukünftigen Kindern ein Leben mit Behinderungen zu ersparen? Sind sie gehalten, beim Risiko einer Erbkrankheit auf die Fortpflanzung zu verzichten oder einen eventuell betroffenen Fötus abtreiben zu lassen? Hier liegt der Kern der moralischen Probleme, die die technischen Möglichkeiten der pränatalen Diagnostik im allgemeinen und genetische Tests im besonderen aufwerfen. Man sucht vergeblich nach klaren sozialen Wertungen, die eine normative Orientierung bieten.

3.2 Eugenischer Zwang und ,unerwünschtes Leben' (wrongful life)

Klar ist lediglich, daß das Recht solche Wertungen nicht vorgibt. Auch jeder indirekte Rechtszwang zu eugenischer Familienplanung ist ausgeschlossen. Solcher Zwang würde sich beispielsweise ergeben, wenn Kinder, die genetisch geschädigt geboren werden, deswegen Schadensersatzansprüche gegen ihre Eltern geltend machen könnten. Am weitesten hatte sich die amerikanische Rechtsprechung zu den sog. wrongful life-Klagen solchen Schadensersatzansprüchen genähert. Bei diesen Klagen geht es um Ansprüche behindert geborener Kinder gegen Ärzte und genetische Berater, deren Fehlverhalten dazu geführt hat, daß eine Abtreibung unterblieben oder mißglückt ist. Einige Gerichte haben solche Ansprüche gewährt.[19] Sie akzeptieren im Ergebnis, daß das Kind geltend macht, es sei besser, gar nicht als behindert geboren zu werden. Dabei wurde u. a. „ein gesetzliches Recht, das Leben mit einem gesunden Geist und Körper zu beginnen" konstruiert und „das fundamentale Recht eines Kindes, als ein vollständiges, intaktes menschliches Wesen (whole, functional human being) geboren zu werden."[20] Solche Prinzipien laden geradezu dazu ein, Ansprüche auch gegen die Eltern zu gewähren. Und in der Tat hat ein kalifornischer Gerichtshof in einer wrongful life-Entscheidung beiläufig angemerkt, daß mit solchen Ansprüchen möglicherweise zu rechnen sei. Er sah „keinen zwingenden öffentlichen Grund (sound public policy), Eltern davor zu schützen, für den Schmerz, das Leid und das Elend verantwortlich gemacht zu werden, das sie über ihre Nachkommen gebracht haben."[21] Diese Aussicht rief den Gesetzgeber auf den Plan, der klarstellte, daß es solche Ansprüche keinesfalls geben könne.[22]

Das deutsche Recht zieht die Grenze schon eine Stufe vorher. Ein eigener Schadensersatzanspruch des Kindes wegen ,unerwünschten Lebens' wird überhaupt, also auch gegenüber Dritten (Ärzten, genetischen Beratern) abgelehnt. Der Bundesgerichtshof stellt klar, daß es keine Pflicht gibt, „die Geburt einer Leibesfrucht deshalb zu verhindern, weil das Kind voraussichtlich mit Gebrechen behaftet sein wird, die sein Leben aus der Sicht der Gesellschaft oder aus seiner unterstellten eigenen Sicht (für die naturgemäß nicht der geringstes Anhalt besteht) ‚unwert' erscheinen läßt."[23] Das Gericht verweist mit wünschenswerter Deutlichkeit auf die deutsche Geschichte: „Allgemein erlaubt gerade die durch die Erfahrung mit der nationalsozialistischen Unrechtsherrschaft beeinflußte Rechtsprechung der Bundesrepublik Deutschland aus gutem Grunde kein rechtlich relevantes Urteil über den Lebenswert fremden Lebens." Nach diesen Grundsätzen kann es rechtliche Sanktionen gegen Eltern, die trotz bekannten genetischen Risikos ein Kind zeugen oder ein solches nach pränataler Diagnostik nicht abtreiben lassen, nicht geben. „Weder die Ermöglichung noch die Nichtverhinderung von Leben . . . verletzt ein geschütztes Rechtsgut." „Der Mensch hat grundsätzlich sein Leben so hinzunehmen, wie es von der Natur gestaltet ist, und hat keinen Anspruch auf seine Verhütung oder Vernichtung durch andere."[24]

Die Zurückhaltung des Rechts ist eindeutig. Sie löst jedoch nicht die Entscheidungsprobleme der betroffenen Eltern. Für sie bleibt die Frage, ob es wenn schon keine rechtliche, so doch eine moralische Verpflichtung gibt, möglichst keine behinderten Kinder in die Welt zu setzen. In der Gesellschaft gibt es eine Tendenz, Gesundheit – vor materieller Wohlfahrt – als höchstes Gut des Menschen zu werten. Diese Tendenz führt faktisch dazu, daß in aller Regel Abtreibung gewählt wird, wenn die pränatale Diagnose eine Behinderung des Fötus ergibt und zwar selbst dann, wenn an sich grundsätzliche religiöse Vorbehalte gegen Abtreibung bestehen oder wenn die Behinderung nur mit einer gewissen Wahrscheinlichkeit erhebliche Leiden erzeugen wird (vgl. unten Abschnitt 6). Sie bedeutet jedoch nicht ohne weiteres, daß die Maximierung von Gesundheit auch normativ ein moralisches Gebot ist.

Wahrscheinlich muß man konstatieren, daß es eine Moral, die die Entscheidung über die Zeugung und Geburt von möglicherweise behinderten Kindern zu regeln beansprucht, nicht gibt. Damit behauptet man nicht, daß die Gesellschaft jedem das unveräußerliche Recht einräumt, wissentlich behinderte Kinder in die Welt zu setzen. Man behauptet, daß keine sozialen Normen existieren, die für diese Entscheidungen Maßstäbe des ‚Richtigen‘ vorgeben. Vielleicht ist es eine Norm, daß man auf Kinder verzichten sollte, wenn mit Sicherheit jeder der Nachkommen an einer schweren, unheilbaren Krankheit leiden wird. Aber was gilt für den Normalfall, daß lediglich eine gewisse Wahrscheinlichkeit für eine Behinderung besteht? Was ist, wenn sich die Krankheit erst in einem späteren Lebensabschnitt manifestieren wird? Bei welchem Risiko und welchem Grad der Behinderung soll man zu vorgeburtlicher Diagnose und selektiver Abtreibung verpflichtet sein?

3.3 Genetische Quarantäne als Lösung des Behindertenproblems?

Der Vorschlag, sich hinsichtlich der Fortpflanzungsentscheidungen von Eltern bei genetischem Risiko gleichsam moralisch zu enthalten, wird nicht allgemein geteilt. In der Literatur wird zum Teil eine extreme Gegenposition bezogen, die in der Forderung gipfelt, ‚Kindesmißhandlung‘ (child abuse) anzunehmen, wenn sich Paare trotz bekannten genetischen Risikos für die Fortpflanzung entscheiden. Schädliche Gene werden ansteckenden Keimen gleichgesetzt, deren Weitergabe man durch genetische ‚Quarantäne‘ und Selektion unterbinden muß. „Die Gesellschaft sollte beschließen, Muskeldystrophie, Tay-Sachs-Krankheit, zystische Fibrose und Sichelzellanämie ebenso auszulöschen, wie man Pocken, Kinderlähmung und Masern praktisch beseitigt hat."[25]

Die möglicherweise totalitären Implikationen dieser Auffassung liegen auf der Hand. Auch in der berüchtigten Entscheidung Buck v. Bell 1927 genügte dem Richter *Wendell Holmes* der schlichte Verweis auf die vorbeugende Impfung, um die Zwangssterilisation geistigbehinderter Anstaltsinsassen zu legitimieren. (s. u. Kapitel III) Gefährlich ist aber auch schon die Suggestion, genetische Prävention sei für die Behinderungen das, was Seuchenhygiene und Impfung für die Infektionskrankheiten sind. Sie mobilisiert Hoffnungen auf durchschlagend einfache technische Lösungen des Problems der unaufhaltsam steigenden Gesundheitskosten und bereitet eine öffentliche Stimmung vor, in der risikoreiche Fortpflanzungsentscheidungen wenn nicht als moralisch verwerflich, so doch als sozial unverantwortlich gelten, „unverantwortlich der Gesellschaft gegenüber, die einen so schwerst Benachteiligten in die Solidargemeinschaft der Gesellschaft aufnimmt."[26]

Eine empirische Rechtfertigung haben solche Vorschläge nicht. Genetische Prävention wird auf absehbare Zeit die Gesamtzahl der Behinderten in der Gesellschaft nicht entscheidend beeinflussen.

In der Bundesrepublik waren 1981 etwa 10 000 Personen querschnittsgelähmt, fast 50 000 blind, 35 000 taub. Insgesamt waren 1 Million Menschen mit 100%iger Minderung der Erwerbsfähigkeit behindert (darunter 230 000 mit hirnorganischen oder geistigseelischen Störungen). Die meisten Behinderungen sind altersbedingt. Fast ¾ (= 750 000) fallen in die Altersgruppe ab 60 Jahre, 5% (50 000) in die Altersgruppe bis 15 Jahre. Etwa 10% gelten als angeboren, darunter fallen sowohl Krankheiten, die auf genetische Veränderungen zurückzuführen sind, wie multifaktoriell durch eine Verbindung von genetischen und Umwelteinflüssen bedingte Störungen und solche, die unabhängig von der genetischen Konstitution z. B. durch Rötelinfektion oder Medikamente (Contergan) hervorgerufen werden.[27]

Die Annahme, daß alle angeborenen Behinderungen im Prinzip für genetische/vorgeburtliche Prävention erreichbar sind, ist weder moralisch noch technisch haltbar. So dürfte die große Gruppe der ‚präsenilen Demenzen' (Alzheimer, Pick) ausfallen, weil man kaum einen Fötus mit dem Argument ausschließen kann, daß die zukünftige Person mit 50 Jahren hinfällig und pflegebedürftig werden wird. Ein Teil der genetischen Defekte entsteht jeweils sozusagen ohne Vorwarnung durch neu auftretende Mutationen (bei der Muskeldystrophie Duchenne schätzungsweise zwischen 10 und 30%) und wäre daher nur zu erfassen, wenn pränatale Diagnostik auf alle Föten (in der Bundesrepublik ca. 500 000/Jahr) ausgedehnt würde, was schon aus Kapazitätsgründen unrealistisch ist. In Tabelle 2 (S. 90/91) wird versucht, die Größenordnung abzuschätzen, in der einige wichtige erbliche Schädigungen zur Gesamtzahl der Behinderten in der Gesellschaft beitragen.[28]

Die hier aufgeführten Abschätzungen sind mit vielen Unsicherheitsfaktoren belastet. Gleichwohl erlauben sie, den möglichen Beitrag konsequenter genetischer Prävention zur Lösung des sog. ‚Behindertenproblems' in eine richtige Perspektive zu setzen. Das bislang erfolgreichste Programm genetischer Prävention, das Neugeborenen-Screening nach Phenylketonurie (s. Tabelle 3, S. 95), verhindert rechnerisch weniger als 0,1% der Gesamtzahl Schwerbehinderter (zusammen mit dem Hypothyreose (Schilddrüsenunterfunktions)-Screening etwa 1%). Die weitaus bedeutendste einzelne Schädigung ist die Trisomie 21 (Down Syndrom). Ließe sich routinemäßige Fruchtwasserspiegelung bei Frauen über 35 Jahren, die etwa die Hälfte der betroffenen Kinder zur Welt bringen, durchsetzen (eine Entwicklung, die im Gange ist), so kann allein dadurch theoretisch die Zahl der Behinderten um 1,5% reduziert werden. Etwa je ein weiteres Prozent wäre durch geeignete Testverfahren für Mukoviszidose und Muskeldystrophie einerseits und für bestimmte Formen der erblichen Blindheit und Taubheit andererseits sowie für Spina bifida zu erfassen.

Nun kann man kaum bestreiten, daß es ein legitimes gesundheitspolitisches Ziel ist, die Zahl schwerstbehinderter Menschen in der Bundesrepublik durch genetische Prävention um etwa 5% (oder 50 000) zu reduzieren, und daß von der Durchsetzung dieses Ziels erhebliche ökonomische Entlastungen des Gesundheitssystems zu erwarten wären. Aber man muß zugleich sehen, daß 95% aller Fälle mit dieser Strategie nicht zu erfassen sind. Diese Einsicht sollte es ausschließen, Eltern mit ihrer angeblichen sozialen Verantwortung unter Druck zu setzen, auf Fortpflanzung zu verzichten oder einen Fötus abtreiben zu lassen. Und sie sollte ausschließen, daß man sich sozialpolitisch auf genetische Ursachen von Behinderungen fixiert und auf genetische Selektion als Strategie der Vorbeugung. Die Notwendigkeit, Behinderungen vorzubeugen, ist unbestreitbar. Aber letztlich liegt die ‚Lösung' des Behindertenproblems nicht darin, daß es der Gesellschaft gelingt, behinderte Menschen wie Infektionskrankheiten zu vermeiden, sondern daß es ihr gelingt, besser mit ihnen zu leben. Etwas anderes zu suggerieren, ist eine Verdrängung des Problems.

Tabelle 2: Abschätzung des Anteils häufiger erblich bedingter Schädigungen an der Gesamtzahl Schwerbehinderter in der Bundesrepublik Deutschland (Größenordnungen)

Schädigung	Behinderung	Häufigkeit/ Neugeborene 1 Fall auf	Lebens- erwartung Jahre[a]	Fälle/Jahr Zahl[b]	Fälle insgesamt Zahl[c]	Anteil an Behinder- ten insg. %[d]
Mukoviszidose (Zyst. Fibrose)	Erkrankung der Atemwege	2 000	18	300	5 600	0,56
Muskeldystrophie (Duchenne)	Zerfall der Muskulatur	2000 (männl.) 1 250	15	150	2250	0,22
Zystennieren	Nierenversagen etwa 40 J., un- terschiedlich schwer				500[e]	0,05
Erbliche Blindheit (Erwachs.typ)	fortschreitende Erblindung	10 000	50	60	3 000	0,30
Erbliche Taubheit	Taubheit	10 000	70	60	4 200	0,42
Hämophilie (Bluter)	Blutgerinnungsstörung (zu- nehmend therapierbar)	5 000 (männl.)	60	60	3 600	0,36
Alzheimer (präsenile Demenz)	geistiger und körperlicher Ver- fall, etwa ab 50 J.	2 000	7	300	2 100	0,21
Pick (präsenile Demenz)	geistiger u. körperl. Verfall, ab 40 J.	2 000	7	300	2 100	0,21
Huntington (Veitstanz)	Muskelkrämpfe, geist. Verfall, etwa ab 40 J.	10 000	10	60	600	0,06
Down Syndrom (Trisomie 21)	geistige Behinderung	650	35	930	32 550	3,25
Spina bifida (offene)[f]	Lähmungen, geistige Behind., 2-Jahre-Überlebensrate: 50%	(1 250) 2 500	40	240	9 600	0,96

Anteil der Behinderungen, die im Prinzip durch Screening und Frühbehandlung zu vermeiden wären (Größenordnung)

11 Syndrome insgesamt: 6,6
ohne Down Syndrom und Spina bifida: 2,39

Zum Vergleich: Größenordnung der durch bestehende Screeningprogramme abgewendeten Zahl von Behinderungen (s. u. Abschnitt 4.1)

Phenylketonurie (PKU)	geistige Behinderung (Idiotie)	10 000	15	60	900	0,09
Hypothyreose (angeborene)	geistige Behinderung (Kretinismus)	4 000	(50)	150	7 500	0,75

Erläuterungen
(a) durchschnittliche Lebenserwartung *nach* Ausbildung der Symptome (z. T. schematisch)
(b) angenommene Geburtenrate: 600 000 pro Jahr
(c) berechnete Zahl; Produkt aus: (Zahl neuer Fälle pro Jahr) × (Jahre der Lebenserwartung nach Eintritt der Behinderung)
(d) Bezugszahl: 1 Million Behinderte mit 100% Minderung der Erwerbsfähigkeit im Jahre 1981
(e) ca. Zahl der Dialysepatienten mit Zystennieren in der Bundesrepublik, vgl. *Passarge 1979*[28], 269

Wir gehen davon aus, daß sich eine allgemeine moralische Norm, die genetische Selektion verbindlich macht, nicht begründen läßt, weder aus der Verantwortung für die zukünftigen Kinder noch aus dem öffentlichen Interesse, die Zahl der Behinderten zu reduzieren. Die Gesellschaft sollte die technischen Möglichkeiten zur Verfügung stellen, ihren Gebrauch aber der Entscheidung der Eltern überlassen. Bedeutet danach die Möglichkeit genetischen Wissens überhaupt nichts für die Normen unseres Handelns? Nicht notwendigerweise.

Was man allgemein wird sagen können, ist, daß niemand seinen Kinderwunsch ohne Rücksicht darauf verfolgen sollte, welche Art von Leben das zukünftige Kind zu führen gezwungen sein wird. Es liegt nahe, daraus zumindest die formale Verpflichtung zu folgern, daß man sich die Voraussetzungen und Konsequenzen seiner Entscheidungen bewußt macht. Man sollte sich vergewissern, ob Risiken bestehen, und man sollte ermessen können, wie schwer eine drohende Behinderung das Kind und die Eltern belasten wird. Die entsprechende Information wird in der üblichen Praxis der genetischen Beratung erzeugt. Die Verpflichtung der Eltern bestünde also darin, daß sie sich, entsprechende Indikatoren vorausgesetzt (Zugehörigkeit zu Risikopopulationen, Familienbelastung), dieser Praxis bedienen. Das zukünftige Kind mag keinen Anspruch gegen die Eltern haben, nicht behindert geboren zu werden, aber vielleicht hat es einen Anspruch darauf, daß Eltern die Entscheidung über seine Geburt verantwortlich treffen. Dazu gehört, daß man sich nicht mit hypothetischen Annahmen begnügt derart, wie man entscheiden würde, wenn eine bestimmte erbliche Belastung vorläge, sondern definitives Wissen darüber sucht, wie die Entscheidungssituation wirklich ist. Verantwortung bezieht sich auf Konsequenzen des Handelns. Sie schließt ein, daß man diejenigen Konsequenzen, die man kennen kann, auch wirklich zur Kenntnis nimmt. Insoweit zumindest ist der Anspruch, daß der Fortschritt wissenschaftlich-technischer Erkenntnis auch unser Handeln rationalisieren muß, unabweisbar.

Eine solche Verpflichtung, das Risiko für das zukünftige Kind zu prüfen, kann die Analyse von bislang unbekannten genetischen Eigenschaften der Eltern erfordern. Sie kollidiert mit dem grundsätzlichen Recht, seine eigenen Gene unerforscht zu lassen. Unterschiedliche Fälle sind abzuwägen:

Am ehesten werden Eltern genetische Tests für sich ablehnen dürfen, wenn diese das Risiko von Krankheiten diagnostizieren, die beim Kind behandelbar sind. Sinn der Aufklärungspflicht ist nicht, der unbekümmerten Verbreitung defekter Gene als solcher vorzubauen, sondern zu sichern, daß Entscheidungen darüber, welche Leiden zukünftiger Kinder in Kauf genommen werden, verantwortlich fallen. Hält sich das Risiko für das Kind im Rahmen dessen, was man in einem normalen Lebensschicksal an Krankheiten ohnehin zu erwarten hat, so verdient das Interesse der Eltern an Selbstbestimmung über ihre genetischen Daten den Vorrang.

Besteht das Risiko in der Weitergabe eines genetischen Defekts, für den die Eltern lediglich heterozygote Träger sind, der aber beim Kind unbehandelbare Behinderungen auslösen kann, so erscheint ein Test zumutbar. Da die Träger selbst nicht erkranken, wiegt die Gefahr, daß sie sich durch die Kenntnis von solchen Defekten gezeichnet fühlen könnten, vergleichsweise gering angesichts der Notwendigkeit, die möglicherweise dramatischen Konsequenzen für zukünftige Kinder vor Augen zu haben.

Problematisch ist der Fall, in dem eine Krankheitsanlage diagnostiziert werden soll, die nicht nur Risiken für eventuelle Kinder, sondern zugleich unheilbare Krankheit bei dem betroffenen Elternteil selbst bedeutet. Beispiele wären ein Test für Huntington oder die Diagnose von zystischer Nierenkrankheit. Solche Diagnosen wären im Interesse des Kindes geboten, sofern in der Familiengeschichte Indizien für ein entsprechendes Risiko auftauchen. Aber bei positivem Befund bedeuten sie für den betroffenen Elternteil die möglicherweise schwer belastende Gewißheit, daß er selbst mit dem Ausbruch der Krankheit zu rechnen hat. In diesem Fall sollte das Recht, die eigenen Gene nicht kennen zu müssen, den Vorrang haben. Wenn die Eltern im Interesse künftiger Kinder nicht schlechthin zu eugenischer Planung, sondern nur zu informierter Entscheidung verpflichtet sind, dann kann diese Verpflichtung zurücktreten, wenn sie nur unter Aufgabe wesentlicher eigener Belange erfüllbar ist. Das ‚Recht, nicht zu wissen' gehört dazu.

4. Screening – genetische Reihenuntersuchungen im öffentlichen Gesundheitswesen

4.1 Gegenwärtiger Stand und Perspektiven

Unter Screening versteht man den Einsatz von Tests, nicht um bei problematischen Fällen, die in der ärztlichen Praxis auftauchen, die Diagnose abzuklären, sondern um aus der Gesamtbevölkerung solche problematischen Fälle allererst herauszufinden und dann der ärztlichen Praxis zuzuführen. Solche ‚Suchtests' sind ein klassisches Mittel vorbeugender Gesundheitspolitik, man denke nur an die Angebote der Mutterschaftsvorsorge oder der Krebsfrüherkennung. In der Regel müssen Tausende von Tests gemacht werden, um einen Betroffenen zu finden. Schon aus wirtschaftlichen Gründen wird daher Screening nur in Frage kommen, wenn die gesuchte Krankheit relativ häufig, die Risikogruppen überschaubar und/oder der anzuwendende Test unkompliziert und billig ist. Einen Überblick über die Verbreitung von Screening-Programmen gibt Tabelle 3.[29]

Die Tests werden aufgrund von Blutproben (bei Mukoviszidose mit einem Schweißtest) gemacht, die den Neugeborenen in den ersten Lebenstagen entnommen werden. Die gesuchten Defekte führen ohne Behandlung zu schweren körperlichen und geistigen Entwicklungsstörungen, können aber (außer im Fall der Mukoviszidose) durch Diät oder Medikamente (Hormonbehandlung) weitgehend kompensiert werden. Nennenswerte klinische Relevanz haben bislang nur das Screening nach Phenylketonurie und nach angeborener Hypothyreose (Schilddrüsenunterfunktion, die überwiegend nicht genetisch bedingt ist). Die meisten anderen Krankheiten sind sehr selten oder bislang unbehandelbar.

Tabelle 3: Neugeborenen-Screening (Beispiele für staatliche Programme)

Krankheit/ Defekt	Folgen/Symptome	Häufigkeit 1 Fall auf:	Behandlung/Vorbeugung	Durchgeführt in (u.a.): Bemerkungen
Phenylketonurie (PKU)	geistige Entwicklungsstörung im Säuglingsalter	10 000–15 000	vorbeugende Diät	fast alle Staaten, BRD
Ahornsirupkrankheit	Atemlähmung, Tod in den ersten Wochen	ca. 200 000	vorbeugende Diät	viele Staaten, in BRD inzwischen eingestellt
Galaktäsomie	geistige Entwicklungsstörungen, Leberschäden	75 000	vorbeugende Diät	viele Staaten, BRD
Hypothyreose (Schilddrüsenunterfunktion)	geistige Entwicklungsstörung (Kretinismus)	4 000	Hormonbehandlung	viele Staaten, BRD
Mukoviszidose (zystische Fibrose)	Magen-, Darm- und Lungenerkrankungen	2 000	keine Vorbeugung, symptomatische Behandlung	BRD
Homozystinurie	geistige Entwicklungsstörung, Gefäßerkrankung	ca. 200 000	vorbeugende Diät	13 US-Staaten, Nordrhein-Westfalen
Tyrosinämie	Leberschäden	nicht bestimmt	vorbeugende Diät	6 US-Staaten
Sichelzellanämie	Blutkrankheit, Thrombosen, oft Tod mit 10–30 Jahren	800 (schwarze US-Bevölkerung)	keine Vorbeugung, symptomatische Behandlung	New York, in weiteren 16 US-Staaten gesetzlich vorgesehen (bei 10 auf Antrag), Durchführung ist fraglich
Alpha-1-Antitrypsinmangel	Anfälligkeit für Leberzirrhose (Kinder) und Lungenkrankheiten (Erwachs.)	1 700–5 000	Vermeidung von Schadstoffbelastung	Schweden

Einig ist man sich, daß die Verfügbarkeit technisch einwandfreier Tests eine notwendige, nicht aber schon eine hinreichende Voraussetzung für Screening-Programme ist. Als weitere Kriterien hat eine Kommission der amerikanischen Akademie der Wissenschaften u. a. gefordert, daß:

– die Nützlichkeit von Testprogrammen gewährleistet ist. Dazu gehört bei der Suche nach Krankheitsanlagen nicht nur, daß die Krankheit überhaupt behandelbar ist, sondern auch, daß die organisatorischen und finanziellen Voraussetzungen für eine wirksame Behandlung erfüllt sind

– die Teilnahme am Screening freiwillig ist und informierte Zustimmung der Getesteten (bzw. ihrer gesetzlicher Vertreter) eingeholt wird

– die Akzeptanz der Programme durch die Beteiligung der Öffentlichkeit an ihrer Einrichtung und durch Aufklärung und Erziehung gefördert wird

– die Vertraulichkeit und der Schutz genetischer Daten gesichert ist.[30]

In der Bundesrepublik werden Screening-Programme meist von den öffentlichen Gesundheitsdiensten der Länder eingerichtet. Z. T. werden sie aufgrund der sog. Kinderrichtlinien zu Lasten der gesetzlichen Krankenkassen durchgeführt (Hypothyreose). Die Teilnahme an den Tests ist formal freiwillig. Auch die Richtlinien begründen Verpflichtungen nur für die behandelnden Ärzte, nicht für die Eltern der Neugeborenen. Die deutschen Regelungen stellen, den Grundsätzen der Sozialversicherung folgend, in den Vordergrund, daß Screeningtests für die Gesundheitsvorsorge ausreichend, zweckmäßig und wirtschaftlich sein müssen. Die Frage, ob und wie die Öffentlichkeit, etwa durch Vertreter der Patienten, direkt beteiligt werden soll, spielt bislang keine Rolle. Ähnliches gilt für die Zustimmung der Getesteten. Sie wird einfach unterstellt – als im Abschluß des Klinik- bzw. Behandlungsvertrages enthalten.[31]

Solange genetisches Screening auf wenige klare Fälle der Früherkennung von behandelbaren Krankheiten begrenzt ist, scheint ein Bedürfnis nach weitergehender Regelung nicht zu bestehen. Im

Lichte der technischen Perspektiven der genetischen Analyse könnte die Sache jedoch schon anders aussehen. Wir müssen uns auf die Möglichkeit einrichten, Dutzende, vielleicht Hunderte von erblichen Eigenschaften zu diagnostizieren: Krankheitsanlagen, Anfälligkeiten für Umweltgifte und Medikamente, heterozygote genetische Trägermerkmale etc. Daß die Anwendung dieser Möglichkeiten im öffentlichen Gesundheitswesen schon an der fehlenden Wirtschaftlichkeit scheitern wird, ist keineswegs gewiß. Schon heute können neue Tests oft einfach und billig an schon laufende Verfahren angehängt werden, indem sie dieselbe Blut- oder Urinprobe verwenden. Die Kosten liegen in der Größenordnung von ein paar Mark. Mit der Automatisierung solcher Tests kann überdies gerechnet werden, das dürfte auch für die Chromosomenanalyse gelten, vielleicht sogar für molekulare Tests mit genetischen Sonden. Eine ‚Testbatterie‘, mit der einfach und schnell ein umfassendes genetisches Profil einzelner Menschen erstellt werden kann, erscheint also nicht undenkbar. Routinescreening an Neugeborenen wurde erstmals 1960 in Buffalo, USA, eingeführt. „Seitdem wurden (weltweit) über 50 Millionen Neugeborene auf eine oder mehrere Stoffwechselkrankheiten untersucht, und doch ist das erst der Anfang."[32] Können wir die Chancen solcher Möglichkeiten nutzen, ohne ihren Gefahren zu erliegen?

In formaler Hinsicht ist zu fragen, ob die bisherigen Verfahren zur Einführung solcher Tests im Gesundheitswesen hinreichend öffentlich durchsichtig sind und ob sie eine ausreichende Beteiligung der interessierten und betroffenen Bevölkerung vorsehen. Im US-Staat Maryland wurde 1972 die Aufgabe, Programme für genetisches Screening zu entwickeln, Standards festzulegen und deren Einhaltung zu überprüfen, einer Kommission übertragen, in der Vertreter der Öffentlichkeit (consumer representatives) die Mehrheit (fünf) der stimmberechtigten Mitglieder stellen. Zwei Mitglieder vertreten das Parlament, vier die medizinische Profession.[33] Die Mehrheit für die Konsumentenvertreter spiegelt den Grad der öffentlichen Thematisierung genetischer Testprogramme zu Anfang der 70er Jahre und ist auch in den USA die Ausnahme geblieben. Immerhin erscheint das vollständige Fehlen jeder Patientenvertretung im deutschen Bundesausschuß der Ärzte und Krankenkassen revisionsbedürftig. Ferner müßten bei der Einführung neuer vorbeugender Testprogramme die von der Zielkrankheit gegenwärtig Betroffenen einbezogen werden. Es muß ihnen erleichtert werden, die Tatsache zu verarbeiten, daß ihre Leiden jetzt heilbar oder vermeidbar sind – ohne daß sie selbst etwas davon haben – und daß es bei einem Erfolg des Programms Betroffene wie sie in Zukunft nicht mehr geben wird.

Inhaltlich verlangt der Umgang mit den technischen Möglichkeiten des genetischen Screenings Antwort auf drei Fragen:

– Soll das Screening auf nicht-behandelbare Krankheiten und auf bloße Trägermerkmale ausgedehnt werden?

– Soll es obligatorisches Screening geben können?

– Ist unser Datenschutzsystem hinreichend, um eine Anhäufung genetischer Daten im öffentlichen Gesundheitswesen zu bewältigen?

4.2 Screening nach Anfälligkeiten, Trägereigenschaften und unbehandelbaren Krankheiten

Es kann verschiedene Gründe geben, nach anderen Merkmalen als behandelbaren Krankheiten zu suchen. Man kann beispielsweise nach besonderen genetisch bedingten Anfälligkeiten für bestimmte Umwelteinwirkungen (Pharmaka, Nahrungsmittel oder Schadstoffe) fahnden, um dem Betroffenen eine vorbeugende Lebensplanung zu ermöglichen. So wurden in Schweden Neugeborene routinemäßig nach angeborenem Alpha-1-Antitrypsinmangel getestet (siehe Tabelle 3). Die (homozygoten) Träger dieses Defekts stehen im Verdacht, im Erwachsenenalter besonders häufig (30%) lungenkrank zu werden. Die Getesteten sollen in die Lage versetzt werden, das Risiko einer Erkrankung niedrig zu halten, etwa indem sie nicht rauchen oder Arbeitsplätze mit hoher Staubbelastung vermeiden.[34]

Sieht man einmal davon ab, ob die Tests wirklich das Risiko zukünftiger Erkrankung diagnostizieren, so liegt ihre Problematik vor allem in folgendem:

– Der Nutzen für den Getesteten ist fern und ungewiß. Es wird nicht eine dem Neugeborenen unmittelbar drohende Gefahr abgewendet, sondern Information erzeugt, die er als Erwachsener nutzen können soll. Dabei ist aber ganz ungewiß, ob er später überhaupt Einfluß auf die Faktoren haben wird, die das Risiko einer Erkrankung erhöhen, etwa durch Wahl seines Wohnortes oder seines Arbeitsplatzes.

– Es wird genetische Information über Individuen erzeugt, die jahrzehntelang dokumentiert werden muß, um sinnvoll zu sein. Eine solche Dokumentation, durch öffentliche Genregister oder einen das Leben begleitenden ‚Genpaß‘, ist aber unter Datenschutzgesichtspunkten bedenklich (dazu unten).

– Die genetische Information wird ohne die informierte Zustimmung des Betroffenen erhoben. Es sind die Eltern, die hier festlegen, mit welchem Wissen über seine Gene das Kind künftig leben wird. Das mag in diesem Fall harmlos erscheinen, unterläuft aber in der Tendenz das Persönlichkeitsrecht, selbst zu entscheiden, was man über sein genetisches Schicksal wissen will und was nicht. Stellvertretende Zustimmung zu genetischer Aufklärung sollte daher auf die Fälle beschränkt bleiben, in denen sie aus Fürsorge für die körperliche und geistige Entwicklung des Kindes zwingend folgt.

Die genannten Gründe sprechen dagegen, Tests für Anfälligkeiten oder Unverträglichkeiten gegenüber Umweltfaktoren, die nur bedingt und in ferner Zukunft relevant werden, schon in das Neugeborenen-Screening aufzunehmen – nur weil dies der einfachste und billigste Testzeitpunkt ist. Der eventuelle Nutzen solcher Tests für eine Vorbeugung von Krankheiten kann auch realisiert werden, wenn man ihn im Erwachsenenalter bestimmten Risikogruppen anbietet, also etwa starken Rauchern oder Angehörigen besonders belasteter Berufsgruppen. Dann kann jeder selbst entscheiden, ob er sich testen lassen will und ob ihm die Information gegebenenfalls auch etwas nützen würde.

Aus denselben Gründen dürfte auch ein Neugeborenen-Screening nach heterozygot geerbten rezessiven Krankheitsmerkmalen (bloßen Trägereigenschaften) ausscheiden. Information über diese

Eigenschaften kann, da der Träger selbst nicht erkrankt, nur der Abschätzung des genetischen Risikos für zukünftige Kinder dienen. Sie wird also nur bedeutsam, wenn man überhaupt plant, Kinder zu haben und selbst dann nur, falls auch der zukünftige Partner Träger der betreffenden Eigenschaft ist. Es ist sicher leichter, Neugeborene durch Testprogramme zu erreichen als Erwachsene. Die niedrige Beteiligung an den Programmen zur Krebsfrüherkennung macht das deutlich. Aber es ist unklar, wie man sicherstellen will, daß Information, die bei der Geburt erhoben wird, Jahrzehnte später, wenn über Kinder entschieden wird, auch gegenwärtig ist. Im übrigen spricht der Umstand, daß Erwachsene vielleicht schwer für eine genetische Planung ihrer Fortpflanzung zu gewinnen sind, kaum dafür, sie schon bei der Geburt zu testen, wenn sie sich noch nicht wehren können.

Die Frage ist, unter welchen Bedingungen Erwachsenen-Screening nach Trägereigenschaften sinnvoll ist. Es gibt einige Beispiele für solche Programme: die Suche nach Trägern des Sichelzellmerkmals unter der schwarzen Bevölkerung (in den USA), nach Trägern des Tay-Sachs-Merkmals unter den Juden osteuropäischer Herkunft (ebenfalls in den USA) und nach Trägern des Thalassämiemerkmals unter der Bevölkerung in einigen Mittelmeerländern.[35]

Bisweilen wird das Tay-Sachs-Screening als Modellfall angesehen. Denn:

1. Die Krankheit, die zu geistigem Verfall und Tod mit 4–6 Jahren führt, ist in einer überschaubaren Risikobevölkerung weit verbreitet. Die Heterozygotenfrequenz beträgt 1:30, also bei 1:900 Heiraten innerhalb der Gruppe besteht ein 1:4 Risiko, daß ein krankes Kind geboren wird.

2. Es gibt einen einfachen und verläßlichen Heterozygotentest.

3. Die Krankheit kann pränatal diagnostiziert werden. Eltern haben also die Möglichkeit, ein homozygot betroffenes Kind zu verhindern, ohne auf Kinder überhaupt verzichten zu müssen.

Eben diese Gründe aber legen eigentlich nahe, nicht die gesamte Risikobevölkerung zu testen, sondern stattdessen Paare, bei denen beide Partner dieser Bevölkerung angehören, über das genetische

Risiko und die Möglichkeiten des Tests aufzuklären, sobald sie die Schwangerschaftsvorsorge aufsuchen. Die Ausdehnung der ärztlichen Sorgfaltspflichten auf Indikationen für genetische Risiken macht diesen Hinweis ohnehin zwingend. Dann braucht sich (bei negativem Befund) auch nur einer der beiden Partner dem Test zu unterziehen. Allerdings zeigt die Erfahrung, daß die behandelnden Ärzte die notwendige Aufklärung bei neuen Tests oft mangels Kenntnis nicht geben oder einfach vergessen. Hier können öffentliche Screening-Programme die wichtige Funktion erfüllen, ärztliche Routine der technischen Entwicklung anzupassen. Im Prinzip aber ist in diesen Fällen die individuelle genetische Beratung und nicht das genetische Screening einer ganzen Bevölkerung das angemessene Modell für eine präventive Gesundheitspolitik.

Prinzipiellen Vorrang sollte individuelle Beratung vor dem Massen-Screening auch bei anderen Krankheiten haben, die unbehandelbar, aber mittels Heterozygotentest und vorgeburtlicher Diagnose feststellbar sind, also beispielsweise bei Mukoviszidose und Muskeldystrophie, sofern Tests verfügbar werden. Entsprechendes gilt für offene Spina bifida (Spaltbildungen im Neuralrohr), für die gewisse Blutveränderungen bei der Schwangeren (Alpha-Fötoprotein) ein Indikator sind. Bis zum Testzeitpunkt (4. Monat) hat die Schwangere in der Regel die übliche Vorsorge aufgesucht.

Anders ist die Situation, wenn lediglich ein Heterozygotentest, aber kein Verfahren der vorgeburtlichen Diagnose (von homozygoten betroffenen Föten) zur Verfügung steht. Da in diesem Fall der Verzicht auf die Fortpflanzung die einzige Möglichkeit ist, die Geburt eines betroffenen Kindes zu verhindern, müssen gefährdete Paare, also solche, bei denen beide Partner Träger sind, vor der Zeugung identifiziert werden. Dies war die Situation zu Beginn der Screening-Programme nach Thalassämie in verschiedenen Ländern in Südeuropa in den 1970er Jahren. Die Daten der Weltgesundheitsorganisation lassen darauf schließen, daß diese Programme auch schon vor Einführung der vorgeburtlichen Diagnose wirksam waren, sofern Empfängnisverhütung zugelassen war. Nach der Einführung vorgeburtlicher Diagnose wurden in einigen Regionen praktisch keine betroffenen Kinder mehr geboren.[36]

Allgemein empfiehlt sich, genetische Information für die Fortpflanzung gezielt im Einzelfall und erst dann zu erzeugen, wenn sie auch tatsächlich benötigt wird. Es ist noch offen, ob amerikanische Screening-Programme nach Sichelzellmerkmalen, die an Kindern zum Zeitpunkt der Einschulung durchgeführt worden sind, das Fortpflanzungsverhalten der betroffenen schwarzen Bevölkerung im Erwachsenenalter wirklich beeinflußt haben. Unwirksame und daher überflüssige genetische Information sollte aber schon deshalb nicht erzeugt werden, weil sich die Träger heterozygoter Erbmerkmale häufig selbst als ‚defekt‘ und ‚belastet‘ empfinden. Das ist wissenschaftlich gesehen sicher nicht gerechtfertigt, darum aber psychologisch und häufig auch sozial kaum weniger wirksam. Entsprechende Vorbehalte würden auch für ein bisweilen vorgeschlagenes Neugeborenen-Screening nach Chromosomenanomalien gelten, die sich erst bei den Nachkommen des Betroffenen auswirken.[37]

Das Argument schließlich, daß nur ein allgemeines und relativ frühes Screening nach Trägereigenschaften erlaubt, genetische Risiken für zukünftige Kinder schon bei der Partnerwahl zu berücksichtigen,[38] ist sowohl überholt wie gefährlich. Es stellt die Fähigkeit, gesunde Kinder zu haben, ins Zentrum des Begriffs von Partnerschaft. Von dort ist es nur noch ein kleiner Schritt zu früheren Visionen, daß den Menschen der Zukunft ihre genetische Belastung auf der Stirn eintätowiert sein könnte, damit sich Risikopersonen gar nicht erst ineinander verlieben. Ein entsprechender Vorschlag stammt von *Linus Pauling:* „Meiner Meinung nach sollte es eine Gesetzgebung in dieser Richtung geben, mit obligatorischen Tests nach defekten Genen vor der Eheschließung und irgendeiner öffentlichen oder halböffentlichen Bekanntgabe ihrer Trägerschaft."[39] Bei den gegebenen gesellschaftlichen Institutionen und Wertorientierungen dürften allerdings auch weniger abstruse Vorschläge, schon die Partnerwahl eugenisch zu steuern, chancenlos sein. Die Arbeitsgruppe der Weltgesundheitsorganisation stellt lakonisch fest: „Von keinem Screening-Programm hat man je gezeigt, daß es das Heiratsverhalten beeinflußt hat."[40]

Screening nach unbehandelbaren Krankheiten wird zum Teil

befürwortet, um die Betroffenen als sog. Indexpersonen nutzen zu können. Die Eltern sollen rechtzeitig, d. i. vor der Entscheidung über weitere Kinder, vor in der Familie vorhandenen genetischen Risiken gewarnt werden. Aus diesem Grunde wird beispielsweise Screening nach progressiver Muskeldystrophie (Typ Duchenne) vorgeschlagen. Die Krankheit ist relativ häufig (ein Fall auf 2000–5000 männliche Neugeborene). Sie beginnt im Alter von 1–4 Jahren, ist mit schweren Behinderungen verbunden und führt zum Tod mit etwa 20 Jahren. Sie ist weder behandelbar, noch (bislang) pränatal diagnostizierbar. Für den Getesteten ist die Früherkennung der Krankheit ohne erkennbaren Nutzen, für die Eltern ist der Nutzen nicht sicher. Zum einen wird die Information in vielen Fällen auch ohne Screening schon dadurch geliefert, daß sich die Krankheit des Kindes manifestiert, bevor über eine weitere Schwangerschaft entschieden wird. Zum anderen läßt sich bislang nicht sicher feststellen, ob bei dem betroffenen Kind eine Neumutation vorliegt, oder ob die Mutter Trägerin der Krankheit ist und deshalb Wiederholungsgefahr vorliegt. Schließlich ist unklar, wie das Fortpflanzungsverhalten der Eltern durch die Information beeinflußt wird, daß ein (höchstens) 25%iges Risiko besteht, ein weiteres betroffenes Kind zu bekommen. Theoretisch ließe sich durch ein Screening jede achte Geburt eines betroffenen Kindes (etwa 10 Fälle/Jahr in der Bundesrepublik) verhindern.[41]

Abgesehen vom Einwand fehlender oder unklarer Effektivität spricht dann wenig gegen ein Screening, wenn die unbehandelbare Krankheit sich im frühesten Kindesalter zeigt und dem getesteten Kind und seinen Eltern ohnehin keine Zeit bleibt, unbelastet von dem Wissen um das drohende genetische Verhängnis zu leben. Schon bei der Duchenneschen Muskeldystrophie würde diese Zeit jedoch in vielen Fällen bis zu vier oder fünf Jahre umfassen. Vollends problematisch wird ein Screening nach unbehandelbaren Krankheiten, die erst im Erwachsenenalter ausbrechen – beispielsweise einige der selteneren Muskelerkrankungen. Für die Eltern wäre in diesen Fällen ein Neugeborenen-Screening besonders wertvoll. Denn nur dadurch könnten sie rechtzeitig vor dem genetischen Risiko für weitere Kinder gewarnt werden. Das getestete

Kind jedoch verlöre die Chance, wenigstens einige Jahrzehnte ein unbelastetes Leben in einer unbefangenen Umwelt zu führen. Eine solche Aufopferung von Lebensrechten des Neugeborenen zugunsten der Familienplanung der Eltern ist bedenklich. Man steht also vor dem Dilemma: Genetisches Screening nach unbehandelbaren Krankheiten ist als Strategie der öffentlichen Gesundheit umso weniger vertretbar, je wertvoller es an sich wäre.

Schließlich sollte erwähnt werden, daß ein Screening nach genetischen Eigenschaften, deren Kenntnis weder den Eltern noch dem Betroffenen etwas nützt, diesen aber schwer belasten kann, in jedem Fall ausgeschlossen sein muß. Das würde etwa für ein Neugeborenen-Screening nach der männlichen Geschlechtschromosomenabweichung XYY gelten. Die Abweichung ist klinisch bedeutungslos, korreliert aber möglicherweise mit gewissen auffälligen Verhaltensweisen. Ein Screening würde der Wissenschaft Daten liefern, ihre Hypothesen einfacher zu testen. Für den Betroffenen hätte es sicher nur Nachteile.[42]

4.3 Obligatorisches Screening?

Grundsätzlich erscheint eine Rechtspflicht, Neugeborene nach behandelbaren Krankheiten testen zu lassen, als vereinbar mit den Prinzipien der Selbstbestimmung der Person. Die Tests sind risikolos, greifen nur geringfügig in die körperliche Integrität ein und dienen dem Schutz der Getesteten, die noch nicht in der Lage sind, ihre Interessen selbst wahrzunehmen. Testpflicht erscheint unter diesen Bedingungen nicht problematischer als etwa Schulpflicht. 1980 hatten 48 US-Staaten als obligatorisch bezeichnete Testprogramme für Neugeborene. Allerdings sehen die meisten Gesetze vor, daß Eltern die Teilnahme aus religiösen Gründen verweigern dürfen. Eigentlich obligatorisch sind die Tests daher nur für die angesprochenen Ärzte, die aber schon durch die Drohung mit einer Kunstfehlerklage gebunden werden.[43]

Zu fragen ist aber, ob gesetzlicher Zwang überhaupt notwendig ist. Besteht Grund für die Befürchtung, daß Eltern sich dem Screening in nennenswertem Umfang verweigern würden? In Massachusetts, das als erster Staat der USA 1963 obligatorisches Neugeborenen-Screening einführte, war schon vorher eine Testrate von nahe 100% erreicht. Maryland ging 1976 zu freiwilligen Testprogrammen über und hat beim Phenylketonurie-Screening eine Ablehnungsquote von 0,05%. Dabei ist die Gefahr, daß aufgrund der Weigerung der Eltern ein erkranktes Kind nicht rechtzeitig entdeckt wird, 100mal geringer als die Gefahr, daß bei Durchführung des Tests ein krankes Kind irrtümlich als gesund eingestuft wird (sog. Falsch-Negativ).[44] Auch in der Bundesrepublik erreicht die Erfassungsrate beim Neugeborenen-Screening inzwischen an die 99%. Solange eine solche Rate durch das Angebot der Tests in der klinischen Praxis und durch öffentliche Aufklärung gewährleistet werden kann, wäre gesetzlicher Zwang unverhältnismäßig und schon deshalb abzulehnen.[45]

Obligatorisches Screening zur Aufklärung genetischer Risiken für künftige Kinder wurde anfangs der 70er Jahre in den USA für das Sichelzellmerkmal vorgesehen. Dabei wurde die Teilnahme an den Tests zur Bedingung für den Schulbesuch oder für eine Heiratslizenz gemacht. In Nord-Cypern ist die Bescheinigung über den Test nach Thalassämieträgermerkmalen gesetzliche Heiratsvoraussetzung. Inwieweit die amerikanischen Gesetze in Verwaltungspraxis umgesetzt wurden, ist unklar. Obligatorisches Screening stieß auf heftige öffentliche Kritik, und der National Genetic Disease Act 1976 band schließlich die Vergabe von Bundesmitteln für Screening-Programme an die Freiwilligkeit der Tests.[46]

Selbst wenn man der Meinung ist, daß es ein moralisches Gebot sei, sich vor Augen zu halten, ob die Kinder, die man sich wünscht, in besonderem Maße von erblichen Krankheiten bedroht sind, sollte man vor einer Übersetzung dieses Gebots in rechtlichen Zwang zurückschrecken. Die Entscheidung, bei welchen genetischen Bedingungen man ein Kind bekommen und austragen will, muß frei von staatlichem Zwang sein, auch frei vom Zwang zur Information über die vielleicht bestehenden Risiken. Auch jeder indirekte Zwang sollte ausgeschlossen sein, etwa die Bindung von Fürsorge- oder Versicherungsleistungen an die Zustimmung zu genetischen Tests oder pränataler Diagnose. Es mag ein legitimes öffentliches Interesse geben, eugenische Familienplanung zu fördern. Die Mittel dazu aber müssen auf Information und Aufklärung und auf das Angebot von Tests und Beratung beschränkt bleiben. Unproblematisch ist eine Regelung des Code of Georgia, die die Standesbeamten anweist, Heiratswilligen den Sichelzelltest und genetische Beratung über die Bedeutung und die möglichen Folgen des Merkmals anzubieten.[47] Niemand hat einen Anspruch darauf, auch noch vor staatlichen Angeboten genetischer Beratung und der Aufklärung über Risiken im allgemeinen bewahrt zu werden.

4.4 Datenschutzprobleme: ‚genetische Kennkarte' und Genregister

Genetische Informationen entstehen aus vielen Gründen oft lange vor dem Zeitpunkt, an dem sie sinnvoll genutzt werden können, und es stellt sich die Frage, wie sie angemessen dokumentiert werden können.

Schon in der genetischen Beratung ergibt sich oft, daß für weitere Familienmitglieder unterschiedlichen Alters Risiken bestehen, die spätere Entscheidungen über die Berufswahl und die Fortpflanzung beeinflussen könnten. Das Neugeborenen-Screening erzeugt solche Daten regelmäßig – selbst wenn man ein Screening nach bloßen Trägermerkmalen ablehnt. Die Diagnose von Phenylketonurie, z.B., muß bei der Geburt gestellt werden, um die notwendige Frühbehandlung einzuleiten. Sie muß aber noch gegenwärtig sein, wenn die Betroffene das reproduktionsfähige Alter erreicht hat, also vielleicht etliche Jahre, nachdem die vorbeugende Diät abgesetzt worden ist. Mütter mit Phenylketonurie laufen ein extremes Risiko, behinderte Kinder zur Welt zu bringen, weil ihr Stoffwechselmilieu toxisch für den Fötus ist. Schließlich können Daten, die Risiken der Fortpflanzung betreffen, schon pränatal entstehen. Zeigt etwa die Chromosomenanalyse beim Fötus eine sog. balanzierte Strukturveränderung, wird man oft keinen Anlaß zu selektiver Abtreibung haben, da eine solche Veränderung sich nur mit geringer Wahrscheinlichkeit als Krankheit auswirkt. Sie führt jedoch mit etwas höherer Wahrscheinlichkeit zur Schädigung der Nachkommen. Der eigene pränatale Befund muß also als Indikation für pränatale Diagnose bei den Kindern des Betroffenen berücksichtigt werden.[48]

Verschiedene formale Verfahren werden diskutiert, um genetische Daten zu dokumentieren. *Milunsky* hält eine ‚genetische Kennkarte‘ (genetic identity card) für denkbar, die uns „nicht nur bei der Partnerwahl und der Prävention von erblichen Krankheiten, sondern auch bei der Behandlung von Krankheiten unterstützen würde, für die wir zu einem bestimmten Zeitpunkt unseres Lebens anfällig sein mögen.“[49] Eine andere Möglichkeit sind Register, die genetische Daten sammeln und entweder von sich aus die Betroffenen aufspüren und informieren oder doch jederzeit von diesen abgefragt werden können.

Die Vorstellung einer das individuelle Leben begleitenden ‚genetischen Kennkarte‘ hat etwas Bedrohliches. Sicher wäre davon auszugehen, daß eine solche Kennkarte freiwillig angelegt wird, wie beispielsweise ein Impfpaß, und daß sie Teil der persönlichen Gesundheitsakten ist, über die jeder ausschließlich selbst verfügen darf. Der Sinn der Karte ist jedoch, daß ihre Nutzung soziale Übung wird. Das würde durch ihre praktischen Vorteile, die Standardisierung, Sicherheit und Klarheit der Daten, erleichtert. Vermutlich würden behandelnde Ärzte und Kliniken die genetische Kennkarte, natürlich mit Zustimmung der Patienten, bald ebenso selbstverständlich nutzen und erwarten wie heute etwa das gelbe Untersuchungsheft für Kinder, das Müttern für die Dokumentation von Früherkennungsmaßnahmen bei Neugeborenen angeboten wird.

Damit aber hört die Kennkarte auf, lediglich ein Hilfsmittel für den Einzelnen zu sein. Sie verändert die Informationsinfrastruktur der Gesellschaft. Die Existenz individueller genetischer Daten wird erwartbar. Niemand kann dem Auskunftsverlangen Dritter, etwa des Arbeitgebers oder des Versicherers, noch glaubhaft entgegenhalten, daß es solche Daten über ihn gar nicht gebe. Wirksamer Geheimnisschutz setzt voraus, daß man nicht nur die persönlichen Daten selbst für sich behalten kann, sondern auch die Information darüber, ob es diese Daten überhaupt gibt.

Überläßt man die Dokumentation wichtiger genetischer Daten der privaten Sorgfalt jedes Einzelnen, so nimmt man vermutlich in Kauf, daß manche für ihn (und seine möglichen Kinder) wichtige Information verloren geht, vergessen oder verdrängt wird. Dadurch sinkt der Grad der an sich erreichbaren Krankheitsprävention. Der mögliche Nachteil erscheint jedoch geringer als das Risiko einer formalisierten und damit erwartbaren Dokumentation individueller genetischer Daten in der Gesellschaft.[50]

Ähnlichen Bedenken begegnen Genregister als Mittel präventiver Gesundheitspolitik. Solche Register gibt es in einigen Ländern, meist regional oder auf bestimmte Krankheiten beschränkt. Sie können im Prinzip gewährleisten, daß Informationen über Risiken der Fortpflanzung zum richtigen Zeitpunkt präsent sind; sie können bei drohenden Krankheiten rechtzeitige Diagnose und Behandlung sichern und Komplikationen vermeiden helfen; sie könnten bei entsprechendem Anlaß auf Allergieanfälligkeiten, Drogen- und Narkoseunverträglichkeiten abgefragt werden. Ihnen liegt die an sich plausible Annahme zugrunde, daß Menschen unangenehme Information oft verdrängen und dazu neigen, erst auf eingetretene Krankheiten zu reagieren, anstatt durch vorsorgende Planung Gesundheit zu erhalten. Die aktuelle genetische Beratung erreicht nur einen Bruchteil der Risikopopulation. Es liegt daher nahe, nicht allein auf die Nachfrage nach genetischer Beratung zu vertrauen, sondern das Angebot der Beratung gezielt an die vom Risiko Betroffenen heranzutragen.[51]

In der Regel wird die einschlägige Risikobevölkerung über die genetischen Beratungsstellen und die Spezialkliniken für die entsprechenden Krankheiten ermittelt. Über die so Erfaßten nehmen die Register dann Kontakt zu den ebenfalls betroffenen weiteren Familienmitgliedern auf. Die Erfassung der Ratsuchenden und Patienten ist relativ unproblematisch. Diese dürften im allgemeinen über ihre Situation informiert sein. Wenn sie der Aufnahme in das Register zustimmen, verlagern sie gleichsam nur ihr privates Informationsmanagement auf das Register. So erstellt etwa das Huntington-Register in Süd-Wales jährlich eine Liste der Risikopersonen, die das 16. Lebensjahr erreichen und veranlaßt, daß die Familie von einem Sozialarbeiter aufgesucht wird, der die mögliche genetische Beratung der Betroffenen und eventuelle Familienplanung anspricht. In Quebec wird ein Phenylketonurie-Register geführt, das Familien mit behandelten betroffenen Mädchen bei deren 12. Geburtstag und ab da gegebenenfalls jährlich an die Notwendigkeit erinnert, das Kind über die besonderen Probleme mütterlicher Phenylketonurie aufzuklären.[52]

Die eigentliche Leistung der Genregister wird darin gesehen, daß sie weitere Risikopersonen in der Familie der direkt Erfaßten aufsuchen können. Diese Personen tauchen in der Mehrzahl weder von sich aus in der genetischen Beratung auf, noch sind sie sich über das Risiko im klaren. „Über 85% der Verwandten, für die man ein hohes Risiko (größer als 1 : 10) annimmt, ein Kind mit schwerwiegendem genetischen Defekt zu bekommen, sind nie genetisch beraten worden und kennen das Risiko nicht."[53] Problematisch ist, daß diese Personen ungefragt mit möglicherweise unerwünschter Information über ihre Risiken konfrontiert werden. Ob dieses Problem durch die erforderliche Zustimmung des zunächst erfaßten Angehörigen und den Weg über den Hausarzt der ermittelten Risikoperson gelöst werden kann, erscheint fraglich. Wahrscheinlich ist eine solche Kontaktaufnahme nur zu rechtfertigen, wenn den ermittelten Personen klare Handlungsoptionen für den Risikofall angegeben werden können, also vorbeugende Therapie oder Prävention einer ihnen drohenden Erkrankung, bzw. pränatale Diagnostik für Risiken bei der Fortpflanzung. Unvertretbar dürfte es dagegen sein, ahnungslose Angehörige durch die Registerführung davon in Kenntnis setzen zu lassen, daß sie ein bestimmtes Risiko haben, in Zukunft eine unheilbare und unabwendbare Krankheit (wie Huntington oder zystische Nierenkrankheit) zu bekommen. Auch die Chance, daß solches Wissen die Familienplanung der Betroffenen rechtzeitig beeinflussen könnte, rechtfertigt einen solchen Eingriff nicht. Anderer Ansicht ist allerdings der Genetiker *McKusick:* „Die Wahrheit ist immer das Beste."[54]

Die mit genetischen Registern verbundenen Datenschutzprobleme sind erheblich. Die Register setzen voraus, daß im großen Umfang besonders sensible persönliche Daten gespeichert und verarbeitet werden. Natürlich kann dies nur mit Zustimmung der Betroffenen erfolgen (§§ 3, 9 Abs. 2 Bundesdatenschutzgesetz). Diese werden aber oft die Eltern geben müssen, da viele Daten schon bei der Geburt erhoben werden. Der Betroffene selbst wird also mit der vollendeten Tatsache seiner genetischen ‚Verdatung‘ konfrontiert.

Umfassende genetische Kennzeichnungen von Individuen dürften, was die Gefahren des Mißbrauchs angeht, dem vollständigen Persönlichkeitsbild gleichzusetzen sein, das zu verhindern gerade ein Ziel des gesetzlichen Datenschutzes ist.[55] Aus diesem Grunde dürfte zumindest eine Zusammenführung von Daten aus verschiedenen Registern ausgeschlossen sein. Von der Vorstellung also, daß in Zukunft ein behandelnder Arzt (natürlich mit Zustimmung des Patienten) alle möglichen Register anwählen kann, um sämtliche für den Patienten wichtigen Informationen ‚on line‘ verfügbar zu haben, sollte man Abschied nehmen. Einen wirksamen Datenschutz für einzelne genetische Register aufzubauen, mag dagegen theoretisch nicht auf unüberwindbare Hindernisse stoßen. Schon heute gelten für Gesundheitsdaten besondere Vorschriften, die die Übermittlung aus Dateien einschränken, sog. verlängerter Geheimnisvorbehalt (§§ 10, 11, 24 Bundesdatenschutzgesetz). Verschiedene Verfahren der Anonymisierung und der organisatorischen Abschließung von Dateien werden insbesondere für die Erstellung und Nutzung von Registern für die Forschung diskutiert. Die Frage ist jedoch, ob solche theoretischen Sicherungen in der Praxis auch halten und ob sie gegen Änderungen in Zukunft geschützt sind. Die bisherigen Erfahrungen stimmen skeptisch. So werden offenbar nach wie vor bei verschiedenen Länderpolizeien Suizid-Dateien geführt, für die es eine Rechtsgrundlage nicht gibt. In Baden-Württemberg wurden bis 1981 die Daten von rund 100 000 Personen, die in den Landeskrankenhäusern psychiatrisch behandelt worden waren, ohne ihr Wissen und Einverständnis (also unter Verletzung der ärztlichen Schweigepflicht) zentral gespeichert.[56]

Schließlich besteht auch bei Registern das Problem, wie Dritte gehindert werden können, durch sozialen Druck auf den Datenbe- ·

rechtigten Zugang zu den gespeicherten Informationen zu gewinnen. Das Hamburgische Krebsregistergesetz von 1984 bestimmt dazu: „Das Verlangen Dritter an den Betroffenen auf Vorlage einer Bescheinigung über Datenspeicherung und den Inhalt der gespeicherten Daten ist unzulässig" (§ 12 Abs. 3). Das nützt etwa einem Arbeitnehmer wenig, solange er nicht verhindern kann, daß der Arbeitgeber aus der Ablehnung der Auskunft seine Schlüsse zieht (s. auch Abschnitt 5.4). Geeigneter scheint an sich der Vorschlag, grundsätzlich keine Bescheinigungen darüber auszustellen, daß jemand in einem Krebsregister nicht gemeldet ist (Negativ-Attest). Das verletzt jedoch möglicherweise den Anspruch der Betroffenen, verbindlich zu erfahren, ob und was über sie (noch) in einem Register gespeichert ist.[57]

Insgesamt scheinen die Gefahren genetischer Register ihren möglichen Nutzen zu überwiegen. Nach wie vor wird die Bedeutung des Datenschutzes in unserer Gesellschaft nicht voll erkannt. Dies manifestiert sich in den Mängeln des bestehenden Rechts, z. B. der unzureichenden Transparenz von Datensystemen und dem Fehlen unabhängiger Kontrollinstanzen sowie in der Tendenz, großen Datenverbundsystemen zuzustimmen, die eine Totalerfassung der Person in den Bereich des Möglichen rücken. In dieser Situation erscheint es geboten, die Einrichtung von genetischen Datenbanken und Krankheitsregistern abzulehnen. Die Nutzung und Dokumentation wichtiger genetischer Informationen sollte grundsätzlich der Privatsphäre des Einzelnen und dem individuellen Arzt-Patient-Verhältnis überlassen bleiben. Zumindest wäre vor der Errichtung von Krankheitsregistern deren therapeutischer oder präventiver Nutzen nachzuweisen und nicht bloß rechnerisch zu unterstellen.

5. Genetische Ausforschung durch den Arbeitgeber. Wie kann der Zugriff Dritter auf genetische Daten abgewehrt werden?

Informationen über die genetische Konstitution eines Menschen sind wie Daten über den Gesundheitszustand zu behandeln. Sie gehören, soweit sie nicht wie etwa das Geschlecht oder sichtbare Behinderungen ohnehin zutage liegen, zur geschützten Intimsphäre, über deren Offenlegung im Prinzip jeder Einzelne selbst entscheiden kann. Ohne die Einwilligung des Betroffenen dürfen genetische Daten weder erzeugt noch verwendet werden. Genetische Ausforschung durch Dritte und unbefugte Verwendung von genetischen Informationen ist eine Verletzung des Persönlichkeitsrechts, die zum Schadenersatz verpflichtet. Darüber hinaus ist im Arzt-Patient-Verhältnis, in dem die meisten genetischen Daten erzeugt werden dürften, die Vertraulichkeit der Information durch die Strafandrohung des § 203 Strafgesetzbuch („Verletzung von Privatgeheimnissen") geschützt. Das gilt auch für die genetische Beratung in humangenetischen Universitätsinstituten.

Die Frage ist jedoch, ob das Erfordernis der Einwilligung tatsächlich wirksamen Schutz bietet. Die wichtigsten Fälle, in denen private Dritte Zugriff auf solche Daten suchen, dürften Arbeits- und Versicherungsverhältnisse sein. Sie sind durch zweierlei gekennzeichnet:

Zum einen sind Risiken und Leistungspflichten langfristig definiert und hängen von persönlichen Eigenschaften des Arbeitnehmers bzw. Versicherungsnehmers ab. Arbeitgeber und Versicherer haben daher ein prinzipiell unbegrenztes Interesse an Daten über ihre Vertragspartner. Zum anderen besteht typischerweise ein Machtgefälle zuungunsten des Arbeitnehmers bzw. Versicherungsnehmers; diese sind auf den Vertragsabschluß eher angewiesen als die Gegenseite und daher im Ergebnis sozial genötigt, deren Bedingungen zuzustimmen. Es liegt daher nahe, objektive Kriterien für die Zulässigkeit genetischer Ausforschung zu fordern.

Dabei ist zu berücksichtigen, daß genetische Analysen auch dem Arbeitnehmer selbst nützen, der abschätzen kann, ob ihm ein Arbeitsplatz gefährlich wird. Ferner dienen sie dem legitimen öffentlichen Interesse, die Zahl der berufsbedingten Krankheiten und Behinderungen zu verringern. Man wird genetische Selektion (‚Screening') bei der Einstellung und genetische Überwachungsuntersuchungen innerhalb bestehender Arbeitsverhältnisse unterscheiden müssen.

Arbeitgeber haben verständlicherweise das Interesse, nur gesunde Personen einzustellen, die den vorgesehenen Arbeitsplatz optimal ausfüllen können und keine ungewöhnlichen Kosten (Arbeitsausfall und Lohnfortzahlung im Krankheitsfall) verursachen werden. Jemand mit einem Bruchleiden kann nicht erwarten, als Möbelpacker eingestellt zu werden, jemand mit chronischer Bronchitis nicht in einem Zementwerk. Zumindest Großbetriebe verlangen daher vor der Einstellung eine Untersuchung durch den Betriebsarzt, um ungeeignete Bewerber rechtzeitig auszusondern. In der Bundesrepublik führen 60% aller Betriebe insgesamt (90% aller Betriebe mit über 2000 Beschäftigten) routinemäßig Einstellungsuntersuchungen an allen Bewerbern durch.[58] Die Entwicklung der genetischen Diagnostik erweitert die Selektionsmöglichkeiten erheblich. Der Arbeitgeber kann die zukünftige Gesundheit von Bewerbern in Rechnung stellen. Er kann Personen ablehnen, die zwar gegenwärtig noch gesund sind, aber doch mit Wahrscheinlichkeit in Zukunft durch Krankheit ausfallen werden. Vor allem kann er, wenn entsprechende Tests entwickelt sind, Personen ablehnen, die aus genetischen Gründen besonders anfällig für die typischen Berufsrisiken des vorgesehenen Arbeitsplatzes sind, etwa die chemische Belastung, Lärm- oder Staubentwicklung. Dem Arbeitgeber erspart die Selektion nach solchen sog. ‚Überanfälligkeiten‘ möglicherweise Diskussionen darüber, ob die bestehenden Arbeitsschutzmaßnahmen ausreichend sind. Den Arbeitnehmer bewahrt sie vor dem Risiko einer drohenden Berufskrankheit – freilich um den Preis, daß er den angestrebten Job nicht bekommt.[59]

Praktische Bedeutung haben solche Tests bislang kaum. In einer Umfrage für das amerikanische Office of Technology Assessment gaben 1982 6 von 366 großen US-Unternehmen an, daß sie Arbeitnehmer genetisch testen (2 Chemieunternehmen, 2 Versorgungsunternehmen und 2 aus der Elektronikbranche). Insgesamt 17 Unternehmen (die Hälfte davon chemische Unternehmen) hatten in der Vergangenheit solche Tests durchgeführt, z. T. nur in wenigen Fällen und für Forschungszwecke. Die Konsequenzen, die aus den

Testergebnissen gezogen wurden, waren unterschiedlich. Sie reichten von der bloßen Information der Arbeitnehmer (8mal genannt) über die Versetzung des Arbeitnehmers (5mal genannt) und persönliche Schutzmaßnahmen für ihn (3mal genannt), bis zur Empfehlung, den Arbeitsplatz aufzugeben (2mal genannt). In einem Fall soll die Produktion eingestellt worden sein. Eines der Unternehmen erläutert sein Testprogramm wie folgt: „Wir erheben ein chemisches Profil (durch Bluttests), das 20 verschiedene Faktoren ... routinemäßig testet. Sowohl für Einstellungen wie auch für die jährliche Gesundheitsuntersuchung."[60]

Öffentliche Diskussionen haben genetische Testprogramme des Chemiekonzerns *Dupont* ausgelöst. *Dupont* hat von 1972 bis 1980 seine schwarzen Mitarbeiter nach dem heterozygoten Sichelzellmerkmal getestet. Das Merkmal, eine Variante des Blutfarbstoffs Hämoglobin, die etwa 8–10% der schwarzen amerikanischen Bevölkerung aufweisen, führt homozygot, also wenn sie von beiden Elternteilen geerbt wird, zu einer schweren Krankheit. Heterozygot gilt es im allgemeinen als klinisch bedeutungslos. Eine Zeitlang wurde jedoch die (unbewiesene) Hypothese vertreten, daß die Träger dieses Merkmals durch gewisse Chemikalien und durch Schwermetalle in besonderer Weise gefährdet seien. Ferner gab es vereinzelte Berichte darüber, daß sie unter Bedingungen extrem niedrigen Luftdrucks Blutprobleme bekommen.[61]

Die Kritik am Sichelzell-Screening bei *Dupont* entzündete sich u. a. an der Befürchtung, das mühsam erkämpfte Verbot der Diskriminierung der schwarzen Bevölkerung auf dem Arbeitsmarkt könnte auf dem Weg über medizinische Differenzierungen unterlaufen werden. Tatsächlich folgen genetische Besonderheiten häufig ethnischen oder rassischen Trennungslinien. Das Sichelzellmerkmal tritt in der weißen Bevölkerung kaum auf. Antitrypsinmangel ist in Skandinavien viermal so häufig wie in Nordamerika. G-6-PD-Mangel tritt besonders in südlichen Ländern auf (vgl. unten Tab. 4). Die Gefahr ethnischer oder rassischer Diskriminierung ist daher ernst zu nehmen. *Dupont* bestritt allerdings, daß die Sichelzelltests zur Aussonderung von Arbeitsplatzbewerbern eingesetzt worden seien. Vielmehr stellten sie eine Dienstleistung für die

Arbeitnehmer dar, die auf Initiative schwarzer Mitarbeiter einge-richtet worden sei und lediglich zur Information der Betroffenen dienen sollte (etwa für Zwecke der Familienplanung).[62] Unbestrit-ten diskriminierend wurden dagegen Sichelzelltests in der ameri-kanischen Armee verwendet. Von 1972 bis 1981 wurden schwarze Soldaten getestet und die Träger des Merkmals unter Berufung auf die angeblichen Probleme bei niedrigem Luftdruck generell vom Besuch der Air Force Academy und vom Flugtraining ausgeschlos-sen.[63]

Aus der Bundesrepublik liegen keine Daten über genetische Tests an Arbeitnehmern vor. Allgemein überwiegt heute (auch in den USA) eine gewisse Zurückhaltung gegenüber ihrer möglichen Anwendung. Hauptgrund dafür dürften die noch bestehenden Un-klarheiten über die Geltung und Verläßlichkeit der Tests sein. In vielen Fällen sind die Spezifität und Sensitivität der Tests noch un-befriedigend, d.h. die Fehlerquote bei der Unterscheidung von Be-troffenen und Nicht-Betroffenen ist hoch. Vor allem aber ist der diagnostische Aussagewert der Tests fast immer sehr gering. Die Wahrscheinlichkeit, mit der aus dem Vorliegen des genetischen Defekts die zukünftige Erkrankung vorausgesagt werden kann, ist niedrig.[64] Einige Beispiele für genetische Varianten oder Defekte, von denen denkbar ist, daß sie ‚Überanfälligkeiten' für bestimmte industrielle Schadstoffe und Arbeitsplatzbelastungen implizieren, enthält die folgende Tabelle. Zu beachten ist, daß in den meisten Fällen die Leistungsfähigkeit der genannten Indikatoren unbewie-sen und bestritten ist. *Calabrese* faßt den gegenwärtigen Stand der Erkenntnis in dem Satz zusammen: „Es gibt keine hinreichende wissenschaftliche Grundlage für genetische Screeningverfahren, die jemand die Beschäftigung verweigern oder ihn von seinem Ar-beitsplatz versetzen sollen, mit dem Ziel, möglichen arbeitsbeding-ten Erkrankungen vorzubeugen."[65]

Tests, die wissenschaftlich unsolide sind, sei es, daß sie die getes-teten Merkmale nicht zuverlässig erfassen oder daß unklar ist, ob diese Merkmale ein guter Indikator für das prognostizierte Risiko sind, sollten nicht angewandt werden. Es wäre unvertretbar, die möglicherweise schwerwiegenden Konsequenzen eines positiven

Tabelle 4: Genetisch bedingte sog. ‚Überanfälligkeiten'

Gent. Variante/Defekt	Häufigkeit	erhöhte Anfälligkeit	Risiken/Symptome
G-6-PD-Mangel (X-gebunden)	US-Schwarze: 13–16% Skandinavien: 1–8% Mittelmeer (jüdisch) 11% (jeweils nur männliche)	hämolytische (die roten Blutkörper zersetzende) Chemikalien, Ozon	Anämie
Alpha-1-Antitrypsinmangel homozygot	1:4000–8000	Staub, Rauch	Lungenkrankheiten (Emphysem)
heterozygot	4–9% Nordeuropa	Staub, Rauch	Risiko fraglich
hohe Induzierbarkeit von Arylkohlenwasserstoffhydrogenase	ca. 10%	bestimmte Kohlenwasserstoffe, z. B. Benzpyren, Rauch	Lungenkrebs (?)
geringe Aktivität von Paraoxanase	50%	z. B. Pflanzenschutzmittel (E 605)	Vergiftung (?)
Sichelzellmerkmal	8% schwarze US-Bevölkerung	extrem niedriger Sauerstoffgehalt (?)	wahrscheinlich keine

Befundes, etwa den Ausschluß von einem Arbeitsplatz, auf bloßen Verdacht oder auf unbewiesene Hypothesen zu gründen.

Diese Position ist unbestritten. Aber sie löst das Problem nicht. Man kann davon ausgehen, daß die weitere Forschung viele der heute noch bestehenden Unsicherheiten ausräumen wird. Wir werden immer mehr Resultate erhalten, die unterschiedliche Reaktion auf Umwelteinflüsse, Anfälligkeiten und zukünftige chronische Krankheiten mit genetischen Merkmalen des Einzelnen verknüpfen. Manche dieser Verknüpfungen werden sich zur Entwicklung von Tests eignen, mit denen man Arbeitnehmer aussondern kann. Und es wäre naiv anzunehmen, daß die Unternehmen nicht versuchen würden, diese Tests auch anzuwenden. In der Umfrage für das Office of Technology Assessment gaben 54 Unternehmen an, daß sie genetisches Screening von Arbeitnehmern für die Zukunft ins Auge fassen.[66] *Jack Killian* von der *Dow Chemical Co.* ist denn auch optimistisch: „Die Verfügbarkeit spezifischer Tests für Überanfälligkeiten ... verbessert, zumindest in einigen Situationen, die Fähigkeit des Arztes, Urteile zu fällen, die für den Arbeiter und das Management in gleicher Weise nützlich sind. Tests, sei es für Hörverlust, Bruchleiden oder G-6-PD-Mangel, dienen nicht dazu, das Opfer auch noch zu strafen oder den Arbeiter aus seinem Job ‚herauszuschützen‘, ihm Beschäftigung zu versagen oder seine Chancen zu beschneiden. Sie erleichtern eine richtige und angemessene Arbeitsplatzbesetzung."[67]

Hinzukommt, daß auch das öffentliche Gesundheitswesen sich zunehmend solcher Tests bedienen wird. Wir müssen uns auf die gesellschaftliche Realität dieser Tests einrichten. Diese Perspektive stellt uns vor Probleme, die den Schutz der Persönlichkeit des Arbeitnehmers betreffen und die Frage, wie ein fairer Interessenausgleich im Arbeitsvertrag auszusehen hätte und wie die (knapper werdenden) Arbeitsplätze gerecht zuzuteilen sind. Insbesondere fragt sich, ob der Arbeitgeber die Tests verlangen darf, um die Wirtschaftlichkeit seiner Personalwahl zu erhöhen und Arbeitsplatzrisiken durch Selektion von Arbeitnehmern zu verringern. Alle Fragen stellen sich in voller Schärfe erst dann, wenn man davon ausgeht, daß man das Argument, die Tests seien wissenschaftlich nicht abgesichert, nicht mehr hat.

5.2 Sozialpolitische Probleme: Arbeitsschutz, Prävention und Risikoübernahme

Betrachten wir zunächst die sozialpolitischen Probleme der Anwendung genetischer Einstellungstests. Was spricht eigentlich dagegen, Arbeitnehmer, die durch die typischen Belastungen eines Arbeitsplatzes in besonderem Maße gefährdet sind, dadurch zu schützen, daß man sie von diesem Arbeitsplatz fernhält?

Das naheliegende Argument ist, daß hier das Verursacherprinzip des Arbeitsschutzes auf den Kopf gestellt wird. Statt an den objektiven Gefahren des Arbeitsplatzes setzt man an der Belastbarkeit des Arbeitnehmers an. Man braucht die Arbeitsbedingungen nicht zu verbessern, wenn man die weniger Belastbaren aussondern kann. Der Arbeitgeber kann die Bilanz der berufsbedingten Erkrankungen in seinem Unternehmen ohne jede Investition in den Arbeitsschutz verbessern. Im günstigsten Fall kann er dann nachweisen, daß, gemessen an der Zahl der Erkrankungen, Arbeiten in der Chemieindustrie sogar gesünder ist als das Leben im allgemeinen.

Das ebenso naheliegende Gegenargument ist, daß man schon aus ökonomischen Gründen die Risiken der Arbeit unmöglich so weit reduzieren kann, daß auch noch der seiner Konstitution nach ‚Schwächste‘ ungefährdet ist. Man verlangt ja auch nicht, daß jeder Arbeitsplatz behindertengerecht eingerichtet wird. Und im übrigen kennen wir auch sonst, etwa im Jugendarbeits- und Mutterschutz, Beschäftigungseinschränkungen, mit denen wir besonders gefährdete Bevölkerungsgruppen durch den Ausschluß von Arbeitsplätzen vor Berufsrisiken schützen. Offenbar ist das Problem eines der richtigen Abwägung. Folgende Gesichtspunkte sind dabei zu berücksichtigen:

– *Technisch* kann die Prävention von Berufskrankheiten an beliebigen ursächlichen Bedingungen der Gefährdung ansetzen. Man kann ebensogut die Freisetzung von Schadstoffen am Arbeitsplatz begrenzen, wie Schutzanzüge vorschreiben oder Arbeitnehmer, die nicht widerstandsfähig genug sind, rechtzeitig aussortieren. *Politisch* muß Arbeitsschutz, der an den objektiven Gefahren des Arbeitsplatzes selbst ansetzt, den Vorrang haben. Das entspricht den Wertungen des geltenden Rechts. So konstatiert etwa die Verordnung über gefährliche Arbeitsstoffe eine umfassende Verpflichtung des Arbeitgebers, nicht nur die besonderen Schutz- und Unfallverhütungsvorschriften zu beachten, sondern „die erforderlichen Maßnahmen ... nach den allgemein anerkannten sicherheitstechnischen, arbeitsmedizinischen und hygienischen Regeln sowie den sonstigen gesicherten arbeitswissenschaftlichen Erkenntnissen zu treffen."[68]

– Die Realität des Arbeitsschutzes im Betrieb entspricht dieser gesetzlichen Programmatik nur teilweise. Die geltenden Standards sind politische Kompromisse. Sie gelten nicht, weil sie sicher sind oder doch die nach gegenwärtiger Technik beste Sicherheit repräsentieren, sondern weil sie ökonomisch vertretbar und durchsetzbar waren. Bezeichnenderweise liegen die „maximal zulässigen Arbeitsplatzkonzentrationen" (MAK-Werte) für gesundheitsschädliche Stoffe um etwa eine Größenordnung höher als die Werte für die maximal zulässigen Immissionskonzentrationen (MIK-Werte), die für die allgemeine Luftverunreinigung gelten. Der Arbeitsplatz darf danach um mindestens 10mal stärker mit gefährlichen Arbeitsstoffen belastet sein als die Umwelt. Das macht deutlich, daß die ständige Neuverhandlung und Verbesserung der geltenden objektiven Belastungsstandards das eigentliche Thema des Arbeitsschutzes sein muß und nicht der Übergang zu Strategien der Selektion besonders anfälliger Arbeitnehmer.[69]

– Die bislang diskutierten genetischen Tests erfassen Reaktionen auf Stoffe, die für jedermann gefährlich sind, etwa hämolytische (Blutfarbstoff zersetzende) Chemikalien, Schwermetalle, Staub, Smog, Aerosole usw. Die Tatsache, daß die meisten Menschen erst bei höheren Dosen der Belastung mit akuten Symptomen reagieren, kann nicht beruhigen. Wir stehen erst am Anfang des Verständnisses der Zusammenhänge von Chemikalien und Gesundheit. Insbesondere die mögliche Verursachung chronischer Krankheiten durch Dauerbelastung mit niedrigen Dosen ist weitgehend ungeklärt. In dieser Situation erscheint die Verringerung der Belastung für alle als die angemessene Form der Prävention.

Besondere Anfälligkeiten sollten als eine Art ‚Frühwarnsystem' betrachtet werden, das latente Gefahren für die Allgemeinheit signalisiert. Sie rechtfertigen nicht, daß man sich anstatt auf die Gefahren des Arbeitsplatzes auf die Gene des Einzelnen als Risikofaktoren konzentriert.

– Der in den offiziellen Statistiken verzeichnete langsame Rückgang schwerer Berufserkrankungen erübrigt weitere Anstrengungen des objektiven Arbeitsschutzes nicht. Über die Hälfte aller männlichen Arbeiter beenden ihr Berufsleben nicht als normale Rentner mit 65 Jahren sondern scheiden als Frührentner wegen Arbeits- und Erwerbsunfähigkeit aus. Industrielle Arbeit ist nach wie vor ungesund. Zu Beginn ihres Arbeitslebens dürften Industriearbeiter eine positive Gesundheitsauslese darstellen, deren Krankheits- und Sterblichkeitsrate unter dem Durchschnitt der Bevölkerung vergleichbarer Altersklassen liegt. Nach 20–25 Arbeitsjahren ist das Verhältnis umgekehrt. Ihre Sterblichkeitsrate ist höher als die vergleichbarer Standardbevölkerungen.[70]

– Die Betonung genetischer Risikofaktoren unterläuft die Forderung nach Verbesserung des objektiven Arbeitsschutzes. Unternehmen tendieren dazu, Gefahren des Arbeitsplatzes, die sie zu vertreten haben, als Risikofaktoren herunterzuspielen gegenüber Umständen, die der Arbeitnehmer vertreten muß, wie seine Lebensgewohnheiten, seine Ernährung, Rauchen usw. Das Konzept des genetisch ‚überanfälligen Arbeitnehmers' liefert für diese Strategie ein weiteres Argument.[71]

– Der präventive Ausschluß aller anfälligen Arbeitnehmer von den für sie gefährlichen Arbeitsplätzen bedeutet in den meisten Fällen eine unverhältnismäßige und schon daher unbillige Benachteiligung auf dem Arbeitsmarkt. Anfälligkeiten, die durch genetische Tests gemessen werden, sind in der Regel Merkmale, die (eine entsprechende Umwelt vorausgesetzt) mit gewissen Wahrscheinlichkeiten zu einer Erkrankung führen. Beträgt diese Wahrscheinlichkeit 20%, so werden von hundert Fällen, die der Test aussondert, achtzig tatsächlich gar nicht krank werden. Anders ausgedrückt: um in einem einzigen Fall sicher vorzubeugen, muß man in fünf Fällen auf Verdacht hin die Arbeitsmöglichkeit abschneiden.

Das folgt aus dem Begriff des Risikos und ist auch bei einwandfreien Tests unvermeidlich. Es spricht jedoch bei knappen Arbeitschancen gegen diese Form der Prävention.

– Als Prinzip sollte daher gelten, daß jeder Arbeitnehmer selbst entscheiden kann, ob er einen für ihn aus genetischen Gründen gefährlichen Arbeitsplatz ausschlagen oder lieber das Risiko einer Erkrankung in Kauf nehmen will. Das erscheint jedenfalls so lange vertretbar, wie das Risiko nicht über vergleichbare Risiken hinausgeht, die jeder auch sonst im Rahmen seiner Lebensplanung frei übernehmen kann. Ein allgemeiner Schutz von Arbeitnehmern vor Selbstgefährdung und Selbstausbeutung ist angesichts der sozialen Machtunterschiede in der Arbeitswelt notwendig. Problematisch ist jedoch ein selektiver Schutz zugunsten weniger, da er zugleich mit selektiven Benachteiligungen verknüpft ist. Unter diesem Gesichtspunkt werden auch die Arbeitsschutzvorschriften zugunsten der Frauen zunehmend kritisiert.[72]

– Allerdings folgt das geltende Arbeitsschutzrecht in weiten Bereichen eher dem Prinzip der Zwangsprävention. Zur Verhinderung von Berufskrankheiten und zur Entlastung der öffentlichen Kassen werden zahllose Vorsorgeuntersuchungen angeordnet, die schon die Einstellung von besonders gefährdeten Arbeitnehmern unterbinden sollen. Ergibt die Untersuchung ein persönlich bedingtes, aus der besonderen körperlichen Verfassung des Arbeitnehmers folgendes Berufsrisiko, so empfiehlt der Arzt dem Arbeitnehmer, sich in Behandlung zu begeben, und dem Arbeitgeber ist die Beschäftigung des Arbeitnehmers verboten.[73] Solche Regelungen enthalten starke Einschränkungen der Wahlfreiheit des Arbeitnehmers. Sie werden durch das öffentliche Interesse an der Prävention von Berufskrankheiten gerechtfertigt. Die Einschränkungen wiegen besonders schwer, weil der Arbeitnehmer ausgesondert wird, bevor er den Schutz des bestehenden Arbeitsverhältnisses und die damit verbundenen Versicherungen in Anspruch nehmen kann. Hinzu kommt, daß persönlich bedingte Gesundheitsrisiken häufig nur den Kräfteverfall aufgrund allgemeiner Belastungen in der Umwelt widerspiegeln oder den Verschleiß des Arbeitnehmers in der vorausgegangenen Berufsarbeit.[74]

– Jede Prävention von Berufskrankheiten, die den betroffenen Arbeitnehmern den Zugang zu relevanten Teilen des Arbeitsmarktes entschädigungslos verschließt, muß einer besonderen Begründungspflicht unterliegen. Die Entwicklung der Gesetzgebung spiegelt das wachsende Bewußtsein der Problematik. Während frühere Fassungen der Arbeitsstoffverordnung und der Unfallverhütungsvorschriften schlichtweg Beschäftigungsverbote aussprachen, wird neuerdings verlangt, daß zunächst zu prüfen ist, ob die Bedenken gegen eine Beschäftigung des Arbeitnehmers auf andere Weise, etwa durch außerordentliche oder vorgezogene Nachuntersuchungen, behoben werden können. Ob damit in der Sache viel geändert ist, steht dahin. Deutlich aber zeigt sich der gewachsene Legitimationsbedarf für präventive Beschäftigungsverbote. Dieser Bedarf wird sich angesichts reduzierter Leistungen im Bereich der Arbeitslosenversicherung und der beruflichen Wiedereingliederung eher noch steigern. Jedenfalls kann präventiver Zwang nicht einfach entsprechend den wachsenden technischen Möglichkeiten ausgeweitet werden. Eine Anwendung genetischer Tests kann (Voraussagewert der Tests unterstellt) allenfalls in Frage kommen für eine begrenzte Zahl von eigens dafür definierten Berufskrankheiten, wenn die Zahl der betroffenen Arbeitnehmer nicht sehr groß ist, also das getestete Merkmal relativ selten ist, und die Folgen für den Betroffenen schwerwiegend sind, also die Krankheit weder heilbar noch mit anderen Mitteln präventiv abzufangen ist.[75] In jedem Fall muß eine solche Prävention aber im Rahmen öffentlicher Gesundheitspolitik durch Gesetz oder Satzung der Berufsgenossenschaft festgelegt werden. Sie darf nicht auf dem privaten Kalkül des Arbeitgebers bei der Auswahl seiner Arbeitnehmer beruhen.[76]

5.3 Interessenausgleich im Arbeitsvertrag und zukünftige Krankheiten des Arbeitnehmers

Natürlich ist der Arbeitgeber bei der Auswahl seiner Arbeitskräfte nicht nur oder gar in erster Linie an der Vorbeugung berufsbedingter Krankheiten interessiert, sondern an der Vermeidung von Kosten. Einstellungsuntersuchungen, soweit sie nicht vorgeschrieben sind, dienen in der Praxis der Selektion möglichst gesunder und leistungsfähiger Arbeitnehmer. Der Arbeitgeber will sich verständlicherweise dagegen absichern, jemanden einzustellen, der den Anforderungen des vorgesehenen Arbeitsplatzes nicht gewachsen ist oder durch Krankheit absehbar ausfallen wird. Dazu kann er im Rahmen seiner Vertragsfreiheit eine ärztliche Untersuchung der Bewerber zur Einstellungsvoraussetzung machen. Die Frage ist, ob er damit eine genetische Untersuchung der Arbeitnehmer verlangen darf.[77]

Zwei Gründe, die mit den Besonderheiten genetischer Diagnostik zusammenhängen, legen nahe, diese Frage zu verneinen: die Ausdehnung der Risikoabschätzungen des Arbeitgebers auf die zukünftige Gesundheit des Arbeitnehmers und das unverhältnismäßig tiefe Eindringen in dessen Persönlichkeitssphäre.

Nach geltendem Recht ist der Arbeitgeber bei der Ablehnung eines Bewerbers grundsätzlich frei.[78] Insbesondere ist er außerhalb der Sonderregelung des Schwerbehindertengesetzes nicht verpflichtet, Kranke oder Behinderte zu beschäftigen, deren Leistungsfähigkeit für den vorgesehenen Arbeitsplatz eingeschränkt ist. Allerdings sind ihm Grenzen gesetzt bei der Wahl der Mittel, mit denen er sich die notwendigen Informationen über die Eigenschaften des Arbeitnehmers verschaffen darf. Er kann durch Befragung oder Untersuchung nur die Offenlegung solcher Umstände verlangen, an deren Kenntnis er nach objektiven Maßstäben „ein berechtigtes, billigenswertes und schutzwürdiges Interesse" hat. Und er muß dabei das Persönlichkeitsrecht des Arbeitnehmers beachten.[79]

Als zulässig gilt die Frage nach Gesundheitszuständen, die für die Eignung am vorgesehenen Arbeitsplatz von Bedeutung sind.[80] Sehr selektiv ist dieses Kriterium nicht. Zwar schließt es theoretisch (nicht in der Wirklichkeit der betriebsärztlichen Praxis) eine Erhebung des allgemeinen Gesundheitszustands des Arbeitnehmers aus und hindert den Arbeitgeber, nur rundherum gesunde, besonders belastungsfähige Bewerber auszuwählen. Auch erlaubt es dem Bewerber, ungestraft bestehende Leiden zu verschweigen, wenn sie mit dem vorgesehenen Arbeitseinsatz nichts zu tun haben. Die meisten Erkrankungen aber sind, wenn sie den Bewerber überhaupt an der Entfaltung seines Lebens hindern, damit auch zugleich eine ‚arbeitsplatzbezogene Funktionsstörung'. Zulässig ist nach der Rechtsprechung auch die Frage nach Umständen, die die absehbare zukünftige Gesundheit des Arbeitnehmers betreffen, etwa die nach einer latenten chronischen Krankheit, die periodisch ausbricht, oder nach einer bevorstehenden Operation.[81]

Bei der Entwicklung dieser Kriterien hat man an die Möglichkeit genetischer Tests, die für den Einzelnen ‚programmierte' zukünftige Krankheiten voraussagen können, noch nicht gedacht. Soll der Bewerber Veranlagungen für Herzinfarkt, Krebs, Nierenversagen oder Gemütskrankheiten dem Arbeitgeber offenbaren müssen? Soll der Arbeitgeber durch den Betriebsarzt nach ihnen fahnden dürfen? Formal sind diese Anlagen durch das Kriterium der Arbeitsplatzbezogenheit gedeckt. Der Eintritt des Risikos wird immer den Einsatz am vereinbarten Arbeitsplatz ausschließen. In der Sache aber sind sie etwas anderes als die bislang betrachteten Gesundheitsumstände. Ein genetisch belasteter oder ‚überanfälliger' Bewerber ist gegenwärtig weder krank noch behindert. Er ist voll einsatzfähig. Er trägt lediglich ein besonderes Erkrankungsrisiko, das sich unter bestimmten Bedingungen und mit einer gewissen Wahrscheinlichkeit in Zukunft realisieren wird. Dem Interesse des Arbeitgebers, auch dieses Risiko kennen und berücksichtigen zu können, wird man die Arbeitsplatzbezogenheit nicht einfach absprechen können, immerhin sind Arbeitsverhältnisse ja auf Dauer angelegt. Gleichwohl ist fraglich, ob das Interesse berechtigt ist.

Nach geltendem Recht soll bei bestehenden Arbeitsverhältnissen das Risiko, daß der Arbeitnehmer in Zukunft durch Krankheit ausfällt, vom Arbeitgeber mitgetragen werden. Das belegen die Verpflichtung zur Lohnfortzahlung im Krankheitsfall und die strengen Voraussetzungen, an die krankheitsbedingte Kündigung gebunden wird. Den Arbeitgeber trifft eine Fürsorgepflicht. Er muß in Rechnung stellen, daß die Krankheit den Arbeitnehmer als ein Schicksalsschlag trifft und darf erst bei „unzumutbaren betrieblichen und wirtschaftlichen Belastungen" kündigen. Vorher muß er prüfen, ob er den Arbeitnehmer nicht auf einem anderen oder einem veränderten Arbeitsplatz beschäftigen kann. Letzteres gilt insbesondere dann, wenn die Krankheit berufsbedingt, also auf die Belastungen am Arbeitsplatz zurückzuführen ist. Im Einzelfall kann nach der Rechtsprechung auch eine erst in Zukunft drohende Lohnfortzahlungspflicht schon eine „unzumutbare Beeinträchtigung betrieblicher Interessen" sein, die eine Kündigung rechtfertigt. In dem dazu entschiedenen Fall waren jedoch eine Reihe von Kurzerkrankungen mit Lohnfortzahlung vorausgegangen und weitere Erkrankungen drohten. Das Urteil stellt zugleich klar, daß das normale Risiko einer Krankheit des Arbeitnehmers und der sechswöchigen Lohnfortzahlungspflicht dagegen in keinem Fall als unzumutbare Belastung veranschlagt werden kann. Das würde dem Schutzgedanken des Lohnfortzahlungsrechts widersprechen.[82]

Vor der Einstellung des Arbeitnehmers besteht zwar weder eine Fürsorge- noch eine Lohnfortzahlungspflicht, aber das Prinzip des vertraglichen Interessenausgleichs, das diese Regeln spiegeln, muß auch hier gelten. Ließe man genetische Analyse und Selektion der Bewerber bei der Einstellung zu, so könnte der Arbeitgeber sich kostenlos von den Risiken entlasten, die typischerweise für ihn mit der Begründung von Arbeitsverhältnissen verknüpft sein sollen, nämlich die Beteiligung an der Gefahr zukünftiger Erkrankung des Arbeitnehmers. Er stellt diese Risiken bei Vertragsschluß in Rechnung und bürdet sie damit im Ergebnis dem Arbeitnehmer allein auf. Aus der Sicht des Arbeitgebers wäre dieses Verfahren sachlich durch das Ziel gedeckt, den Arbeitsplatz mit einem geeigneten, dauerhaft einsatzbereiten Bewerber zu besetzen. Aus der Sicht des Arbeitnehmers wäre es der Entzug einer mühsam erkämpften sozialen Position. Das Landesarbeitsgericht Berlin beschränkt die Offenbarungspflicht des Arbeitnehmers auf Umstände, die seine „derzeitige Einsetzbarkeit am vorgesehenen Arbeitsplatz" berühren. Nur verweist das Gericht darauf, daß es hinsichtlich sonstiger Umstände, z. B. konstitutionell bedinger Schwächen, dem Arbeitgeber freistehe, gegebenenfalls eine ärztliche Untersuchung zu verlangen. Genau diese Möglichkeit muß aber für genetische Tests ausgeschlossen werden.[83]

5.4 ‚Eindringende‘ Testverfahren und das Persönlichkeitsrecht des Arbeitnehmers

Bei Einstellungsuntersuchungen muß das Persönlichkeitsrecht des Arbeitnehmers respektiert werden. Daraus folgt einmal, daß der Arbeitnehmer die Situation nicht mißbrauchen darf, um sich ein möglichst vollständiges Bild von der Gesundheit und Persönlichkeit des Arbeitnehmers zu verschaffen, – selbst wenn er im Einzelfall die arbeitsplatzbezogene Bedeutung eines solchen Gesamtbildes begründen könnte. Zum anderen aber folgt daraus, daß an sich zulässige Informationen nicht mit beliebigen Mitteln erzeugt werden dürfen. Der Arbeitnehmer ist Person, keine Sache, die man mit objektiven Methoden nach allen Seiten begutachten kann. Das Interesse, eine andere Person mit Hilfe von Persönlichkeitsprofilen und Gesamterhebungen ihrer körperlichen und geistigen Gesundheit berechenbar und ‚verfügbar‘ zu machen, ist im Prinzip nicht schützenswert. Grundsätzlich gelten ‚allgemeine Charakterstudien‘ anläßlich von Einstellungs- und Eignungstests als unzulässig.[84]

Das Bundesverfassungsgericht verwehrt es dem Staat, den Bürger bei der Erhebung von Daten im öffentlichen Interesse „wie eine Sache zu behandeln, die einer Bestandsaufnahme in jeder Hinsicht zugänglich ist“.[85] Für den Arbeitgeber muß das ebenso gelten. Daher sollten etwa Lügendetektoren und andere (z. B. psychodiagnostische) Tests, die das Innere eines Menschen mit objektivierenden Methoden, also gleichsam an seinem Willen und seiner Person vorbei, bloßlegen, kein zulässiges Mittel sein, die Eignung für einen vorgesehenen Arbeitsplatz zu prüfen.

Dabei ist der Hinweis auf die wissenschaftliche Unzulänglichkeit solcher Tests das geringste und am wenigsten ‚zukunftssichere‘ Argument. Entscheidend ist die Abwehr des Eindringens in die Persönlichkeit, *sobald* die Tests verläßlich sind und zutreffende Einsichten vermitteln. Ebensowenig bietet das Erfordernis der ‚Verhältnismäßigkeit‘ und der Arbeitsplatzbezogenheit hinreichenden Schutz.[86] Es ist denkbar, daß für die Eignung eines Arbeitnehmers wichtige Informationen sich auf weniger einschneidende Weise als durch eine Charakteranalyse nicht erheben lassen. Noch gilt beispielsweise die Beurteilung der ‚charakterlichen Eignung‘, ein Kraftfahrzeug zu führen, als eine nicht objektivierbare Wertung. Die weitere Entwicklung der Psychologie könnte daraus eine technische Tatsachenfeststellung machen.[87] In diesen Fällen müssen dem Informationsinteresse des Arbeitgebers absolute, an der Eindringtiefe der Tests ansetzende Schranken gesetzt werden. Eine solche Beurteilung scheint sich langsam durchzusetzen.[88]

Diese Gesichtspunkte gelten ebenso für die Erhebung des ‚genetischen Profils‘ eines Arbeitnehmers. Individuelle genetische Daten – das gilt für die heute verfügbaren, noch mehr aber für die in Zukunft möglichen – geben Aufschluß über wesentliche, normalerweise jedermann unzugängliche Randbedingungen des Daseins und der Zukunft eines Menschen. Sie sind, da sie unveränderliche Merkmale betreffen, geeignet, einen Menschen ein für allemal zu klassifizieren.[89] Das Recht, diese Daten für sich zu behalten, ja sie vielleicht gar nicht zu kennen, muß Vorrang vor dem Interesse des Arbeitgebers haben, seine Personalplanung auf eine möglichst objektive und berechenbare Datenbasis zu gründen.

Daß Einstellungsuntersuchungen nur mit Einwilligung vorgenommen werden dürfen, schützt das Persönlichkeitsrecht des Bewerbers nicht. Dieser ist in der Regel auf dem Arbeitsmarkt sozial unterlegen und muß auf die Bedingungen des Arbeitgebers eingehen. Die Konkurrenz zwischen den Bewerbern kann im Gegenteil dazu führen, daß Arbeitnehmer von sich aus Persönlichkeitsverzichte anbieten, die der Arbeitgeber gar nicht fordern dürfte, etwa den Verzicht auf gewerkschaftliche Betätigung oder die Untersuchung mit dem Lügendetektor. Aus den USA wird berichtet, daß Frauen sich sogar haben sterilisieren lassen, um Beschäftigungsbeschränkungen in der chemischen Industrie zu entgehen.[90] Forderungen, die Einwilligung des Bewerbers formal zu regeln oder die Aufklärung über Sinn und Zweck der Untersuchungen zu verbessern, bringen daher nichts. Die Vertragsfreiheit des Arbeitgebers muß durch zwingende Regelungen so eingegrenzt werden, daß Tests, die Kernbereiche der Person des Arbeitnehmers bloßlegen können, aus Einstellungsuntersuchungen verbannt sind.

Die gesundheitliche Überwachung der Arbeitnehmer gehört zur Routine ärztlicher Leistungen im Betrieb. Ihre Funktionen sind mehrdeutig. Auf der einen Seite dient sie der allgemeinen Gesundheitsvorsorge und soll den Arbeitnehmer vor den Gefahren des Arbeitsplatzes schützen. Zu diesem Zweck sind eine Fülle von Vorsorgeuntersuchungen gesetzlich vorgeschrieben. Auf der anderen Seite dient sie dem Arbeitgeber dazu, seine Personalplanung zu rationalisieren. Insbesondere kann er also medizinische Informationen auch dazu verwenden, Arbeitnehmer, deren Gesundheitszustand, und damit Leistungsfähigkeit, sich verschlechtert hat, bei der nächsten sich bietenden Gelegenheit zu entlassen.[91]

Genetische Tests spielen bei der medizinischen Überwachung noch keine Rolle. Die bislang diskutierten Anwendungsbeispiele bieten auch insoweit wenig Probleme, als sie weder dazu dienen, besonders anfällige Arbeitnehmer zu identifizieren, noch dazu, künftige Krankheiten von Arbeitnehmern vorauszusagen. Sie sollen vielmehr bislang unkontrollierte Gefährdungen am Arbeitsplatz aufdecken helfen. Dazu benutzen sie die Tatsache, daß beispielsweise krebserregende Substanzen, wie Arsen, Benzol oder Vinylchloride, die in der chemischen Industrie, aber auch in der Landwirtschaft eingesetzt werden, Veränderungen im genetischen Material der Zellen auslösen (z. B. Chromosomenbrüche), wenn man ihnen in stärkeren Dosen ausgesetzt wird. Ob diese Veränderungen selbst klinische Bedeutung haben, die Betroffenen also eher erkranken als andere, ist oft unklar. Eine gewisse Erhöhung des Krebsrisikos wird vermutet. In jedem Fall aber zeigen sie eine erhöhte Belastung am Arbeitsplatz mit Stoffen an, deren Gefährlichkeit ohnehin feststeht. Sie sind also ein deutliches Warnsignal für Mängel im Arbeitsschutz.[92]

Die gegenwärtige Zurückhaltung bei der Anwendung genetischer Überwachung dürfte vorübergehend sein. Sie ist in erster Linie auf die mangelnde technische Reife des Tests zurückzuführen. Grundsätzlich lassen sich alle Tests, die bei der Einstellung möglich sind, auch zur gesundheitlichen Überwachung verwenden. Diese stellt daher dieselben Probleme wie die Einstellungsuntersuchung – mit dem wichtigen Unterschied, daß der Arbeitnehmer den Versicherungs- und Kündigungsschutz des Arbeitsverhältnisses genießt. Insbesondere ist auch hier zu fragen, welche Tests der Arbeitgeber verlangen und welche Konsequenzen er aus den Ergebnissen ziehen können soll.

Medizinischen Untersuchungen, die in Rechtsvorschriften vorgesehen sind, kann der Arbeitnehmer sich in der Praxis kaum entziehen. Zwar kann er nicht zu ihrer Duldung gezwungen werden, aber der Arbeitgeber darf ihn in der Regel nicht weiterbeschäftigen, wenn die fällige Untersuchung unterbleibt. Auf der anderen Seite kommen diese Untersuchungen dem Arbeitnehmer selbst zugute, und dieser ist relativ gut gegen ihren Mißbrauch geschützt. Stellt der Werksarzt eine gesundheitliche Gefährdung fest, die nicht durch eine zumutbare Verbesserung des Arbeitsplatzes oder durch medizinische Behandlung des Arbeitnehmers behoben werden kann, so bleibt es zwar beim Beschäftigungsverbot. Aber der Arbeitgeber muß zunächst versuchen, ob er den Betroffenen anderweitig einsetzen kann, und dieser hat in jedem Fall einen Anspruch gegen die Sozialversicherung auf Ausgleich der Nachteile, die ihm aus dem Beschäftigungsverbot entstehen, bis zur Höhe einer Jahresrente.[93]

In diesem System dürften auch genetische Tests, die angeborene ‚Überanfälligkeiten‘ für Berufskrankheiten diagnostizieren, ihren legitimen Platz haben, sofern sie verläßliche und aussagekräftige Prognosen liefern. Der indirekte Zwang, sich solchen Tests zu unterwerfen, muß allerdings auf diejenigen Fälle beschränkt bleiben, in denen überhaupt im öffentlichen Interesse Zwangsprävention von Berufskrankheiten zulässig ist. Und das notwendige Korrelat solchen Zwangs muß der versicherungsrechtliche Ausgleich der Folgen der Prävention sein.[94]

Das eigentliche Problemfeld sind die nicht durch Rechtsvorschriften geregelten Überwachungen, die der Betriebsarzt aufgrund der allgemeinen Gesundheitsvorsorge des Arbeitgebers oder sonst auf dessen Weisung durchführt. In diesen Fällen muß der Arbeitnehmer genetische Ausforschung und Diskriminierung fürchten. Die Konsequenzen, die aus Testergebnissen gezogen werden dürfen, sind nicht festgelegt; einen besonderen Versicherungsschutz genießt er außerhalb des Katalogs der anerkannten Berufskrankheiten nicht.[95]

Der Arbeitnehmer sollte daher weder direkt noch indirekt gezwungen werden können, sich solchen Untersuchungen zu unterziehen. Insbesondere darf ein solcher Zwang nicht schon aus der allgemeinen vertraglichen Treuepflicht des Arbeitnehmers abgeleitet werden.[96] Der Arbeitsschutzbereich, in dem Arbeitnehmern medizinische Untersuchungen aufgedrängt werden dürfen, ist in den Rechtsvorschriften und den entsprechenden Beschäftigungsverboten abschließend umschrieben. Unterhalb dieser Ebene müssen weitere Untersuchungen, auch wo sie medizinisch indiziert sind, als *Angebote* betrachtet werden, über die der Arbeitnehmer grundsätzlich frei entscheiden kann.

Dieser Grundsatz schließt eine weitergehende Festlegung von Untersuchungspflichten durch kollektive und individuelle Verträge nicht aus. Im ersten Fall (Tarifverträge, Betriebsvereinbarungen) kann die Arbeitnehmervertretung die Verpflichtung, sich untersuchen zu lassen, auf die Fälle beschränken, die eindeutig im Interesse der Arbeitnehmer selbst liegen, und sie kann Verwendung und Konsequenzen der Ergebnisse mitregeln. Im zweiten Fall müssen zumindest die Grenzen, die durch die Prinzipien des arbeitsrechtlichen Interessenausgleichs und durch das Persönlichkeitsrecht des Arbeitnehmers gezogen werden, eingehalten werden. Was der Arbeitgeber bei der Einstellung nicht erheben darf, darf er sich auch nicht für die gesundheitliche Überwachung während des Arbeitsverhältnisses zusagen lassen. Eine vertragliche Vereinbarung etwa, durch genetische oder andere Tests Prognosen für die zukünftige Gesundheit erstellen zu lassen, wäre sittenwidrig und nach § 138 Bürgerliches Gesetzbuch unwirksam.

Häufig ist dem Arbeitnehmer allerdings gar nicht damit gedient, daß er die gesundheitliche Überwachung ablehnen kann. Er möchte sie nutzen, aber sicher sein, daß die Ergebnisse nicht gegen ihn verwendet werden können. Oft liegt sogar eine Ausweitung der Untersuchungen im Interesse der Arbeitnehmer. Folgender Fall ist illustrativ: Eine Arbeiterin in einem Chemieunternehmen, deren Arbeitsplatz dioxinbelastet ist, möchte vor einer geplanten Schwangerschaft den Dioxingehalt in ihrem Körper prüfen lassen, um festzustellen, ob irgendwelche Risiken für das zukünftige Kind bestehen. Sie würde es an sich begrüßen, wenn der Test, der nur in Speziallabors durchgeführt werden kann und kostspielig ist, vom Werk angeboten würde. Auf der anderen Seite fürchtet sie um ihren Arbeitsplatz, falls die Information über die geplante Schwangerschaft und eine eventuelle Dioxinverseuchung zur Personalabteilung gelangt.[97] Einen gewissen Schutz bieten das Recht der freien Arztwahl und die konsequente Durchsetzung der Schweigepflicht des Betriebsarztes.

Im Prinzip muß der Arbeitnehmer bei allen Untersuchungen, zu denen der Arbeitgeber kraft besonderer Rechtsvorschriften oder aufgrund seiner allgemeinen Verantwortung für den Arbeitsschutz verpflichtet ist, das Recht haben, einen Arzt seines Vertrauens aufzusuchen. Und zwar gilt das unabhängig davon, ob der Arbeitnehmer selbst gebunden ist, sich der Untersuchung zu unterziehen. Kosten dürfen dem Arbeitnehmer aus der freien Arztwahl nicht entstehen. Natürlich hat der Arbeitgeber ein Interesse, daß der Betriebsarzt, den er ohnehin bezahlt, die Untersuchungen durchführt. Aber es liegt an ihm sicherzustellen, daß die Belegschaft das notwendige Vertrauen entwickelt und den Betriebsarzt nicht als verlängerten Arm der Unternehmensleitung betrachtet. In der Praxis kommt allerdings der freien Arztwahl nur geringe Bedeutung zu, weil es bequem ist, den Betriebsarzt aufzusuchen, und häufig dieser allein über die notwendigen arbeitsmedizinischen Spezialkenntnisse verfügt.[98]

Das Vertrauen, daß Arbeitsschutz durch den Betriebsarzt wirklich Arbeitnehmerschutz ist, steht und fällt mit der Durchsetzung der ärztlichen Schweigepflicht. Soziologisch steht der Arzt in der Nähe der Unternehmensführung. Er ist den leitenden Angestellten vergleichbar und verkehrt gesellschaftlich in den Kreisen des Unternehmers – vielleicht spielt er mit dem Unternehmer Tennis in demselben exklusiven Club des Ortes. Seine Rolle als Sachwalter der Arbeitnehmerinteressen läßt sich daher nur stabilisieren, wenn jeder Durchgriff der Personalverwaltung des Unternehmens auf die Gesundheitsdaten, die der Betriebsarzt erhebt, organisatorisch ausgeschlossen ist und die Befugnisse, Informationen an den Arbeitgeber weiterzuleiten, klar und eng umschrieben bleiben.

Insbesondere kann man nicht schon aus der Stellung des Arztes im Betrieb die allgemeine Befugnis ableiten, die Ergebnisse von Untersuchungen (wenn auch nicht die medizinische Diagnose im einzelnen) dem Arbeitgeber bekanntzugeben, also mitzuteilen, daß ein bestimmter Arbeitnehmer gesundheitlich gefährdet, für seinen Arbeitsplatz ungeeignet sei usw.[99] Die Befugnis zur Bekanntgabe solcher Information muß jeweils im einzelnen begründet werden. Sie besteht zweifellos, soweit die Untersuchungen auf Rechtsvorschriften beruhen, die den Arbeitgeber zu Beschäftigungsverboten zwingen, wenn gesundheitliche Bedenken bestehen. Sie ergibt sich auch nach allgemeinen Rechtsgrundsätzen (§ 34 Strafgesetzbuch), um höherwertige Güter zu schützen, also etwa um Ansteckungsgefahren für andere Arbeitnehmer vorzubeugen. Ferner muß der Betriebsarzt befugt sein, objektive Gefahren eines bestimmten Arbeitsplatzes, auf die er durch die Untersuchung des Arbeitnehmers aufmerksam wird, aufzudecken und ihre Abstellung zu verlangen. Das folgt aus seiner Verantwortung für den Arbeitsschutz aller, also auch zukünftiger Arbeitnehmer. Meist wird er dazu aber gar nicht individuelle Untersuchungsergebnisse preisgeben müssen.

In allen anderen Fällen aber sollte die Befugnis des Arztes, den Arbeitgeber zu informieren, wie üblich die Einwilligung des betroffenen Arbeitnehmers voraussetzen. Das gilt insbesondere, wenn die Untersuchung eine persönliche, vielleicht genetisch bedingte Anfälligkeit des Arbeitnehmers für die Gefahren des Arbeitsplatzes ergibt. In diesem Fall muß der Arbeitnehmer damit rechnen, zumindest von dem betreffenden Arbeitsplatz entfernt zu werden, vielleicht seinen Job überhaupt zu verlieren. Er muß also zwischen Gesundheitsrisiko und Arbeitsplatzrisiko abwägen. Diese Abwägung sollte ihm (ausgenommen aufgrund besonderer Rechtsvorschrift) nicht einfach vom Betriebsarzt aus der Hand genommen werden können.[100] Das Ergebnis der Untersuchung kann daher dem Arbeitgeber nur bekanntgegeben werden, wenn der Arbeitnehmer einwilligt. Wirksame Einwilligung setzt Kenntnis des Untersuchungsbefundes voraus. An eine vorweg, also gleichsam blind erteilte oder schon im Arbeitsvertrag vereinbarte Einwilligung ist der Arbeitnehmer nicht gebunden.[101]

5.6 Kontrollprobleme: Rechte des Betriebsrats, kollektive und gesetzliche Regelungen

Der gegenwärtige betriebliche Gesundheitsschutz ist ambivalent. Er droht, zugleich das Einfallstor für die Erweiterung der Kontrolle des Arbeitgebers über die Person des Arbeitnehmers zu werden. Diese Gefahr wird durch die technischen Möglichkeiten der genetischen Diagnose und Prognose noch gesteigert. Die radikale Antwort wäre, die medizinische Betreuung und Untersuchung der Arbeitnehmer aus den Unternehmen auszugliedern und auf das öffentliche Gesundheitswesen oder von Arbeitnehmern kontrollierte überbetriebliche Dienste zu übertragen. Diese Lösung sollte man zumindest für die Optionen einer ‚genetischen Berufsberatung', die sich in Zukunft eröffnen werden, ins Auge fassen. Jeder Arbeitnehmer muß die Chance haben, sich aller möglichen, also auch genetischer Tests zu bedienen, um Gesundheitsrisiken zu erkennen, die ihm von einer geplanten oder ausgeübten Beschäftigung drohen. Aber er muß selbst bestimmen können, ob er sich testen läßt und welche Konsequenzen er aus den Egebnissen zieht. Das ist am ehesten gewährleistet, wenn die Tests aus der Beziehung zu einem bestimmten Arbeitgeber und dem von ihm beauftragten Betriebsarzt herausgehalten werden.[102]

Für den Gesundheitsschutz in seiner bestehenden Form fragt sich, welche Rechte der Betriebsrat als Interessenvertretung der Arbeitnehmer hat, Umfang und Inhalt ärztlicher Untersuchungen der Beschäftigten und der Bewerber zu kontrollieren. Im Grundsatz dürfte das Mandat, „darüber zu wachen, daß alle im Betrieb tätigen Personen nach den Grundsätzen von Recht und Billigkeit behandelt werden" und „die freie Entfaltung der Persönlichkeit der im Betrieb beschäftigten Arbeitnehmer zu schützen",[103] den

Betriebsrat ermächtigen, dafür zu sorgen, daß die Grenzen der Gesundheitserfassung der Beschäftigten eingehalten werden, daß keine allgemeinen Tauglichkeits- und Persönlichkeitsprofile aufgestellt werden und daß genetische Ausforschung verhindert wird. Im Detail ergeben sich aber doch Probleme.

Zunächst ist klarzustellen, daß eine solche Kontrolle durch den Betriebsrat nicht schon an der professionellen Autonomie des Betriebsarztes scheitert. Selbstverständlich kann niemand dem Arzt in die ‚Regeln der Kunst‘ hineinreden – übrigens auch dem Ingenieur oder Psychologen nicht. *Wie* eine Untersuchung angestellt wird, kann nur der Arzt allein entscheiden. Die Frage jedoch, *ob* sie gemacht wird und mit welchem Ziel, ist oft verhandelbar. Soweit der Arbeitgeber dabei dem Betriebsarzt Vorgaben machen kann, ist auch ein Mitbestimmungsrecht des Betriebsrates jedenfalls nicht durch die professionelle Autonomie des Arztes ausgeschlossen.[104]

Die Probleme liegen bei der Frage, wie die Einhaltung der Persönlichkeitsrechte der Arbeitnehmer garantiert werden soll. Nicht alles, was medizinisch sinnvoll und möglich ist, ist auch zulässig. Soll es allein dem Arzt überlassen bleiben zu entscheiden, welche Daten er wann, wie und zu welchem Zweck erheben will? Kann er die Krankheitsgeschichte des Arbeitnehmers erforschen, die Belastung der Familie mit Erbkrankheiten erheben und Auskünfte über Eheprobleme und soziale Konflikte sammeln? Läßt man all dies zu, so kann der Betriebsarzt (Einwilligung des Untersuchten vorausgesetzt), was dem Arbeitgeber untersagt ist: ein allgemeines Gesundheits-, Eignungs- und Persönlichkeitsprofil des Arbeitnehmers erstellen, einschließlich einer genetischen Bestandsaufnahme. Der Arbeitnehmer ist lediglich gegen die Weitergabe der so zusammengetragenen Daten an den Arbeitgeber durch die Schweigepflicht geschützt.[105]

Ob die Schweigepflicht eingehalten wird, ist jedoch nur schwer zu kontrollieren. Man muß daher nach Möglichkeiten suchen, nicht erst die Weitergabe der Befunde und Ergebnisse, sondern schon ihre Erhebung im ärztlichen Bereich zu begrenzen. Wenn der Arzt in Einstellungsuntersuchungen nicht weitergehen darf, als das Fragerecht des Arbeitgebers reicht, so müssen auch seine Un-

tersuchungspläne, z.B. der ärztliche Fragebogen, daraufhin über-
prüfbar sein, ob er diese Bedingung einhält. Wenn dem Psychologen im Personalbüro Streßtests an Arbeitnehmern nicht erlaubt
sind, so muß man sie auch im Behandlungsraum des Betriebsarztes
unterbinden können. Medizinische Kompetenz ist kein Freibrief
dafür, den Arbeitnehmer unkontrolliert nach Belieben zu durch-
leuchten. Soweit die ärztlichen Untersuchungen möglicherweise
Rechtspositionen der Arbeitnehmer verletzen, muß es im Prinzip
auch eine Kontrolle des Ziels, Ansatzes und der Planung solcher
Untersuchungen durch den Betriebsrat geben können, der die Interessen der Arbeitnehmer zu schützen hat. Es mag im Einzelfall
schwer fallen, diese Kontrolle angemessen mit der fachlichen Autonomie des Arztes auszubalancieren. Es fällt aber noch schwerer,
ganz auf sie zu verzichten und alles nur der Instanz des ‚ärztlichen
Gewissens‘ zu überlassen.[106]

Freilich sind nach geltendem Recht die konkreten Mitbestim-
mungsmöglichkeiten des Betriebsrates sehr begrenzt. Nach § 94
Betriebsverfassungsgesetz sind Personalfragebögen und allgemeine Beurteilungsgrundsätze des Arbeitgebers zustimmungspflichtig.
Aber nach herrschender Auffassung gelten die werksärztlichen
Fragebögen nicht als solche des Arbeitgebers. Es gibt jedoch im
Rahmen von ‚Auswahlrichtlinien‘ für die Einstellung, Umsetzung
und Kündigung (§ 95 Betriebsverfassungsgesetz) einen gewissen
Spielraum, auch die Frage, welche Gesundheitsdaten erzeugt und
berücksichtigt werden dürfen, zu regeln. In solchen Richtlinien
kann festgelegt werden, welchen ärztlichen Untersuchungsauf-
wand man betreiben will, um die gesundheitliche Eignung von Bewerbern zu bestimmen. Es könnte auch festgelegt werden, daß zukünftige Krankheiten bei der Einstellung keine Rolle spielen und
daher nicht erfragt werden sollen oder daß Daten aus Tests, die die
Persönlichkeit des Arbeitnehmers verletzen, außer Betracht bleiben müssen.[107]

Ob man erwarten kann, daß die Betriebsräte auch nur die heute
schon bestehenden Spielräume voll ausnutzen, erscheint fraglich.
Offenbar werden Fragen des betrieblichen Gesundheitsschutzes
weitgehend als Probleme der ärztlichen Profession aufgefaßt, die

sachbezogen und ideologiefrei bearbeitet werden und infolgedessen nicht politikbedürftig sind.[108] Hier eröffnet sich ein Aufgabenfeld für die Gewerkschaften, die beispielsweise durch entsprechende Musterbetriebsvereinbarungen die Diskussion in den Betrieben anregen könnten.

Ein umfassender Schutz gegen genetische Ausforschung, gegen Selektion nach genetischen Anfälligkeiten und zukünftigen Krankheiten, sowie gegen persönlichkeitsverletzende Tests im allgemeinen ließe sich durch tarifvertragliche Regelung erreichen. Allerdings ist die Bereitschaft der Gewerkschaften, derartige nichtökonomische Gegenstände in Tarifverhandlungen einzubringen, nicht sehr groß. Man wird daher eine gesetzliche Regelung anstreben müssen.[109]

5.7 Exkurs: Genetische Analysen und private Versicherungen

Private Kranken- und Lebensversicherungen verlangen vom Versicherungsnehmer bei Vertragsschluß umfassende Auskünfte über seinen gegenwärtigen und vergangenen Gesundheitszustand, über Beschwerden, Behinderungen und ‚Fehler‘. Darüberhinaus wird bei Lebensversicherungen in den meisten Fällen eine ärztliche Aufnahmeuntersuchung verlangt, bei Krankenversicherungen dann, wenn Zweifel an den Angaben des Antragsstellers bestehen oder die üblichen Wartezeiten (3 Monate) ausgeschlossen werden sollen. Um die Aufklärung des Versicherers zu gewährleisten, muß der Versicherungsnehmer alle Ärzte und Kliniken, bei denen er in Behandlung ist oder war, sowie etwaige Vorversicherer von ihrer Schweigepflicht entbinden.[110]

Diese Regelungen dienen dem Interesse des Versicherers, die Gefahr, die er übernimmt, möglichst genau einschätzen und das Risiko durch unterschiedliche Prämien, den Ausschluß gewisser Leistungsfälle oder die Ablehnung der Versicherung differenzieren zu können. Das geltende Recht erkennt dieses Interesse grundsätzlich an. Verschweigt der Versicherungsnehmer bei Vertragsschluß irgendwelche Umstände, „die für die Übernahme der Gefahr erheblich sind", so kann sich der Versicherer durch Rücktritt vom Vertrag von jeder Leistungspflicht befreien.[111] Dem Versicherungsnehmer bleibt also keine Wahl. Will er die Vorteile der Versicherung wahrnehmen, muß er seine Gesundheitsdaten preisgeben bzw. in die Erhebung solcher Daten einwilligen.

In diesem Zusammenhang werfen die diagnostischen Möglichkeiten, die durch Genomanalyse und genetische Tests eröffnet werden, zwei Fragen auf:

1. Kann der Versicherer genetische Untersuchungen des Antragstellers zur Bedingung für den Abschluß eines Versicherungsvertrages machen?

2. Muß der Antragsteller genetische Befunde, die ihm schon bekannt sind, dem Versicherer bei Vertragsabschluß offenlegen?

1. Das Interesse des Versicherers an genetischen Informationen über den Antragsteller liegt auf der Hand. Bei vielen erblichen Leiden wird eine Versicherung wegen des ungewöhnlich hohen Risikos abgelehnt.[112] Mit einer Diagnostik, die voraussagt, welche Krankheiten wahrscheinlich auftreten werden, kann man verstärkt auch die Zukunft der Gesundheit des Versicherungsnehmers in die Risikokalkulation einbeziehen. Schon heute werden bei der ärztlichen Aufnahmeuntersuchung Anhaltspunkte für zukünftige Krankheiten gesucht, z.B. in der Konstitution des Antragstellers, in Anomalien, die eventuell zu Beschwerden führen könnten und in der Belastung der Familie mit erblichen Leiden.[113] Man kann von einem prinzipiell unbegrenzten ‚Datenhunger‘ der Versicherer ausgehen. Und sollten sich aus der Entwicklung der genetischen Tests weitere und vor allem zuverlässigere Indikatoren für zukünftige Krankheitsrisiken ergeben, so liegt nahe, daß die Versicherungen sich ihrer auch bedienen werden. Offizielle Beteuerungen der Versicherungswirtschaft, man sei an genetischen Daten über Versicherungsnehmer nicht interessiert, sind unglaubwürdig. Wo solche Daten existieren, z.B. in Krankheitsregistern, sind auch die Versicherungen mit Auskunftswünschen zur Stelle.[114]

Nun ist Risikodifferenzierung sicher ein plausibles und legitimes versicherungstechnisches Verfahren. Auf ungleiche Risiken sollte mit unterschiedlichen Prämien reagiert werden. Die Funktion solcher Differenzierung dürfte jedoch weniger sein, Gerechtigkeit zwischen den Versicherungsnehmern zu gewährleisten, als vielmehr das Angebot der Versicherungsunternehmen wirtschaftlich zu rationalisieren. Erstere Vorstellung mag für das Modell einer genossenschaftlichen ‚Gefahrengemeinschaft' zutreffen, die offenbar das Leitbild des klassischen Versicherungsvereins auf Gegenseitigkeit war.[115] Für moderne Versicherungskonzerne mit Milliardenumsätzen paßt dieses idyllische Modell kaum. Es fällt jedenfalls schwer, in ihnen nur die ‚Treuhänder' des gemeinschaftlichen Vermögens der Versicherungsnehmer zu sehen. Für sie ist Risikodifferenzierung ein Mittel, die Prämiengestaltung zu optimieren. Wem es gelingt, ‚schlechte', d.h. hohe Risiken rechtzeitig zu erkennen und abzulehnen, der kann die Standardleistungen der entsprechenden Versicherungssparte billiger anbieten und sich so Wettbewerbsvorteile am Markt sichern. Ist dies aber die Funktion der Risikodifferenzierung, dann ist die entscheidende Frage nicht mehr, ob die Unternehmen zur Differenzierung verpflichtet sind, sondern inwieweit und mit welchen Mitteln sie dazu berechtigt sind.[116]

Risikodifferenzierung mittels genetischer Tests bei Vertragsschluß nötigt den Versicherungsnehmer zu erheblichen Abstrichen an seinen Persönlichkeitsrechten. Er soll die Zukunft seiner Gesundheit erforschen lassen, die er vielleicht weder kennt noch selber kennen möchte. Eine realistische Chance, diese Zumutung zurückzuweisen, besteht meist nicht. Viele sind auf eine Versicherung angewiesen, um die sozialen Risiken von Krankheit und Alter abzufangen. Die Bedingungen des Vertrages aber schreiben allein die Versicherer. Unter dieser Voraussetzung wird man das Eindringen in die Person des Versicherungsnehmers allenfalls dann rechtfertigen können, wenn es für einen gerechten Ausgleich der vertraglichen Interessen unabdingbar ist.

Das trifft jedoch auf die Kranken- und Lebensversicherung nicht zu. Im Gegenteil. Man fragt sich, was eigentlich noch versichert ist, wenn der Versicherer bei Vertragsabschluß vom Antragsteller vollständige Information über alle Umstände, die die zukünftige Gesundheit beeinflussen, verlangen darf und auf vorhandene Krankheitsanlagen oder Gefährdungen mit Ablehnung der Versicherung oder Prämienerhöhung antworten kann. Die Versicherung soll den Versicherungsnehmer von ungewissen zukünftigen Gefahren entlasten. Dazu gehört typischerweise die Gefahr, daß sich irgendwann eine Krankheit manifestiert, die man latent schon in sich trägt. Versicherer sollen daran verdienen, daß sie Risiken übernehmen, nicht daran, daß sie diese geschickt ausschließen. Risikodifferenzierung mit Hilfe der technischen Möglichkeiten, Lebenserwartung und Gesundheitsentwicklung von Versicherungsnehmern zu prognostizieren, widerspricht dem erklärten Zweck des Vertrages.[117]

Gegen die Anwendung genetischer Prognostik in der Versicherung spricht schließlich die Konzentration auf genetische Faktoren des Individuums als Kriterium sozialer Differenzierung. Genetische Anlagen sind nur ein Faktor neben anderen, etwa biographischen, sozialen oder klimatischen, die die Lebenserwartung und das Risiko, in Zukunft krank zu werden, determinieren. Wie diese lassen sie nur Wahrscheinlichkeitsaussagen über den Eintritt der versicherten Gefahr zu. Es liegt nahe, sie als Kriterien der Differenzierung zu verwenden, schon weil sie leicht zu identifizieren und unveränderlich sind. Aber man baut damit einer politischen Ideologie vor, die die Entwicklungsmöglichkeiten der Menschen eher durch ihre Gene als durch ihre soziale und natürliche Umwelt bedingt und damit als schicksalsmäßig festgelegt ansieht.

2. Bleibt die Frage, ob der Antragsteller verpflichtet sein soll, dem Versicherer genetische Daten über die Zukunft seiner Gesundheit von sich aus offenzulegen, wenn sie ihm selbst bei Vertragsabschluß schon bekannt sind.

Eine solche Verpflichtung erscheint plausibel. Es entspricht den Grundsätzen von ‚Treu und Glauben‘, daß die Parteien des Versicherungsvertrages von gleichen Voraussetzungen bei der Bewertung des Risikos ausgehen können. Nach der Rechtsprechung muß der Antragsteller daher nicht nur behandlungsbedürftige Krankheiten, sondern auch Indikatoren für drohende Leiden mitteilen, z.B. Veränderungen der Bandscheiben oder Geschwülste und sonstige Anomalien – auch wenn diese selbst noch nicht zu Beschwerden geführt haben.[118] Ungünstige Prognosen aus genetischen Untersuchungen passen in diese Reihe. Es wäre merkwürdig, wenn man eine Lebensversicherung über eine Million abschließen könnte, nachdem man erfahren hat, daß man in den nächsten 5 Jahren an Krebs erkranken wird.

Gleichwohl fragt sich, ob nicht für genetische Daten eine andere Lösung gefunden werden kann. Solche Daten verlieren ihre besondere personenrechtliche Sensibilität nicht dadurch, daß der Antragsteller selber sie kennt. Muß man den indirekten Zwang zu ihrer Preisgabe über die vorvertragliche Anzeigepflicht inkaufnehmen?

Der Versicherer sollte, wie oben dargestellt, nicht aus jeder genetischen Prognose Konsequenzen für die Risikobewertung ziehen dürfen. Ein Test, der eine Krankheitsanlage diagnostiziert, die in absehbarer Zeit mit Sicherheit ausbricht oder vorbeugende Behandlung erfordert, ist sicher anders zu bewerten als einer, der angeborene Anfälligkeiten für schädliche Umwelteinflüsse prognostiziert oder Krankheiten, die zu einer bestimmten Zeit irgendwann im Laufe des Lebens ausbrechen können. Im ersten Fall muß der Versicherer informiert werden. Der Antragsteller darf nicht eine Gefahr, deren Realisierung schon feststeht, auf die Versicherung abwälzen können. In den anderen Fällen ist jedoch fraglich, ob der Versicherer ebenso geschützt werden muß.

Denkbar wäre, daß man seinen legitimen Interessen durch ein zeitlich begrenztes Rücktrittsrecht Rechnung trägt. Ist dem Versicherungsnehmer bei Vertragsschluß die Prognose einer Krankheit bekannt und zeigt er dies nicht an, so sollte der Versicherer sich von seiner Leistungspflicht befreien können, wenn die prognostizierte Krankheit innerhalb eines bestimmten Zeitraums ausbricht.[119] Eine solche Regelung verhindert einerseits, daß der Antragsteller seine besseren Kenntnisse des Risikos kurzfristig zum Schaden der Versicherung ausnutzen kann. Andererseits trägt sie dem Umstand Rechnung, daß bei langandauernden Vertragsbeziehungen Ungleichheiten bei der Risikoeinschätzung zu Vertragsbeginn zunehmend irrelevant werden. Sie würde dem Antragsteller erlauben, seine genetischen Daten zurückzuhalten, ohne den angestrebten Versicherungsschutz auf Dauer zu gefährden. Zugleich verhindert sie, daß jemand, der sich über seine genetischen Gesundheitsaussichten aufklären läßt, damit auch automatisch versicherungsunfähig wird.

Dieser Vorschlag mag in vieler Hinsicht eher die Probleme erhellen, als schon ihre Lösung bieten. Aber er zeigt, daß der absehbare Einsatz genetischer Analysen in Versicherungsverhältnissen der Regelung bedarf. Es wird zu prüfen sein, ob der Rahmen der Versicherungsaufsicht für diese Regelung hinreicht.

6. *Kinderwunsch und Wunschkinder. Grenzen der ‚Normalisierung‘ des Menschen durch genetische Selektion*

Unter Berufung auf die Freiheit der Person versuchen wir, gesellschaftliche Tendenzen zu genetischer Rationalisierung abzuwehren. Niemand soll gezwungen werden können, seine Entscheidung, welchen Partner oder Beruf er wählt, ob er Kinder haben will oder eine Risikoschwangerschaft fortsetzen will, nach genetischen Kriterien zu ‚optimieren‘. Die Berufung auf Freiheit funktioniert jedoch auch in der Gegenrichtung. Was gilt, wenn jemand sein eigenes Leben und das seiner zukünftigen Kinder genetisch optimieren *will?* Die neuen Techniken liefern ihm die nötigen Instrumente. Kann er sie unbeschränkt nutzen? Das folgende kann nur einen Ausblick auf die Problematik geben.[120]

Rationalisierungstendenzen benötigen nicht unbedingt staatlichen oder gesellschaftlichen Druck, sie setzen sich über die Interessen der Individuen durch. Die ‚Ideale‘ von Gesundheit, Schönheit, Intelligenz und angemessenem Verhalten sind sicher weitgehend gesellschaftlich definiert. Aber sie brauchen uns nicht erst aufgezwungen zu werden. Wir haben sie verinnerlicht und reproduzieren sie als unsere eigenen Bedürfnisse. Wenn es daher Techniken gibt, diesen Idealen für sich und seine Kinder näher zu kommen, so werden wir uns ihrer auch bedienen *wollen.* Je unwahrscheinlicher es ist, daß Eugenik und Menschenzüchtung staatlich erzwungen werden, umso eher könnte ‚Konsumentenwahl‘, die als Selbstbestimmung auftritt, das Mittel ihrer Durchsetzung werden. Treibendes Motiv dürfte dabei der Wunsch sein, Einfluß auf die

Eigenschaften zukünftiger Kinder zu nehmen, insbesondere möglichst nur gesunde Kinder zu bekommen, die eine normale Entwicklung erwarten können. Solange ‚Gesundheit' die Norm genetischer Selektion bleibt, ist zumindest das Ziel unbestreitbar legitim. Die Eltern wollen nicht ein Kind mit besonderem Aussehen, besonderen Talenten und Verhaltensanlagen. Sie wollen lediglich ein ‚normales' Kind. Anders als bei vielen Projekten der sog. positiven Eugenik nehmen sie also nicht in Anspruch, daß die Natur ihres Kindes schlechthin ihrer Selbstbestimmung, also letztlich elterlicher Wahl unterliegen müsse. Sie orientieren sich an einer Norm, die im Kern durch diese Natur selbst vorgegeben ist. Die Probleme liegen im Verfahren der Selektion.

Gefährlich wäre schon die Illusion, die genetischen und sonstigen Techniken der vorgeburtlichen Diagnose könnten (zusammen mit selektiver Abtreibung) garantieren, daß in Zukunft nur noch vollständig gesunde und normale Kinder geboren werden. Das ist ausgeschlossen; die Techniken können immer nur bestimmte, niemals aber alle Risiken erfassen. Eine Täuschung darüber könnte nicht nur zu einer „verengten Vorstellung von Normalität und zum Verlust der Achtung vor genetischer und phänotypischer Vielfalt" führen.[121] Sie stützt auch die Vorstellung, man könnte einen *Anspruch* auf gesunde Kinder haben. Ein solches Anspruchsdenken muß unsere Bereitschaft und Fähigkeit unterminieren, ein behindertes Kind zu akzeptieren. Es wäre die Brücke von der Zulassung vorgeburtlicher Selektion zur Forderung nach Selektion unmittelbar nach der Geburt.[122]

Die Gerichte haben immer wieder Fälle zu entscheiden, in denen bei schwer geschädigten Neugeborenen die hauchdünne Trennlinie zwischen zulässigem Sterbenlassen (z. B. durch Einstellen der künstlichen Beatmung, wenn keine Aussicht auf Besserung besteht) und der unzulässigen Tötung durch Unterlassen (etwa durch Verweigerung einer notwendigen Operation bei mittelfristig aussichtsloser Prognose für ein an sich lebensfähiges Kind) überschritten worden ist. Die Einhaltung dieser Grenze ist notwendig. Die Geburt eines behinderten Kindes ist ein tragisches Schicksal, aber seine Tötung ist in keinem Fall ein akzeptabler Ausweg. Das

Prinzip des Lebensschutzes läßt keine Einschränkung zu, und das Ethos ärztlichen Handelns sollte unvereinbar mit der Tötung eines Menschen bleiben. Die vorgeburtliche Diagnose von Behinderungen kann die Zahl der tragischen Fälle verringern, im übrigen bleibt nur die Wahl, die Möglichkeiten der Behandlung zu verbessern.[123]

Auch wenn diese Grenze halten sollte, bleiben jedoch Probleme. Genetische Selektion überschreitet, selbst wo sie den unbestrittenen Wert ‚Gesundheit' verfolgt, den üblichen Kontext ärztlichen Handelns in zweifacher Hinsicht: Zum einen orientiert sie sich nicht an den Risiken für einen bestehenden Menschen, sondern an den gewünschten Eigenschaften eines möglichen Menschen. Sie heilt oder verhindert nicht Krankheiten eines Betroffenen, sondern vermeidet das betroffene Leben selbst. Damit folgt sie unvermeidlich eher der Perspektive des auswählenden Züchters als der des behandelnden Arztes. Zum anderen verfährt sie, sofern nicht der Verzicht auf Fortpflanzung überhaupt gewählt wird, durch Abtreibung. Sie impliziert eine Entscheidung über das grundsätzliche Lebensrecht des Fötus, in die eine Abwägung darüber eingeht, welches Leben lebenswert ist und welches nicht. Die spezielle Problematik und Rechtfertigungsbedürftigkeit der genetischen Selektion wird deutlich, wenn man sich klar macht, daß sie im Kern nicht Therapie ist, sondern Euthanasie.[124]

Das deutsche Strafrecht versucht, den eugenisch begründeten Schwangerschaftsabbruch so weit wie möglich aus der Nähe der Euthanasie zu rücken. Die Abtreibung ist nur bis zur 22. Woche zulässig, was verhindern soll, daß Föten abgetötet werden, die außerhalb des Mutterleibes lebensfähig wären. Und als Eingriffsrechtfertigung wird nicht die Schädigung des Kindes als solche, sondern die dadurch hervorgerufene Konfliktlage der Schwangeren angesehen.[125] Ob diese Konstruktion den Tatbestand der Euthanasie vermeidet, kann bezweifelt werden. Zur Begründung einer rechtfertigenden Konfliktlage wird es in der Praxis (außerhalb des Gerichts) völlig ausreichen, daß auf die drohende Schädigung des Kindes verwiesen wird, wenn bei objektiver Einschätzung angesichts der Schwere der Schädigung ein annähernd normales Leben des Kindes und damit auch ein gängigen Vorstellungen entsprechendes glückliches Zusammenleben mit dem Kind nicht erwartet werden kann. Der Sache nach ist die sog. eugenische Indikation trotz gegenteiliger Rhethorik des Rechts vermutlich das, was ihr Name besagt: das Recht der Schwangeren (allerdings auch nur der Schwangeren), über das Leben oder Sterben ihres Fötus nach Kriterien der genetischen Gesundheit zu entscheiden.

Es ist ein anerkanntes Prinzip, daß menschliches Leben ein absoluter Wert ist, der grundsätzlich jeder Kosten-Nutzen-Kalkulation entzogen bleibt. Die Abwägung, ob ein Leben lebenswert sei, kann – außer vielleicht in der Situation der freigewählten Selbsttötung – kein soziales Handlungskriterium sein. Zumindest kann niemand solche Abwägung mit Wirkung für einen anderen durchführen. So klar das Prinzip ist, in der Praxis wird es bereits kompromittiert. Die modernen medizinischen Techniken führen unweigerlich in Situationen, in denen Ärzte und Angehörige entscheiden müssen, ob angesichts des Lebens, das einem Patienten zu führen bleibt, außerordentliche Maßnahmen zu seiner Rettung ergriffen werden sollen oder nicht. Bislang mögen solche Situationen sehr selten sein, aber sie machen deutlich, daß wir uns auf eine Kasuistik zubewegen, in der unterschieden werden muß, wann eine solche Abwägung zulässig ist und wann nicht.[126] Die Entscheidung, ob bei eugenischer Indikation die diagnostizierte Schädigung des Fötus so schwerwiegend ist, „daß die Fortsetzung der Schwangerschaft nicht verlangt werden kann" (§ 218 a Abs. 2 Nr. 1 Strafgesetzbuch) impliziert eine solche Kasuistik.

Das Gesetz versucht, die Grenzen eng zu ziehen. Es verlangt eine „nicht behebbare Gesundheitsschädigung". Damit entfallen als Selektionsgründe alle genetischen Defekte oder Abweichungen, die sich beim zukünftigen Kind nicht als Krankheit oder Behinderung auswirken, z. B. alle rezessiven Erbmerkmale (heterozygote Trägereigenschaften), bloße Anfälligkeiten, die erst durch Hinzutreten weiterer äußerer Umstände Krankheitsrisiken darstellen, Chromosomenanomalien und Stoffwechselvarianten, die sich nicht klinisch manifestieren. Und natürlich entfallen auch Umstände, wie daß das Kind das ‚falsche' Geschlecht hat oder sonstige unerwünschte Varianten normaler Eigenschaften, etwa hinsichtlich der Größe oder der geistigen Fähigkeiten aufweist (falls diese je pränatal diagnostizierbar sind). Ebenso ausgeschlossen sind Schädigungen, die behandelbar sind, sei es operativ oder durch Diät oder Medikamente. Klare Indikationen für genetische Selektion bilden zu erwartende körperliche und geistige Behinderungen, die für das Kind dauerndes Leiden bedeuten, ein Leben in der Familie ausschließen und damit für die Schwangere auch ein Leben mit dem Kind, das die Glückserwartungen, die sie mit dem Kind verbindet, wenigstens annähernd erfüllen könnte.

Diese Grenzziehung erscheint an sich als ein möglicher moralischer Kompromiß zwischen dem Lebensrecht des Fötus und der Rücksicht auf die Konfliktlage der beteiligten Eltern. Die gesellschaftliche Praxis ist jedoch längst über diese Grenze hinweggegangen. Hier wie sonst erweist sich das Strafrecht bei der Regelung der Abtreibung als hilflos und unwirksam.

Die Reaktionen der betroffenen Frauen (oder Eltern) auf die Befunde der vorgeburtlichen Diagnose entsprechen oft einer ‚Alles-oder-Nichts‘-Haltung. In der Regel wird Abtreibung schon dann gewählt, wenn nur ein gewisses Risiko einer Krankheit besteht, also die Wahrscheinlichkeit, daß ein gesunder Fötus getötet wird, relativ hoch ist, oder wenn unentscheidbar ist, ob eine zu erwartende Schädigung schwerwiegend oder leicht sein wird.[127] Es fällt schwer, diese Haltung strafrechtlich zu zensieren. Meist wird eine Abtreibung bei einem Risiko von 25% noch für zulässig gehalten.[128] Das spiegelt eher den Erkenntnisstand und die Handlungsmöglichkeiten der Genetik und die Möglichkeiten der vorgeburtlichen Analyse, als ein begründetes moralisches Prinzip. Droht eine X-gebundene Erbkrankheit, kann man vorsichtshalber alle männlichen Föten abtreiben, von denen jeder zweite wahrscheinlich betroffen ist. Entdeckt man nach Eintritt einer Schwangerschaft, daß beide Eltern Träger eines rezessiven Krankheitsmerkmals sind, so muß man drei von vier Föten gesund abtreiben, um die Weitergabe der Erbkrankheit sicher zu verhindern. Die Fortschritte der pränatalen Diagnostik werden dieses Problem nur verschieben, auf den wahrscheinlichen Schweregrad der prognostizierten Krankheit.

Kann man die Abtreibung versagen, wenn bei dem Fötus die Anlagen für präsenile Demenz diagnostiziert werden? Das Kind könnte vielleicht jahrzehntelang ein unbeschwertes normales Leben führen. Aber die Mutter muß im Bewußtsein leben, in ihrem Alter miterleben zu müssen, wie ihr Kind zum Idioten wird. Was will man jemand entgegenhalten, der bei der Diagnose von Schuppenflechte (Psoriasis) Abtreibung verlangt. Die Krankheit kann relativ harmlos sein, aber auch äußerst belastend, und 10% der Betroffenen bekommen Gliederversteifungen, die sie an den Rollstuhl binden.

Auch die Behandelbarkeit einer Krankheit wird nicht ohne weiteres als Grund angesehen, die Option einer selektiven Abtreibung auszuschließen. Eine Umfrage unter Eltern von behandelten Kindern mit Phenylketonurie hat ergeben, daß viele bei einem weiteren Kind die Abtreibung wählen würden, wenn vorgeburtliche Diagnose möglich wäre.[129] Lippen-Kiefer-Gaumen-Spalte (Hasenscharte), die in absehbarer Zeit mittels Ultraschall vorgeburtlich erkennbar sein wird, dürfte für einige bloß eine Indikation für eine notwendige Operation nach der Geburt sein, für andere ein Abtreibungsgrund. Selbst die Diagnose von Chromosomenanomalien (etwa XYY), die fast sicher klinisch bedeutungslos sind, wird zum Anlaß genommen, den betroffenen Fötus ,vorsichtshalber' abtreiben zu lassen.[130] Schließlich wird immer wieder die Abtreibung auch dann verlangt, wenn der Fötus nicht das von den Eltern gewünschte Geschlecht hat.

Eine Kontrolle eugenisch begründeter Abtreibungswünsche durch die medizinische Profession ist, anders als im Fall der sozialen Indikation, kaum zu erwarten. Wo immer medizinische Gesichtspunkte überhaupt eingreifen, besteht die Tendenz, den Eltern die Entscheidung über den Abbruch der Schwangerschaft freizustellen. Eugenische Selektion vor der Geburt stößt offenbar nicht auf professionellen Widerstand.[131] Bislang scheint die entscheidende Barriere in der begrenzten Kapazität für vorgeburtliche Diagnose zu liegen. Diese Situation wird sich jedoch mit der weiteren Routinisierung dieser Diagnostik ändern.

Mit der angestrebten Vorverlegung der vorgeburtlichen Diagnostik auf ein möglichst frühes Entwicklungsstadium des Fötus wird auch die Beschränkung der eugenischen Selektion auf medizinische Tatbestände schwierig. Dann wird es nämlich möglich, eine soziale Indikation (Notlage) vorzuschieben, wenn man in Wahrheit den Fötus wegen einer unerwünschten Eigenschaft aussondern will. Das kann zwar unsere Bewertung solcher Selektion nicht ändern. Motive werden nicht dadurch, daß sie unkontrollierbar werden, auch schon zu rechtfertigenden Gründen. Es fragt sich nur, ob diese Differenz der Wertung sich aufrechterhalten läßt, wenn in der Praxis das Motiv der Geschlechtsbestimmung oder der Planung sonstiger Eigenschaften des Kindes in einer Vielzahl von Abtreibungsfällen durchschlägt.

Wie es scheint, bewegen wir uns in der Tat mit der genetischen Selektion von menschlichen Föten auf einem ‚rutschigen Abhang‘ (slippery slope), der geradewegs in Niederungen führt, in denen Föten nur noch das Selektionsmaterial elterlicher Kinderwünsche sind. Zu Anfang blieb uns keine Wahl. Wir mußten diesen Abhang betreten, wenn wir den unleugbaren Konflikten der beteiligten Menschen Rechnung tragen wollten. Jetzt müssen wir versuchen, auf dem Abhang irgendwo Halt zu finden.

7. Zusammenfassung in Thesen und Regelungsvorschläge

Techniken und Anwendungsbereiche

1. Die gegenwärtigen Fortschritte bei der Analyse der Strukturen und Funktionen des Erbmaterials erlauben in zunehmendem Maße, Tests zu entwickeln, mit denen genetisch bedingte zukünftige Krankheiten, besondere Anfälligkeiten für Umweltbelastungen und Risiken bei der Fortpflanzung prognostiziert werden können.

2. Folgende Anwendungsbereiche zeichnen sich für genetische Tests am Menschen ab: Diagnose erblicher Krankheiten (einschl. vorgeburtlicher Diagnose), Prävention und Früherkennung von Krankheiten, für die eine erbliche Disposition besteht; Familienplanung; Abtreibung aus Gründen der Gesundheit des zukünftigen Kindes (sog. eugenische Indikation).

3. Der mögliche Nutzen genetischer Analyse liegt in der Prävention von Krankheiten und allgemein in der Erzeugung von Informationen, die der Einzelne seiner individuellen Lebensplanung zugrundelegen kann. Ihre Probleme liegen in der möglichen Entstehung eugenischen und präventiven Zwangs, im Einsatz genetischer Tests als Mittel sozialer Kontrolle und Diskriminierung und in der beliebigen Ausweitung der Selektion von Föten nach genetischen Merkmalen. Folgende Randbedingungen sind für den Einsatz genetischer Analysen zu gewährleisten:

4. Genetische Tests und genetische Beratung müssen an der Fürsorge für das individuelle Wohl der betroffenen Patienten bzw. Familien orientiert sein, nicht an der genetischen ,Fitness' der Bevölkerung insgesamt.

5. Das Prinzip der Selbstbestimmung muß auch gegenüber der Notwendigkeit, das Gesundheitswesen zu rationalisieren und zu ökonomisieren, Vorrang behalten. Grenzen präventiven Zwangs zur Gesundheit müssen dort erreicht sein, wo wesentliche Bereiche persönlicher Lebensgestaltung berührt werden.

6. Die Entscheidung darüber, ob man Aufklärung über seine genetische Konstitution und damit über bestimmte Programmierungen der eigenen Zukunft haben möchte, ist höchst persönlich und existenziell. Jeder hat ein nicht entziehbares Recht, seine Gene zu kennen. Aber er hat auch ein ebensolches Recht, sie nicht zu kennen.

7. Genetische Erklärungen dürfen nicht zu Patentlösungen komplexer sozialer Probleme, etwa der Berufskrankheiten oder der Behinderungen, hochstilisiert werden. Sie erfassen in der Regel nur einen Faktor neben vielen anderen, etwa biographischen und Umweltbedingungen. Jede Fixierung auf genetische Strategien der Problemlösung ist ideologisch. Sie untergräbt unsere Fähigkeit, Problemlösungen über die schwierige Veränderung sozialer und politischer Bedingungen zu suchen.

Genetische Verantwortung: das ,Recht nicht zu wissen', unerwünschte genetische Information und Aufklärungspflichten

8. Die Annahme, daß Eltern gegenüber ihren zukünftigen Kin-

dern eine ,genetische Verantwortung' tragen, die sie gegebenenfalls auch verpflichtet, die Geburt behinderter Kinder zu vermeiden und einen betroffenen Fötus abzutreiben, ist nicht haltbar.

9. Im Recht fehlt jeder Anhaltspunkt für eine solche Verantwortung. Staatliche Zwangseugenik ist ausgeschlossen. Ebensowenig kann das Kind gegen seine Eltern wegen einer Geburt mit erblich bedingten Schädigungen irgendwelche Ansprüche geltend machen.

10. Die Eltern trifft auch nicht eine mittelbare, sozialpolitisch zu begründende Verantwortung, durch genetische Selektion zur Lösung des Behindertenproblems und zur Entlastung der Versichertengemeinschaft beizutragen.

11. Verfehlt ist schließlich die Vorstellung, genetische Selektion könnte in ähnlicher Weise die Zahl behindert geborener Kinder reduzieren, wie Impfung und Seuchenhygiene die Zahl der Infektionskrankheiten reduziert haben.

12. Die Größenordnung möglicherweise zu erzielender Prävention bewegt sich bei etwa 5% der Zahl von Behinderten mit 100% geminderter Erwerbsfähigkeit. Die ,Lösung' des Behindertenproblems bleibt in jedem Fall, daß es der Gesellschaft gelingt, besser mit behinderten Menschen zu leben, nicht daß sie deren Geburt vermeidet.

13. Allenfalls kann man aus der Verantwortung für zukünftige Kinder die Verpflichtung ableiten, sich bei entsprechender Indikation darüber klar zu werden, welches Risiko für das Kind tatsächlich besteht. Die notwendige Information wird in der genetischen Beratung erzeugt. Kann diese Verpflichtung nicht erfüllt werden, ohne Gefahr zu laufen, daß eigene zukünftige und unbehandelbare Leiden entdeckt werden, so gebührt im Konfliktfall dem ,Recht, nicht zu wissen' der Vorrang.

Screening – genetische Reihenuntersuchungen im öffentlichen Gesundheitswesen

14. Genetische Tests, die ganze Bevölkerungen durchlaufen, können ein wertvolles Instrument präventiver Gesundheitspolitik sein. Sie sollen auf Bereiche beschränkt bleiben, in denen nicht

durch individuelle genetische Beratung dieselben Wirkungen erzielt werden können, und sie sollten keine genetischen Daten auf Vorrat schaffen.

15. Sinnvoll ist das Neugeborenen-Screening zur Früherkennung von Krankheiten, die durch vorbeugende Behandlung abgewehrt werden können.

16. Tests nach unbehandelbaren Krankheiten können die Eltern bei der Familienplanung unterstützen. Sie machen auf Risiken, die für weitere Kinder bestehen, aufmerksam. Für den Getesteten selbst sind sie ohne Nutzen. Er verliert die Chance, die Jahre bis zum Ausbruch der Krankheit in unbefangener Umgebung zu leben. Solche Tests sind daher umso problematischer, je später die prognostizierte Krankheit ausbricht.

17. Daten über bloße Anfälligkeiten für spätere Berufskrankheiten oder über (heterozygote) Tägermerkmale, die für spätere Fortpflanzungsentscheidungen bedeutsam werden könnten, sollten bei Neugeborenen nicht erhoben werden. In diesen Fällen ist genetische Aufklärung und Beratung bei der Berufswahl bzw. im reproduktionsfähigen Alter die Alternative.

18. Erwachsenen-Screening zur Aufklärung über Risiken bei der Fortpflanzung (Heterozygotentest) kann bei sehr verbreiteten Defekten sinnvoll sein. Ist vorgeburtliche Diagnose möglich, wird in der Regel die individuelle genetische Beratung vorzuziehen sein.

19. Rechtlicher oder sozialer Zwang zur Teilnahme an genetischem Screening sollte ausgeschlossen sein. Das gilt auch für die Bindung von Fürsorge- und Versicherungsleistungen an die Durchführung solcher Tests.

20. Die Dokumentation der erzeugten genetischen Daten sollte den Betroffenen überlassen bleiben. Eine formalisierte und standardisierte ‚genetische Kennkarte' bringt unverhältnismäßige Mißbrauchsgefahren mit sich. Sie macht genetische Daten in der Gesellschaft erwartbar und erschwert den Widerstand gegen sozialen Druck, solche Daten zu offenbaren.

21. Öffentliche Genregister sind unter Datenschutzgesichtspunkten bedenklich. Insbesondere ist unklar, wie Auskunftsverlangen von interessierter dritter Seite abzuwehren sind.

22. Genregister können präventiv genutzt werden, wenn sie dazu dienen, weitere Risikopersonen mit erblicher Belastung (Verwandte der registrierten Personen) zu identifizieren. Solche aktive Präventionspolitik ist problematisch, sofern die Betroffenen keine wirklichen Handlungsmöglichkeiten haben. Insbesondere ist es fragwürdig, ahnungslosen Dritten Informationen über die ihnen drohenden unheilbaren künftigen Krankheiten aufzudrängen.

Genetische Ausforschung durch den Arbeitgeber. Wie kann der Zugriff Dritter auf genetische Daten abgewehrt werden?

23. Mit genetischen Tests ist es im Prinzip möglich, schon bei der Einstellung von Arbeitnehmern Krankheiten in Rechnung zu stellen, die diese in Zukunft haben werden und solche Arbeitnehmer auszusondern, die erblich bedingt besonders anfällig für die typischen Risiken des vorgesehenen Arbeitsplatzes sind.

24. Die Vorhersagekraft bisheriger Tests für sog. Überanfälligkeiten ist so gering, daß ihr Einsatz zur Vermeidung von Berufskrankheiten durch Selektion bei der Einstellung schon aus wissenschaftlichen Gründen nicht vertretbar ist. Mit der Entwicklung besserer Tests ist jedoch zu rechnen.

25. Die Selektion ‚überanfälliger‘ Arbeitnehmer stellt das Verursacherprinzip beim Arbeitsschutz auf den Kopf. Statt die objektiven Gefahren am Arbeitsplatz zu reduzieren, sortiert man Arbeitnehmer aus, die nicht widerstandsfähig sind.

26. Besondere Anfälligkeiten bestehen in der Regel gegenüber Stoffen, die ohnehin für jedermann gefährlich sind. Sie sollten daher als eine Art Frühwarnsystem betrachtet werden, das allgemeine Gefahren signalisiert. Die Konzentration auf die Gene des Einzelnen als Risikofaktoren ist verfehlt.

27. Genetische Selektion diskriminiert den Arbeitnehmer auf dem Arbeitsmarkt nach Gründen, die völlig außerhalb seiner Kontrolle liegen. Grundsätzlich sollte jeder Arbeitnehmer selbst entscheiden können, ob er eher das Arbeitsplatzrisiko oder das Gesundheitsrisiko eingehen will. ‚Genetische Berufsberatung‘ sollte seine eigene persönliche Entscheidung sein, nicht eine Einstellungsbedingung des Arbeitgebers.

28. Zwangsprävention von Berufskrankheiten durch genetische Selektion bei der Einstellung kann allenfalls in Betracht kommen, wenn eine Reduzierung der Arbeitsplatzbelastungen auf die Belastungsfähigkeit des Arbeitnehmers technisch oder ökonomisch unvertretbar ist und die drohende Schädigung schwerwiegend ist. Modellfall können die als Ausnahme vorgeschriebenen Beschäftigungsverbote im gegenwärtigen Arbeitsschutzrecht sein.

29. Der Versuch, zukünftige absehbare Krankheiten des Arbeitnehmers schon bei der Einstellung zu berücksichtigen, widerspricht dem durch das geltende Recht definierten Interessenausgleich im Arbeitsvertrag. Der Arbeitgeber soll, wie etwa die Lohnfortzahlungspflicht deutlich macht, am Risiko zukünftiger Erkrankungen des Arbeitnehmers beteiligt sein. Durch genetische Selektion bei Vertragsschluß könnte er dieses Risiko im Ergebnis dem Arbeitnehmer allein aufbürden. Das Auskunftsrecht des Arbeitgebers und der Umfang betriebsärztlicher Untersuchung bei der Einstellung müssen auf die gegenwärtige Gesundheit und Einsetzbarkeit für den vorgesehenen Arbeitsplatz begrenzt bleiben.

30. Die Ausforschung genetischer Daten bei der Einstellung verletzt das Persönlichkeitsrecht des Arbeitnehmers. Das Recht, diese Daten für sich zu behalten oder auch gar nicht zu kennen, muß Vorrang vor dem Interesse des Arbeitgebers haben, seine Personalplanung auf eine möglichst objektive und berechenbare Basis zu stellen.

31. Tests, die in die Persönlichkeit des Arbeitnehmers eindringen, sollten generell ausgeschlossen werden. Das gilt auch für psychodiagnostische, graphologische und sonstige Verfahren, die am Willen des Arbeitsnehmers vorbei dessen ‚Wesen' erforschen sollen. Der Arbeitnehmer ist Person und nicht Sache, die nach objektiven Maßstäben beliebig begutachtet werden kann.

32. Genetische Überwachungsuntersuchungen bei *bestehendem* Arbeitsverhältnis sind unproblematisch, sofern sie dazu dienen, unentdeckte Gefahren am Arbeitsplatz, also besondere Schadstoffbelastungen, zu erkennen. Im übrigen haben sie ähnliche Probleme wie Einstellungsuntersuchungen.

33. Eine strikte Fassung der Schweigepflicht des Betriebsarztes

kann einen gewissen Schutz bieten. Ergibt die Untersuchung eine Gesundheitsgefährdung des Arbeitnehmers, die lediglich durch dessen besondere genetische Konstitution bedingt ist, so sollte dieser Befund grundsätzlich nur mit Einwilligung des Arbeitnehmers an den Arbeitgeber weitergegeben werden dürfen. Ausnahmen sind die Fälle, in denen durch Rechtsvorschriften ein Zwang zur Prävention von Berufskrankheiten vorgesehen ist. Im übrigen sollte die Abwägung von Arbeitsplatz- und Gesundheitsrisiko beim Arbeitnehmer bleiben.

34. Bei der Festlegung des Umfangs und der Verwertung der medizinischen Überwachung muß die Arbeitnehmervertretung (Betriebsrat) mitwirken können. Die notwendige professionelle Autonomie des Betriebsarztes rechtfertigt nicht die unkontrollierte Ansammlung von Tauglichkeits-, Persönlichkeits- und Gesundheitsprofilen in der betriebsärztlichen Dokumentation.

35. Der Schutz des Arbeitnehmers gegen genetische Ausforschung und Diskriminierung bei der Einstellung, gegen eindringende, das Persönlichkeitsrecht verletzende Tests im allgemeinen und gegen den Mißbrauch von Daten, die in der genetischen Überwachung erzeugt werden, ließe sich durch Vereinbarungen im kollektiven Arbeitsrecht (Betriebsvereinbarungen, Tarifverträge) verbessern. Ist das nicht erreichbar, so müßten gesetzliche Regelungen folgen.

36. Für die Nutzung genetischer Analysen im Rahmen privater Versicherungsverhältnisse gilt ähnliches wie bei den Arbeitsverhältnissen. Prämienerhöhungen und Verweigerungen von Vertragsabschlüssen aufgrund von Tests, die bei Vertragsschluß die Lebenserwartung und die Gesundheitsaussichten des Versicherungsnehmers erheben, sollten unzulässig sein. Sie widersprechen dem Zweck des Vertrages. Dieser besteht darin, zukünftige Risiken zu versichern, nicht darin, sie möglichst geschickt auszuschließen.

37. Nach geltendem Recht müßte der Versicherungsnehmer genetische Informationen über seine Gesundheitsaussichten, die ihm selbst bekannt sind, bei Vertragsschluß offenbaren. Möglicherweise könnte dieser Zwang durch eine Regelung ersetzt werden, die dem Versicherer eine Frist einräumt, bis zu der er aus der unterlas-

senen Anzeige des Versicherungsnehmers Konsequenzen ziehen darf.

Kinderwunsch und Wunschkinder

38. Genetische Selektion und Diskriminierung müssen nicht auf staatlichem oder sozialem Druck beruhen. Sie werden in erheblichem Maße aus den Wahlhandlungen der Individuen selbst folgen, die sich dabei auf ihre Selbstbestimmung berufen.

39. Hauptanwendungsfall ist der Wunsch der Eltern, auf die Eigenschaften ihrer zukünftigen Kinder Einfluß zu nehmen, insbesondere möglichst nur gesunde Kinder zu bekommen, die eine normale Entwicklung erwarten lassen.

40. Die Vorstellung, vorgeburtliche Diagnose und genetische Analyse könnten (zusammen mit selektiver Abtreibung) garantieren, daß in Zukunft nur noch vollständig gesunde und normale Kinder geboren werden, ist eine gefährliche Illusion.

41. Einen Anspruch, nur gesunde Kinder zu bekommen, kann es nicht geben. Ein solcher Anspruch würde unsere Bereitschaft und Fähigkeit, behinderte Kinder zu akzeptieren, unterminieren. Es wäre eine Brücke von der Zulassung vorgeburtlicher Selektion zur Forderung nach Selektion unmittelbar nach der Geburt.

42. Genetische Selektion durch Abtreibung überschreitet, selbst wo sie den unbestrittenen Wert ‚Gesundheit‘ verfolgt, den Kontext des ärztlichen Handelns. Sie ist grundsätzlich rechtfertigungsbedürftig, denn im Kern ist sie nicht Therapie, sondern Euthanasie.

43. In der Praxis der selektiven Abtreibung wird die Beschränkung auf schwerwiegende unbehandelbare Leiden (§ 218 a Strafgesetzbuch) kaum respektiert. Abtreibung wird sogar bei genetischen Befunden verlangt, die (vermutlich) klinisch völlig bedeutungslose Varianten diagnostizieren. Das geschieht meist mit Billigung der ärztlichen Profession.

44. Die vorgeburtliche Diagnose droht daher in eine Situation zu führen, in der menschliche Föten mehr oder weniger nur noch das Selektionsmaterial für elterliche Kinderwünsche sind.

Kapitel III
‚Negative' Eugenik. Strategien der Bereinigung des menschlichen Genpools

‚Eugenik' ist der Versuch, die genetische Ausstattung künftiger Generationen von Menschen zu sichern oder zu verbessern. Üblicherweise unterscheidet man zwischen ‚negativer' und ‚positiver' Eugenik. Dabei geht man vom genetischen Status quo der Spezies Mensch als Norm aus. Negative Eugenik soll Abweichungen von dieser Norm ‚nach unten', etwa die Anlagen für Krankheiten, ausschließen. Positive Eugenik soll Abweichungen ‚nach oben', etwa eine besonders kräftige Konstitution, fördern. Des weiteren unterscheidet man eugenische Eingriffe danach, ob sie die Erbanlagen einzelner Individuen beeinflussen sollen oder deren Verteilung (Häufigkeit, Zu- oder Abnahme) im Genpool der Bevölkerung. Es ergeben sich danach die folgenden vier eugenischen Handlungsfelder:[1]

Tabelle 5: Eugenische Handlungsfelder und Beispiele für mögliche Eingriffe

Eingriffsziele Eingriffsebenen	Sicherung des genetischen Status quo (negative Eugenik)	Verbesserung des genetischen Status quo (positive Eugenik)
Gene von Individuen	1 genetische Familienberatung, Empfängnisverhütung, vorgeburtliche Diagnose und selektive Abtreibung; Gentherapie	3 vorgeburtliche Analyse und Selektion von ‚erwünschten' Eigenschaften durch Abtreibung; nicht-therapeutische Keimbahneingriffe
Genpool der Bevölkerung	2 Unterdrückung der Fortpflanzung von Trägern genetischer Defekte, Sterilisationsprogramme	4 Förderung der Fortpflanzung von Trägern ‚erwünschter' Merkmale, Selektion von Samenspendern

Strategien, die darauf abzielen, in einer konkreten Familienkon-
stellation die Geburt eines erbkranken Kindes zu verhindern
(Handlungsfeld 1), sind in Kapitel II behandelt worden. Im folgenden wird die negative Populationsgenetik diskutiert (Handlungsfeld 2). Auf die verschiedenen Möglichkeiten positiver Eugenik
wird nur gelegentlich Bezug genommen.

1. Die Orientierung am Genpool der Bevölkerung

Die Bevölkerungseugenik ist historisch ein Musterbeispiel dafür,
wie eine angewandte Wissenschaft politisches Instrument rassisti-
scher und sozialer Unterdrückung wird. Aber sie ist nicht lediglich
ein historisches Phänomen. Zwar wird sie heute nirgendwo als ko-
härentes Programm vertreten. Aber ihre Ideen sind wirksam. Nach
der Qualität des menschlichen Genpools bestimmt sich das Risiko
für zukünftige Generationen, mit erblichen Krankheiten zur Welt
zu kommen. Die Möglichkeit, diesen Pool zu ‚bereinigen‘, bleibt
eine faszinierende präventive Strategie.

Das Verhältnis zur genetischen Familienberatung ist prekär.
Überlegungen, wie eigentlich die Praxis dieser Beratung die Häufigkeit schädlicher Gene in der Bevölkerung beeinflußt, sind häufig. Die Gefahr, daß die Perspektive der Bevölkerungseugenik
gleichsam unter der Hand in die Praxis der Beratung eindringt, ist
real. Der Arzt hört dann auf, lediglich der Sachwalter der Belange
der betroffenen Familie zu sein. Er wird Vertreter einer sozialen
Kontrolle im Interesse der genetischen Fitness der Bevölkerung
insgesamt. Der Genpool tritt an die Stelle des Patienten als thera-
peutisches Subjekt.

Testfall ist die Beurteilung heterozygoter Krankheitsanlagen.
Vom Standpunkt einer auf die einzelne Familie bezogenen Eugenik sind die Vermeidung einer Ehe zwischen heterozygoten
Krankheitsträgern oder die selektive Abtreibung von homozygoten Föten hinreichende Problemlösungen, da sie im konkreten Fall
die Geburt eines erbkranken Kindes ausschließen. Vom Standpunkt einer Bevölkerungseugenik sind sie es nicht, da sie die Wei-

tergabe schädlicher Gene nicht verhindern, ja unter Umständen sogar erleichtern. „Mit einem homozygoten Kranken, der nicht zur Fortpflanzung gelangt, werden jeweils zwei krankhafte Gene aus dem Gesamtgenbestand der Bevölkerung eliminiert. Vermeidet man das Zusammentreffen zweier pathologischer Gene in Homozygoten, so wird damit der Selektionsdruck gegen das betreffende Gen vermindert; seine Häufigkeit muß zunehmen, es sei denn, wir veranlaßten die Heterozygoten, auch in Ehen mit anderen (gesunden) Partnern weniger Kinder zu zeugen. Es würde das bei der sehr viel größeren Häufigkeit der Heterozygoten einen in populationsgenetischer Hinsicht sehr wirksamen Ausgleich schaffen."[2]

Die Perspektive der Populationseugenik ist sicher nicht im Prinzip illegitim. Auch in der Arbeits- und Umweltmedizin ermitteln wir Gesundheitsgefahren für Gesamtheiten von Individuen (die den einzelnen nur mit einer gewissen statistischen Wahrscheinlichkeit treffen) und versuchen, die Risikofaktoren zu kontrollieren. Ist also Eugenik lediglich eine weitere Strategie der öffentlichen Gesundheit?

Es gibt einen gravierenden inhaltlichen Unterschied. Als Risikofaktoren gelten für die Eugenik die menschlichen Gene und ihre Weitergabe in der Fortpflanzung. Von seinen Genen aber kann man sich nicht trennen, man ist identisch mit ihnen. Und Fortpflanzung ist eine elementare Funktion unseres Lebens. Also gilt in gewisser Hinsicht der einzelne Mensch selbst als das relevante Risiko. Der Konflikt zwischen den Interessen an der Kontrolle allgemeiner Risiken und den Rechten auf individuelle Lebensentfaltung, der in der Politik öffentlicher Gesundheit strukturell angelegt ist, wird sich daher bei eugenischen Strategien mit besonderer Schärfe stellen.

Die herkömmliche Eugenik hat für ihre Strategien und Positionen zwei zentrale Argumente geltend gemacht:

1. Infolge des in zivilisierten Gesellschaften nachlassenden Selektionsdrucks droht eine dramatische Verschlechterung des genetischen Status quo der Bevölkerung

2. Diese Verschlechterung kann durch eine Kontrolle der Fortpflanzung von Trägern ‚ungünstiger' Gene aufgehalten werden.

Beide Argumente sind scharfer wissenschaftlicher Kritik ausgesetzt worden. Aber sie haben ein zähes Leben.

2. Verschlechtert sich der menschliche Genpool?

2.1 Die Hypothese des zunehmenden körperlichen Verfalls

Früher sind Menschen, die Phenylketonurie, Hämophilie, Zucker oder erhebliche Immunabwehrschwächen hatten, jung gestorben oder kinderlos geblieben, und ihre Gene sind aus dem Genpool ausgeschieden. Heute können sie dank der Fortschritte der Medizin ein weitgehend normales Leben führen und selbst Kinder haben. Theoretisch muß dies dazu führen, daß sich die Häufigkeit defekter Gene in der Population laufend erhöht und damit auch das Risiko zukünftiger Generationen, mit erblichen Schwächen, Behinderungen und Krankheiten geboren zu werden. „Wird der Mensch von morgen seinen Tag damit beginnen, sich für die Begegnung mit der Welt zu wappnen: indem er eine Brille aufsetzt, die Hörhilfe einschaltet, seine Zähne einsetzt, zum falschen Haar greift, sich Insulinspritzen in den einen Arm, Allergiespritzen in den anderen gibt und schließlich eine Beruhigungspille draufsetzt, bevor er sich in sein Auto traut?"[3]

Ein solches Szenario ist beunruhigend. Daran ändert auch der Umstand nichts, daß eine solche Entwicklung streng genommen die biologische Fitness des Menschen nicht beeinträchtigt. Denn diese bestimmt sich allein an der Fähigkeit, in einer gegebenen Umwelt zu überleben und hinreichend Nachkommen zu erzeugen. Diese Fähigkeit aber dürfte der Mensch vielleicht zuletzt einbüßen, sofern und solange ein funktionierendes Gesundheitssystem und eine pharmazeutische Industrie Teil seiner Umwelt bleiben.[4] Aber wenn nicht das Überleben der Spezies Mensch auf dem Spiel steht, so doch möglicherweise die Chance, eine aus unserer Sicht wünschenswerte Lebensqualität zu verwirklichen. Eine Verschiebung des normalen Genotyps, durch die zukünftige Generationen in noch viel stärkerem Maße als wir von ständiger medizinischer

Intervention, von Spritzen, Operationen und Prothesen abhängig werden, erscheint kaum weniger bedrohlich als die Entwicklung von Umweltbedingungen, bei denen man nur noch mit Gasmaske überleben kann. Hinzu kommt, daß natürlich offen ist, in welchem Umfang etwa zukünftig vermehrt auftretende erbliche Krankheiten behandelbar sein würden und mit welchem Leiden eine mögliche Behandlung immer noch verbunden wäre.

Die Perspektive einer drohenden Verschlechterung des menschlichen Genpools ist also durchaus ernst zu nehmen – wenn sie realistisch ist. Aber wie realistisch ist sie?

Die Frage ist kaum zu beantworten. Anhand von Modellrechnungen kann man versuchen, die Größenordnung des Problems, das auf uns zukommen könnte, abzuschätzen. Die folgende Tabelle zeigt, wie sich die Krankheitshäufigkeit in der Bevölkerung bei rezessiven und dominanten Erbkrankheiten verändern würde, wenn diese so weit geheilt werden, daß die Betroffenen sich erstmals fortpflanzen können.[5]

Tabelle 6: Zunahme der Häufigkeit genetischer Defekte nach totaler (phänotypischer) Heilung

	rezessiver Defekt	*dominanter Defekt*
angenommene Anfangshäufigkeit	1:10 000	1:10 000
Häufigkeit nach 10 Generationen	1,12	11
nach 30 Generationen	1,69	30
nach 100 Generationen	4,00	86

Die Behauptung, eine Degeneration des menschlichen Genpools stehe bevor, erscheint wenig begründet. Denn:

– Bei rezessiven Krankheiten führt die Verringerung des Selektionsdrucks auch in sehr langen Zeiträumen nur zu einem sehr geringen Anstieg der Krankheitshäufigkeit. Die Kontrolle von Phenylketonurie (Häufigkeit etwa 1:10000) durch Frühdiagnose und Diät muß nach dem Modell in etwa 1000 Jahren zu einer Verdopplung der Krankheitsfälle führen, was beim gegenwärtigen Geburtenstand in der BRD einen Anstieg von 50 auf 100 Fälle/Jahr bedeuten würde. Bei dominanten Defekten ist die mögliche Auswirkung neuer Therapien stärker, aber ebenfalls langfristig: im Modell eine Verzehnfachung in zehn Generationen. Das aber ist etwa der Zeitraum, seit dem es moderne Wissenschaft oder bürgerliche Gesellschaft gibt.

– Die Modellannahme, daß schwerwiegende dominante Defekte heilbar werden, ist unrealistisch. Für diese Defekte gibt es kaum Therapieansätze. Bei den meisten von ihnen ist die Fitness der Betroffenen = 0. Die Genfrequenz entspricht daher gegenwärtig und auf absehbare Zukunft der Rate der Neumutationen.

– Definitionsgemäß kann die Häufigkeit einer Krankheit nur steigen, wenn sie heilbar ist und die Heirats- und Fortpflanzungsfähigkeit ihrer Träger nicht vermindert. Dann aber hat sie ihren Schrecken auch weitgehend verloren.

– Schließlich können wir regelmäßig nicht sagen, ob die gegenwärtigen Häufigkeiten von Genen im menschlichen Genpool Gleichgewichte zwischen Neumutationen und Selektionsbedingungen darstellen oder sich auch ohne medizinische Intervention nach oben oder nach unten verschieben würden. Irgendwelche sicheren Prognosen über den Einfluß von Zivilisationsstrukturen, z. B. medizinischer Entwicklung auf die Genfrequenz, sind daher nicht möglich.[6]

2.2 Die Hypothese des sinkenden Intelligenzniveaus

Die frühe eugenische Bewegung hatte nicht nur Hypothesen über den körperlichen Verfall der Menschen, sondern auch für Verhaltensstrukturen, Persönlichkeitsmerkmale und geistige Fähigkeiten. Sie tendierte dazu, für alle Phänomene, bei denen sich familien- oder schichtenspezifische Kontinuität zeigte, erbliche Determination zu unterstellen: Kriminalität, Alkoholismus, Armut und Verwahrlosung (Pauperismus), mangelnde Bildung. Aus der höheren

Kinderzahl der Unterschichten ließ sich dann mühelos der genetische Niedergang der Bevölkerung ableiten. Die Attraktivität solcher Hypothesen spiegelte zum Teil die bestehende Diskriminierung ethnischer oder rassischer Minderheiten (in der amerikanischen Einwanderungspolitik und im Deutschen Reich), zum Teil entsprang sie sozialen Klassenauseinandersetzungen. Nachdem der Rückgang der Säuglingssterblichkeit mit einiger Verzögerung auch die ärmeren Schichten erreicht hatte, begannen die etablierten Mittelschichten, sich ,demographisch' bedroht zu fühlen.[7]

Die meisten dieser ,Hypothesen' sind in jeder Hinsicht indiskutabel. Eine gewisse Bedeutung hatte die angebliche Gefahr, daß allgemein das Intelligenzniveau der Bevölkerung sinkt, hervorgerufen durch die höhere Reproduktionsrate der niedrig Begabten. Die Hypothese stützte sich auf Untersuchungen, die wiederholt (etwa 1938 und 1949) negative Korrelationen zwischen dem an Schulkindern gemessenen Intelligenzquotienten (I.Q.) und der Zahl ihrer Geschwister gefunden haben. Je niedriger also der I.Q. der Kinder, desto größer die Familie, aus der sie kamen. Die Interpretation dieser Daten hatte etwas Beliebiges. Je nach Modellrechnung blieb der I.Q. der Gesamtbevölkerung entweder konstant oder verschob sich bis zu zwei Standardabweichungen (30 I.Q. Punkte) nach unten. Die ungünstigste Prognose sah den Durchschnitt der Bevölkerung auf einen I.Q. von 70 zusteuern – nach der klassischen medizinischen Einteilung der Rand des milden Schwachsinns, in der aufgeklärten Terminologie der modernen Pädagogik der Zustand der ,Lernbehinderung'.[8]

Heute kann die Hypothese des Intelligenzverfalls kaum noch ernsthaft in Betracht gezogen werden. Schon ihr Ausgangspunkt: wer weniger begabt ist, bekommt mehr Kinder, trifft offenbar (zumindest heute) nicht zu. Aus der negativen Korrelation zwischen gemessenem I.Q. und Geschwisterzahl folgt nicht, daß die niedrig Begabten sich im Durchschnitt stärker vermehren, u. a. deshalb, weil der Anteil der Bevölkerung, der sich überhaupt nicht fortpflanzt (USA: etwa 20%), nicht zufällig verteilt ist. Wer weniger begabt ist, hat überdurchschnittlich oft überhaupt keine Kinder. Studien, die das Verhältnis von I.Q. und eigener Kinderzahl direkt

gemessen haben, ergaben daher sogar eine etwas höhere Fort-
pflanzungsrate der Hochbegabten.[9]

Inwieweit die im I.Q.-Test gemessene Intelligenz überhaupt vererbt wird, ist ungeklärt und strittig. Aus den vorliegenden Daten (meist aus Studien über eineiige Zwillinge, die in getrennten
Familien aufwachsen) werden Vererblichkeitsfaktoren 0 bis 0,8 abgeleitet.[10] In jedem Fall wäre ein solcher Erbgang multifaktoriell,
also mit erheblichen Umwelteinflüssen kombiniert, die rasch
wechseln können und Veränderungen bewirken, die vermutlich
um Größenordnungen stärker sind als die aufgrund von irgendwelchen genetischen Verschiebungen. Fraglich ist ferner, ob mit
den gegebenen Methoden eine Senkung des allgemeinen Intelligenzniveaus überhaupt meßbar wäre. I.Q.-Tests werden auf den
Durchschnitt der jeweiligen Bevölkerung geeicht. Und es ist daher
äußerst problematisch, sie zu Vergleichen der durchschnittlichen
Intelligenz in verschiedenen Abschnitten der kulturellen und möglicherweise genetischen Entwicklung einer Population zu verwenden.[11]

Schließlich hat *Lionel Penrose* theoretisch argumentiert, daß sich
(Mendelscher Erbgang vorausgesetzt) in einer Population ein sta-
biles Gleichgewicht zwischen normal Intelligenten und Schwachsinnigen auch dann einstellt, wenn Debile (Schwachsinnige leich-
ten Grades, I.Q. unter 70) sich stärker vermehren als normal Intel-
ligente, Imbezille (Schwachsinnige schweren Grades, I.Q. unter
50) dagegen unfruchtbar bleiben. Das Gleichgewicht ergibt sich,
weil die angenommenen Intelligenzanlagen der Debilen sich in ihrer Nachkommenschaft aufspalten: ¼ normal, ¾ debil, ¼ imbe-
zill.[12]

3. Die Transformationen eugenischer Politik

Die Degenerationshypothesen haben ihre Suggestivkraft verloren.
Alles spricht dafür, sie zumindest vorläufig zu den Akten zu legen.
Jedenfalls können die Verfechter eugenischer Politik nicht plausi-
bel machen, daß (nach einer Formel der amerikanischen Recht-

sprechung) die „klare und gegenwärtige Gefahr" besteht, daß der menschliche Genpool sich verschlechtert und daher drastische Maßnahmen gerechtfertigt sind.

Einer der Eckpfeiler eugenischer Politik ist damit entfallen. Aber diese Politik läßt sich ohne die Degenerationshypothesen verteidigen, wenn man die Ziele leicht verschiebt. Statt den angeblichen Verfall des Genpools abzuwehren, kann man versuchen, dessen Qualität zu verbessern, indem man die Häufigkeit schädlicher Gene unter das gegenwärtig bestehende Maß senkt. Damit verläßt man die Perspektive negativer Eugenik noch nicht, weil das Ziel ist, die Zahl der von erblicher Krankheit Betroffenen in zukünftigen Generationen zu verringern. Dieses Ziel ist sicher legitim, und wenn es eine Pflicht gibt, vermeidbares Leiden auch zu vermeiden, vielleicht sogar moralisch geboten.[13] Die Frage ist, ob es auf akzeptable Weise erreichbar ist.

Im Prinzip sind zwei Strategien möglich, die Häufigkeit eines genetischen Defekts zu verringern: Man kann versuchen, die Mutationsrate zu senken, oder man kann den Selektionsdruck gegen den Träger des Defekts verstärken. Die erste Strategie verfolgen wir durch die Kontrolle der Belastungen unserer Umwelt, insbesondere durch Strahlenschutz und durch Mutagenitätsprüfung, die bei uns für (Neu-)Chemikalien gesetzlich vorgeschrieben ist. Für eine gezielte Ausschaltung bestimmter genetischer Defekte fehlt es aber in der Regel an Kenntnissen über die relevanten Mutationsfaktoren. Die zweite Strategie ist die üblicherweise in der Eugenik geforderte. Sie ist darauf gerichtet, die Träger genetischer Defekte von der Fortpflanzung auszuschließen. Doch schon der technische Spielraum für eine derartige Strategie ist sehr begrenzt.

Sie ist ohnehin wirkungslos gegenüber Neumutationen. Ein erheblicher Teil erblicher Krankheiten beruht auf Defekten (Mutationen in den Keimzellen der Eltern, Chromosomenveränderungen), die in der betroffenen Familie erstmals auftreten: bei Muskeldystrophie (Duchenne) 30%, bei Zwergwuchs (Achondroplasie) 80%. Dieser Anteil kann durch keine Selektion gegen die Träger der Defekte verringert werden. Man kann die Geburt der betroffenen Individuen, nicht die Neumutationen, verhindern.[14]

Auch eine an sich mögliche Selektion gegen die Träger genetischer Defekte ist nur von begrenzter Wirksamkeit. Betrachten wir zunächst die rezessiven Defekte. Eine Selektion lediglich gegen die *homozygoten* Träger, bei denen sich der Defekt als Krankheit auswirkt, beeinflußt die Genfrequenz kaum. Es gilt das Umgekehrte wie bei der Überlegung zur Verschlechterung des Genpools durch neue Therapien. Bei einer Krankheitshäufigkeit 1 : 10 000 würde, wenn man alle Homozygoten von der Fortpflanzung ausschließt, erst nach 1000 Jahren die Genfrequenz so weit gesunken sein, daß die Krankheitshäufigkeit in der Bevölkerung halbiert wäre.[15]

Eine Selektion auch gegen *heterozygote* Träger der häufigsten Krankheiten ist jedoch unmöglich. Es bliebe kaum jemand übrig, der noch Kinder haben dürfte. Einer Krankheitshäufigkeit von 1 : 10 000 entspricht eine theoretische Heterozygotenhäufigkeit von 1 : 50. Im übrigen können rezessive Merkmale auch nicht ohne weiteres als schädlich bezeichnet werden. Zwar lösen sie homozygot Krankheiten aus, aber heterozygot können sie ihrem Träger u. U. sogar Vorteile bieten. Man nimmt an, daß die große Häufigkeit heterozygoter Hämoglobindefekte unter der schwarzen Bevölkerung darauf zurückzuführen ist, daß sie eine gewisse Resistenz gegen Malaria bewirken. Ähnliches vermutet man für die in Europa besonders häufigen Heterozygoten von Mukoviszidose (zystische Fibrose) im Verhältnis zu Lungentuberkulose. Jede Selektion gegen diese Heterozygoten wäre daher ambivalent. Sie würde, indem sie in der Bevölkerung die Häufigkeit der einen Krankheit senkt, zugleich die Resistenz gegen eine andere schwächen.[16]

Bei dominanten Krankheitsmerkmalen ist Selektion potentiell sehr wirkungsvoll. Da sich jedes defekte Gen in der Krankheit zeigt, könnte man die Genfrequenz in einer Generation auf die Rate der Neumutationen drücken, falls man alle Erkrankten an der Fortpflanzung hindert. Aber in der weit überwiegenden Zahl aller Fälle ist eine solche Selektion gar nicht notwendig, da sich die Betroffenen ohnehin nicht reproduzieren (ihre biologische Fitness ist = 0). Die Häufigkeit entspricht also schon der Rate der Neumutationen. Eugenische Gesichtspunkte sind dann nur noch für die Frage bedeutsam, ob in einer konkreten Familie ein betroffenes

Kind geboren werden soll oder nicht. Für die Kontrolle der Häufigkeit des schädlichen Gens im Genpool der Bevölkerung sind sie gegenstandslos.[17]

Mit *John Maynard Smith* kann man zusammenfassen: „Maßnahmen der negativen Eugenik sind bei Merkmalen, die durch dominante Gene bedingt sind, möglicherweise wirksam, aber in der Regel überflüssig, für Merkmale, die durch rezessive Gene bedingt sind, sind sie unwirksam."[18] Damit entfällt auch der zweite Eckpfeiler eugenischer Politik. Die Kontrolle der Fortpflanzung von Trägern schädlicher Gene ist offenbar kein Königsweg zur Verringerung erblicher Leiden in der Bevölkerung.

Die bisher genannten Einwände gegen die Bevölkerungseugenik liegen sämtlich auf derselben Ebene wie die früheren Argumente für sie: auf der wissenschaftlich-technischen. Glücklicherweise waren die alten Eugeniker wissenschaftlich im Unrecht. Das erspart uns die moralische Auseinandersetzung mit ihren Politikvorschlägen und verweist uns auf individuelle Familienberatung als plausible Alternative. Aber was würde gelten, wenn die Eugeniker recht gehabt hätten, oder wenn neue Erkenntnisse doch eine Gefahr für den menschlichen Genpool und technische Möglichkeiten, die Häufigkeit schädlicher Gene zu kontrollieren, ergeben? Ist dann eugenische Politik unabweisbar? Welche moralischen Ressourcen haben wir, sie abzuwehren oder einzugrenzen? Diese Fragen sind nicht bloß akademisch. Die technischen Einwände gegen die Bevölkerungseugenik haben die Idee einer ‚Erbgesundheitspflege' auf der Ebene des Genpools keineswegs vollständig erledigt.

Eine Zeitlang wich man in positive Eugenik aus. *Julian Huxley* etwa, der große Evolutionstheoretiker, räumte ein: „Negative Eugenik ist von untergeordneter evolutionärer Bedeutung, und das Bedürfnis danach wird allmählich durch wirksame Maßnahmen positiver Eugenik verdrängt werden." Als vordringlich sah er die Hebung des allgemeinen Intelligenzniveaus an, denn „selbst ein leichter Anstieg würde einen merklichen Zuwachs an hochintelligenten und tüchtigen Leuten ergeben, die wir brauchen, um unsere immer komplizierteren Gemeinschaften zu lenken."[19] Solche Positionen haben etwas Unzeitgemäßes. Wir teilen weder die Hoff-

nung, daß Superhirne die Welt retten werden, noch findet die Forderung nach einer darauf gerichteten positiven genetischen Auslese nennenswerte Unterstützung. Aber sind wir gegen die Rückkehr
solcher Gedanken gefeit? Unverkennbar besteht heute in den Wissenschaften die Tendenz, die Bedingungen für die Entwicklung eines Menschen weniger an seiner sozialen und kulturellen Umwelt
als vielmehr an seiner biologischen Natur, genauer: an seinem Erbgut festzumachen. Die Frage „Ist unser Schicksal mitgeboren?"
wird ernst genommen.[20] Zwar ist kaum zu befürchten, daß eine
Politik der Intelligenzzüchtung ernsthaft erwogen wird – sie hätte
schon aus technischen Gründen ebensowenig Aussicht wie die früheren Auslesestrategien der negativen Eugenik.[21] Aber es bereitet
sich ein geistiges Klima vor, in dem etwas harmlosere Varianten,
wie etwa die Forderung: „Gesunde und sozial leistungsfähige Familien müssen . . . eine ausreichende Zahl von Kindern besitzen"
nicht mehr nur als die Außenseiterpositionen der unbelehrbar Ge-
strigen gelten.[22]

Dasselbe geistige Klima dürfte auch das ‚Überleben' der Konzepte der negativen Eugenik garantieren. Die Idee, den menschlichen Genpool durch die Kontrolle der Fortpflanzung zu ‚bereinigen', bleibt vor allem in den Bereichen attraktiv, in denen vorgeburtliche Diagnose und selektive Abtreibung als Alternative noch
nicht zur Verfügung stehen oder in denen ein langsames Ansteigen
der Häufigkeit eines Defekts möglich ist. Der Biologe *Garret Hardin* etwa fordert eine ‚genetische Verantwortlichkeit' für die Weitergabe aller schädlichen (rezessiven oder dominanten) Gene, von
denen für zukünftige Generationen Risiken ausgehen können.[23]
Stengel plädiert trotz des geringen populationsgenetischen Effekts
für einen Eingriff in die Fortpflanzung bei erblichen Leiden, weil
auch dann, „wenn durch eine Sterilisation die Zahl der Merkmals-
träger nur geringfügig herabgesetzt wird, einige Tausend schwer
geschädigter Individuen nicht geboren würden."[24] Solche Positionen nähern sich den oben (Kapitel II, 3.3) beschriebenen Forderungen an, genetische Beratung und selektive Abtreibung im Rahmen öffentlicher, präventiver Gesundheitspolitik verbindlich zu
machen. Sie vertreten Bevölkerungseugenik, sofern sie an der

Häufigkeit von Defekten im Genpool, also an der abstrakten Gefahr für zukünftige Generationen und an der Kontrolle der Fortpflanzung als Mittel der Vorbeugung orientiert bleiben.

Um zu klären, auf welche moralischen Ressourcen wir bei der Bewertung eugenischer Politik zurückgreifen können, soll im folgenden ein besonders umstrittenes Beispiel solcher Politik behandelt werden: die Senkung der Häufigkeit des sog. erblichen Schwachsinns in der Bevölkerung durch die Sterilisation der Betroffenen.

4. Die Sterilisation Geistigbehinderter: Ausweg oder Irrweg?

4.1 Die Zielgruppe

Wer die Behindertenpädagogik der letzten beiden Jahrzehnte vor Augen hat, dem muß eine Diskussion über die Sterilisation Geistigbehinderter ähnlich abwegig erscheinen wie etwa eine über Witwenverbrennung. Wissenschaftlich und sozialpolitisch stand die Entdeckung und Ausschöpfung der Bildungs- und Entwicklungsfähigkeit der Behinderten im Vordergrund. Nicht nur der Schutz der Behinderten, ihre gesellschaftliche Emanzipation und Integration war das Ziel.[25]

Gleichwohl wäre die Annahme, eugenische Selektion Geistigbehinderter könne daher kein Thema mehr sein, zumindest voreilig:

– Die Stellung der Bevölkerung zu den Behinderten ist nach wie vor durch Ängste, Hilflosigkeit und Ambivalenz gekennzeichnet. Umfragen haben ergeben, daß die Mehrheit der Bevölkerung (⁷/₁₀) „kaum positive Werte im Dasein von Geistigbehinderten" sehen kann und deren „frühen Tod begrüßt".[26]

– In der Sozialpolitik ist eine Reaktion gegen ständig wachsende Kosten für die Rehabilitation der Behinderten zu erwarten und zum Teil im Gange.[27]

– Aus der professionellen Sicht von Ärzten und Genetikern ist Sterilisation ein mögliches Verfahren, Krankheiten zu verhindern, indem man die Geburt kranker Individuen abwendet.

Mögliche Zielgruppe eugenischer Sterilisation sind die leichteren Formen geistiger Behinderung. Sie sind relativ häufig: ca. zwei Prozent der Bevölkerung, wenn man die traditionelle medizinische Klassifikation zugrundelegt (I.Q. 50–70), deutlich unter einem Prozent, wenn man mit der modernen Pädagogik einen I.Q. unter 60 als Kriterium wählt und den Personenkreis der ‚Lernbehinderten‘ ausnimmt.[28] Die Betroffenen zeigen nahezu normale Fruchtbarkeit. Dagegen sind die schwereren Formen geistiger Behinderung, die bei etwa 0,25% der Bevölkerung auftreten, in der Regel ohnehin unfruchtbar oder durch Heimunterbringung von der Fortpflanzung ausgeschlossen.

Geistige Behinderungen sind nur zum Teil erblich bedingt und weiter vererbbar. Bei den leichteren Formen sprechen Familienuntersuchungen, die das gleichzeitige Auftreten der Behinderung auch bei Eltern und Geschwistern der Betroffenen zeigen, für einen gewissen Erblichkeitsfaktor. Geistigbehinderte laufen daher ein erheblich höheres Risiko, selbst wieder behinderte Kinder zur Welt zu bringen. *Sheldon Reed* berichtet für die Minnesota-Studie eine Häufigkeit von 2,7% für die Bevölkerung insgesamt, von etwa 12%, wenn ein Elternteil behindert ist, und von fast 40%, wenn beide Eltern behindert sind.[29]

Allerdings bleibt die Interpretation solcher Zahlen problematisch. Die möglichen Ursachen von geistigen Behinderungen reichen von klaren genetischen Defekten und Chromosomenveränderungen über äußerliche Einwirkungen auf den Fötus (Infektion der Mutter) oder auf das Kind bei der Geburt (Hirnverletzung, Sauerstoffmangel) bis hin zu Umwelteinflüssen (Bleivergiftung, falsche Ernährung) und zum kulturellen Milieu in der Familie (fehlende Entwicklungsanreize). In einem großen Teil der Fälle ist es bislang überhaupt noch nicht gelungen, spezifische Ursachenfaktoren auszumachen. Es ist daher zumindest nicht auszuschließen, daß es auch eine ‚soziale Vererbung‘ geistiger Behinderungen gibt. Die Kinder Geistigbehinderter werden in ein extrem entwicklungsfeindliches psychisches und soziales Klima hineingeboren, in dem sie auch die Anlagen, die sie haben, nur schwer entfalten können.[30]

Man hat geschätzt, daß sich durch Sterilisation der Betroffenen die Häufigkeit dieser Behinderung in einer Generation um 17% verringern ließe.[31] Empirisch kontrollieren läßt sich eine solche Zahl nicht. Dazu müßte man nicht nur Sterilisationsprogramme über mehrere Generationen voraussetzen, sondern auch Konstanz der Kriterien, nach denen das Auftreten geistiger Behinderungen gemessen wird, sowie eine Trennung der Effekte, die die Verbesserung der sozialen und hygienischen Verhältnisse für deren Häufigkeit hat. All dies ist nicht gewährleistet. Auch in der immer wieder als Beleg herangezogenen Untersuchung von *Tage Kemp* werden die Auswirkungen des dänischen Sterilisationsgesetzes theoretisch berechnet und nicht empirisch gemessen. Nach *Kemps* Auffassung dürfte sich die Zahl von Personen mit ‚erblichem Schwachsinn‘, die jährlich das Alter von 20 Jahren erreichen, in Dänemark durch eugenische Sterilisationen (1930–1954 etwa 5000 Personen) von 600 auf 400 reduziert haben.[32]

Gleichwohl gestehen wir im folgenden diese Schätzungen als Ausgangspunkt einmal zu und fragen, ob es unter ihrer Voraussetzung moralisch vertretbar ist, die Sterilisation Geistigbehinderter als Politik der ‚Erbgesundheitspflege‘ der Bevölkerung zu propagieren. Wir betrachten zunächst den extremen Vorschlag der Zwangssterilisation im Rahmen staatlicher Eugenik.

4.2 *Die Unzulässigkeit von Zwangssterilisation*

Meist spricht man von Zwangssterilisation schon dann, wenn sie unfreiwillig, d. i. ohne wirksame Einwilligung des Betroffenen erfolgt. Dabei spielt es keine Rolle, ob der Betroffene in der Lage ist, den Eingriff zu verstehen und sich dagegen ausgesprochen hat, oder ob er gar nicht wirksam einwilligen kann, weil er die Tragweite des Eingriffs nicht ermessen kann. Beide Fälle enthalten jedoch unterschiedliche Probleme. Im ersten übergeht man den entgegenstehenden Willen des Betroffenen; das kann nur durch überragende öffentliche Interessen gerechtfertigt sein. Im zweiten ersetzt man seinen Willen; das kann auch in seinem eigenen wohlverstandenen Interesse geschehen. Wir betrachten zunächst den ersten Fall.

In NS-Deutschland wurden aufgrund des „Gesetzes zur Verhütung erbkranken Nachwuchses" zwischen 1934 und 1945 mehrere hunderttausend Menschen zwangsweise (gegen ihren Willen oder ohne wirksame Einwilligung) sterilisiert. Betroffen waren Geistigbehinderte (erblich Schwachsinnige), Geisteskranke, erblich Blinde und Taube, aber auch Personen mit körperlichen Mißbildungen und Alkoholismuskranke (§ 1 Erbgesundheitsgesetz).[33]

Deutschland stand mit dieser Praxis nicht völlig allein. In den USA wurden von 1907 bis 1963 etwa 64 000 Personen zwangsweise sterilisiert, über die Hälfte davon Geistigbehinderte (40% Geisteskranke), zunehmend als ‚schwachsinnig' diagnostizierte weibliche Heiminsassen. Ihren Höhepunkt erreichten die eugenische Gesetzgebung und Praxis in den dreißiger und vierziger Jahren, nachdem der Oberste Gerichtshof 1927 das Sterilisationsgesetz des Staates Virginia für verfassungsmäßig erklärt hatte. Für die Begründung seiner Entscheidung genügten Richter *Oliver Wendell Holmes* damals wenige Sätze. Er erinnerte an die viel höheren Opfer, die das allgemeine Wohl von den Soldaten im Krieg verlangt und fand, „daß das Prinzip, welches die Zwangsimpfung rechtfertigt, umfassend genug ist, um auch die Durchtrennung der Eileiter abzudecken." Sein Argument gipfelte in dem berüchtigten Satz „Drei Generationen von Schwachsinnigen sind genug".[34]

Außerhalb Deutschlands und der USA ist die Zwangssterilisation aus eugenischen Gründen die Ausnahme geblieben. Meist wurde nur die Zulässigkeit der freiwilligen Sterilisation gesetzlich festgelegt. Auch die immer als Vorbild eugenischer Gesetzgebung herangezogenen skandinavischen Sterilisationsgesetze (Dänemark 1929, Schweden 1941) erlaubten die Sterilisation von Geistigbehinderten ohne deren wirksame Einwilligung, nicht aber gegen deren erklärten Willen.[35]

Nach dem Zweiten Weltkrieg begann der Rückzug von der Idee der Zwangssterilisation. Die Besatzungsmächte haben 1945 das Erbgesundheitsgesetz außer Kraft gesetzt. Allerdings haben sie bezeichnenderweise die beteiligten Ärzte und Richter nicht zur Rechenschaft gezogen. Zwangsweise Sterilisation aus eugenischen Gründen galt nicht als eine Verletzung naturrechtlicher und fundamentaler rechtsstaatlicher Prinzipien.[36] In den USA wurden die Gesetze über zwangsweise Sterilisation in den 60er Jahren teilweise aufgehoben und im übrigen kaum noch angewandt.[37] Aber die amerikanische Rechtslage bleibt uneinheitlich. 1972 entschied das Berufungsgericht von Oregon: „Die Sorge des Staates für die Wohlfahrt seiner Bürger erstreckt sich auf zukünftige Generationen, und wenn es überwältigende Anzeichen dafür gibt, daß ein Elternteil wegen seiner eigenen geistigen Erkrankung oder Behinderung nicht in der Lage sein wird, einem Kind eine angemessene Umgebung zu gewährleisten, hat der Staat ein hinreichendes Interesse, die Sterilisation anzuordnen." Und der Oberste Gerichtshof von North Carolina erklärte ein Gesetz von 1975 für gültig, das Sterilisation von Personen vorsieht, wenn:

(1) diese im wohlverstandenen Interesse (mental, moral, or physical improvement) der Betroffenen selbst liegt oder

(2) sie im wohlverstandenen öffentlichen Interesse liegt oder

(3) die Kinder der Betroffenen wahrscheinlich „schwerwiegende körperliche, geistige oder nervliche Krankheiten oder Mängel haben werden" oder die Betroffenen nicht in der Lage sein werden, für Kinder zu sorgen.[38]

Eine Rückkehr zur Praxis eugenischer Zwangssterilisation sollte, zumal für die BRD, ausgeschlossen sein. Die Eckpfeiler der Argumentation von Richter *Holmes* halten nicht: Weder ist die Sterilisation von der Intensität des Eingriffs her der Impfung vergleichbar, noch ist die Verhinderung erbkranken Nachwuchses ein öffentliches Interesse vom Range des Überlebens der Gesellschaft im Kriegsfall.

Zwangssterilisation ist ein Eingriff in das verfassungsmäßige ‚Recht auf körperliche Unversehrtheit' (Art. 2 Abs. 2 Grundgesetz) und in „das Recht zu heiraten und eine Familie zu gründen", das in Art. 16 Abs. 1 der Menschenrechtserklärung der Vereinten Nationen geschützt ist. Ob ein solcher Eingriff unter den Bedingungen einer außerordentlichen kollektiven Gefahr, etwa einer katastrophalen Überbevölkerung, möglich ist, kann offen bleiben. Selbst dann wäre die Zwangsoperation, als ein besonders krasses Beispiel der ‚Vergewaltigung' des menschlichen Körpers, sicher das letzte aller zulässigen Mittel. Auf keinen Fall ist einer der sich für eine Sterilisation Geistigbehinderter anbietenden öffentlichen Zwecke eine hinreichende Rechtfertigung:

– Für das ökonomische Argument der Entlastung von Kosten im Gesundheitswesen versteht sich dies von selbst. Niemand kann gezwungen sein, grundlegende individuelle Rechte aufzuopfern, um die Wirtschaftlichkeit der Sozialversicherung zu verbessern.

– Das öffentliche Interesse an der Verringerung der Zahl Geistigbehinderter in der Bevölkerung ist an sich legitim, rechtfertigt aber keine ‚genetische Quarantäne' gegen die Betroffenen (vgl. oben Kapitel II, 3.3). Die Fähigkeit, sich fortzupflanzen und die Erbanlagen des Individuums sind in erster Linie Elemente seiner Person, nicht Ressourcen des öffentlichen Nutzens. Niemand sollte gezwungen werden können, sich bei Entscheidungen über seine Fortpflanzung lediglich als „Treuhänder des Keimplasmas und Wahrer der Rechte zukünftiger Generationen" zu betrachten.[39]

– Auch mit der Wahrung der Interessen zukünftiger Kinder kann Zwangssterilisation nicht begründet werden. Ein „Recht, nicht geistigbehindert zu sein",[40] das die Kinder gegen ihre Eltern (und für die Kinder der Staat) geltend machen könnten, gibt es nicht (oben Kapitel II, 3.2). Ebensowenig gibt es bislang irgendeine Kontrolle der Fortpflanzung danach, ob jemand geeignet oder ‚fit' ist, Kinder zu haben, ob er also absehbar in der Lage sein wird, seinen Elternpflichten auch nachzukommen. Das Wohl der Kinder wird durch Entscheidungen nach ihrer Geburt gesichert.

– Schließlich verletzt jede Regelung, die gerade bei den Geistigbehinderten als Gruppe ansetzt, das Gleichheitsprinzip. Die Frage einer genetischen Gefährdung der Nachkommen oder der voraussichtlichen Unfähigkeit, Kindern eine ‚angemessene Umgebung' zu garantieren, läßt sich mit demselben Recht (oder Unrecht) für jedermann stellen. Solange man nicht beispielsweise die Sterilisation von Eltern in Betracht zieht, die ihre Kinder schwer vernachlässigt haben, kann man sie auch für Geistigbehinderte jedenfalls mit diesem Argument nicht rechtfertigen.[41]

Nach geltendem deutschen Recht würde wohl jedes Gesetz, das Zwangssterilisation vorsieht, die Wesensgehaltgarantie des Rechts auf körperliche Unversehrtheit verletzen (Art. 2 Abs. 2, Art. 19 Abs. 2 Grundgesetz).[42] Daß jemand mit polizeilichem Zwang im öffentlichen Interesse auf den Operationstisch gezerrt werden darf, ist danach unter allen Umständen ausgeschlossen. Verfehlt ist in jedem Fall die Auffassung, daß für eine Regelung von Zwangssterilisierung die „medizinischen Vorarbeiten noch nicht weit genug" sind.[43] Unter den geltenden Wertprämissen der Moral und des Rechts ist eine Situation, in der diese Vorarbeiten „weit genug sind", nicht vorstellbar. Eine solche Regelung steht daher für die Bundesrepublik auch nicht zur Diskussion.[44]

4.3 Strategien der ‚freiwilligen‘ Sterilisation

Jedermann kann sich freiwillig zu Zwecken der Familienplanung und natürlich, um die Geburt erbkranker Kinder zu vermeiden, sterilisieren lassen. Der Eingriff des Arztes ist gerechtfertigt, wenn eine wirksame Einwilligung des Betroffenen vorliegt. Dazu muß dieser nicht im Rechtssinne geschäftsfähig sein. Er muß die Tragweite des Eingriffs verstehen und beurteilen können.[45]

Auch Geistigbehinderte können unter dieser Voraussetzung wirksam einwilligen. Aber ihre Autonomie bedarf besonderen Schutzes. Geistigbehinderte haben ein starkes Bedürfnis zuzustimmen und sind gegenüber den ‚Ratschlägen‘ und dem ‚sanften Druck‘ von Ärzten, Betreuern und Angehörigen meist hilflos. Verschiedentlich ist daher vorgeschlagen worden, die Freiwilligkeit der Einwilligung durch ein unabhängiges Gremium oder ein Gericht nachprüfen zu lassen. Ob der Arzt, der die Sterilisation vornehmen soll, die geeignete objektive Prüfungsinstanz ist, erscheint zumindest dann fraglich, wenn der Behinderte von der Institution überwiesen wird, in der er untergebracht ist.[46]

Bedroht wird die Autonomie der Behinderten vor allem durch ‚Politiken‘, die die freiwillige oder ‚halbfreiwillige‘ Sterilisation zur Lösung unterschiedlicher sozialer Probleme einsetzen. Hier ist in erster Linie die teils offene, teils verdeckte Praxis zu nennen, die Entlassung untergebrachter Behinderter aus einer Anstalt von ihrer Sterilisation abhängig zu machen.

Die Unterbringung in einer Anstalt ist nur zulässig zum Schutz des Behinderten selbst oder zur Abwehr von Gefahren, die von ihm für Dritte ausgehen. Entfallen diese Gründe, so ist der Behinderte zu entlassen. Die Entlassung darf nicht von allgemeinen eugenischen oder sozialpolitischen Erwägungen abhängig gemacht werden. Unzulässig ist es etwa, vorherige Sterilisation zu verlangen, um unerwünschte Familienkonstellationen zu vermeiden (Geburt behinderter Kinder, uneheliche Kinder und drohende Verwahrlosung) oder um den Angehörigen oder sonstigen Betreuern die Erfüllung ihrer Fürsorgeaufgaben zu erleichtern. Und natürlich darf die Unterbringung nicht dazu benutzt werden, um durchzusetzen, was ansonsten kein legitimes Ziel öffentlicher Politik ist, nämlich die Menschen in der Gesellschaft danach einzuteilen, wer ‚fit' ist, Kinder zu haben und wer nicht.[47]

Tragfähig könnte allenfalls das Argument sein, daß eine mögliche Elternschaft den Behinderten selbst so belasten würde, daß eine selbständige Lebensführung außerhalb der Anstalt nicht mehr möglich wäre. Die Institutionen werden, sobald sie unter Rechtfertigungsdruck gesetzt sind, pauschal auf dieses Argument zurückgreifen. Die empirische Begründung dafür ist schwierig und hängt von den Umständen des Einzelfalls ab. Zweifellos gibt es Behinderte, die den Aufgaben einer Elternschaft nicht gewachsen sind und für die die Erfahrung des Scheiterns traumatisch wäre und die Stabilisierung des Lebens in der Gemeinschaft gefährden würde. Andererseits gibt es ebenso Beispiele dafür, daß Geistigbehinderte durchaus in der Lage sind, Familien zu haben oder in Partnerschaften die modernen Methoden der Empfängnisverhütung zu beherrschen.[48]

Empirische Prognosen über die Fähigkeit Geistigbehinderter, ihre eigene Lebensführung zu kontrollieren, sind unsicher und wechseln nach theoretischen Vorurteilen. Früher hielt man meist Unterbringung für unumgänglich; heute lebt die große Mehrheit außerhalb von Anstalten. Einige der ‚empirischen' Argumente für die Notwendigkeit einer Sterilisation sind auch offenbar ausgedacht, etwa daß für viele behinderte Frauen das Erlebnis von Schwangerschaft und Geburt selbst traumatisch und gefährdend sei.[49]

Sterilisation kann nur dann Entlassungsvoraussetzung sein, wenn sie notwendig ist, also nicht der beste, sondern der einzige Weg ist, den Behinderten zu schützen. Mögliche Alternativen, etwa eine intensive Sexualerziehung, andere Formen der Empfängnisverhütung (Spirale oder Dreimonatsspritze) und auch die Möglichkeit der Abtreibung im Fall einer Schwangerschaft, müssen in Betracht gezogen werden. Das gilt auch, wenn diese Alternativen aufwendiger sind als eine Sterilisation. Die unzureichende Ausstattung der psychischen Nachsorge kann nicht dadurch ausgeglichen werden, daß man die zu Betreuenden weiter einsperrt, falls sie sich nicht sterilisieren lassen.

An zweiter Stelle ist zu fragen, ob ,freiwillige‘ Sterilisation zur Voraussetzung öffentlicher Leistungen gemacht werden kann. Die Idee ist weniger absurd, als es scheinen mag. Ende der 60er Jahre wurden in verschiedenen Staaten der USA Gesetzentwürfe eingebracht, nach denen Personen, die ,untaugliche Eltern‘ waren und mehr als eine bestimmte Zahl unehelicher Kinder hatten, bestimmte Sozialleistungen nur noch gewährt werden sollten, wenn sie sich zuvor haben sterilisieren lassen.[50]

Diese Entwürfe sind nicht Gesetz geworden. Leistungen, auf die jedermann einen gesetzlichen Anspruch hat, können nicht bei einer bestimmten Personengruppe an die Sterilisation gebunden werden. Das diskriminiert diese Gruppe. Im übrigen ist es ein Äquivalent zur Zwangssterilisation. Aber wie steht es mit einem besonderen, positiven Prämiensystem, mit dem diesem Personenkreis der Verzicht auf die Fortpflanzungsfähigkeit im öffentlichen Interesse ,abgehandelt‘ wird?

Der amerikanische Physiker und Nobelpreisträger *William Shockley* hat 1971 auf einem Psychologenkongreß einen entsprechenden Vorschlag gemacht: „Bei einer Prämie von 1000 $ für jeden Punkt unter einem I.Q. von 100 würde eine Investition von 30 000 $ in einen Schwachsinnigen mit einem I.Q. von 70 und einem Potential von 20 Kindern dem Steuerzahler einen Gewinn von 250 000 $ bringen, in Form niedrigerer Aufwendungen für die Versorgung Geistigbehinderter.“[51]

Bei seinen Fachkollegen fand Shockley keinen Beifall. Aber der

Ministerpräsident von Singapur hatte kürzlich die gleiche Idee. Um den Akademikeranteil in der Bevölkerung seines Kleinstaates zu stabilisieren, setzte er Prämien aus, mit denen armen ungebildeten Frauen ihre Fortpflanzungsfähigkeit abgekauft werden sollte.[52] Der konkrete Plan ist abstrus. Aber sind wir gegen die dahinter stehende Denkweise immun? Sind wir nicht soeben dabei, ausländischen Arbeitnehmern ihr zumindest moralisches Recht, in diesem Land zu leben, mit Hilfe von Rückkehrprämien ,abzukaufen'? Was also spricht gegen Prämien für freiwillige Sterilisation?

Die Tatsache allein, daß hier mit Hilfe finanzieller Anreize ein Rechtsverzicht erreicht werden soll, der mit hoheitlichen Mitteln, also gesetzlichem Zwang gar nicht durchzusetzen wäre, kann es nicht sein. Vermutlich würde man es kaum moralisch anrüchig finden, wenn der Staat Prämien anbietet, um präventives Gesundheitsverhalten zu· fördern, das er ebenfalls sonst nicht erzwingen könnte, oder um den freiwilligen Verzicht auf den Führerschein im hohen Alter zu ,belohnen'. Im übrigen ist die Subventionierung von freiwilligem privaten Verhalten, das im öffentlichen Interesse liegt, ein anerkanntes Instrument politischer Steuerung. Man denke an die Ausfuhrvergütungen für landwirtschaftliche Erzeugnisse aus dem EG-Bereich oder an die Zuschüsse für Elektrizitätsunternehmen, die Kohle aus der EG beziehen.[53]

Das Problem besteht offenbar darin, daß sich die öffentliche Hand durch Subventionen Zugriff auf eine Grundrechtsposition (körperliche Unversehrtheit) verschafft, die zum Kern der Würde des Menschen gehört. Solche Positionen sind nicht nur subjektive Rechte des Einzelnen, sondern objektive, das Gemeinwesen strukturierende Normen, zu deren Schutz der Staat verpflichtet ist – notfalls sogar gegen den Willen des Rechtsinhabers. Sie können nicht beliebig käuflich sein.[54]

Von einer Reihe von Grundrechten machen wir typischerweise dadurch Gebrauch, daß wir im Rechtsverkehr über sie verfügen. Beispiele sind etwa das Eigentumsrecht oder die Freiheit der Berufsausübung, die Gewerbefreiheit und die Entfaltung der Persönlichkeit im allgemeinen (Art. 14, 12, 2 Abs. 1 Grundgesetz). In diesem Bereich dürfte es möglich sein, daß der Bürger in demselben

Umfang, wie er sich im privaten Verkehr binden kann, auch zugunsten öffentlicher Belange gegen Entgelt über seine Rechte verfügt. In beiden Fällen wäre jedoch ein Vertrag, durch den er sich knebelt, sittenwidrig.[55]

Die körperliche Unversehrtheit gehört im allgemeinen nicht zu jenen Rechtspositionen, die man im privaten Tauschverkehr als Gegenleistung einsetzt. Man kann im Rahmen persönlicher Autonomie über sie verfügen. Man kann sich beispielsweise für wissenschaftliche Experimente zur Verfügung stellen, ein wichtiges Organ spenden, sich zu Zwecken der Familienplanung sterilisieren lassen oder auf eine gesundheitsfördernde Operation verzichten. Man kann aber nicht alle diese Verfügungen gegen Entgelt treffen. Die Teilnahme an wissenschaftlichen Experimenten am Menschen ist (im Rahmen ihrer Zulässigkeit) sicher noch eine ‚verkaufbare‘ Leistung und könnte dementsprechend auch durch staatliche Prämien gefördert werden. Auch Blut- und Samenspende werden noch als ‚Geschäft‘ zugelassen. Schon bei der Organspende lehnen wir aber eine Kommerzialisierung ab. Bei der Verfügung über eine Niere oder eine Netzhaut verlangen wir schon eine wirkliche ‚Spende‘, ein Opfer. Leben und körperliche Unversehrtheit sind die natürliche Grundlage der Person. Eingriffe in den Körper berühren ab einer gewissen Intensität die Identität des Menschen so unmittelbar, daß sie zwar noch als autonome Verfügungen der Person über sich selbst vertretbar erscheinen, nicht mehr jedoch als Handelsobjekte im Rechtsverkehr.

Bei der Sterilisation dürfte diese Grenze in jedem Fall erreicht sein. Sie scheidet daher als Bereich für politische Verhaltenslenkungen, die mit wirtschaftlichen Anreizen arbeiten, aus. Der Staat kann auch mit Einwilligung des Betroffenen nicht im öffentlichen Interesse in Geldäquivalente übersetzen, was im privaten Rechtsverkehr wegen der Nähe zur Person des Menschen dem Austausch entzogen bleibt. Oder wäre – um ein extremes Beispiel zu bilden – vielleicht auch denkbar, daß bei zunehmender Überalterung der Bevölkerung der finanzielle Zusammenbruch des Gesundheitssystems dadurch abgewendet wird, daß man autonome Selbsttötung öffentlich fördert – etwa indem man den Verzicht auf teure, le-

bensverlängernde Techniken durch Prämien für die Erben hono-
riert?![56]

4.4 Sterilisation von Behinderten, die nicht selbst wirksam einwilligen können

Die Sterilisation Geistigbehinderter ist keine akzeptable Strategie
staatlicher Gesundheitspolitik. Aber sie bleibt eine Option persönlicher Lebensplanung, über die die Betroffenen selbst, frei von so-
zialpolitischem und eugenischem Druck, entscheiden können
müssen. Diese Position läßt die Frage offen, ob eine Sterilisation
dann möglich ist, wenn der Behinderte nicht in der Lage ist, die
Tragweite des Eingriffs zu verstehen und er deshalb nicht wirksam
einwilligen kann.

Kann seine Einwilligung durch die Einwilligung des gesetzlichen Vertreters (Eltern oder Vormund) ersetzt werden? Das ist
nach geltendem Recht fraglich.[57] Die Eltern oder der Vormund
sind zu stellvertretender Interessenwahrnehmung berufen, nicht zu
stellvertretender Lebensführung. Ihr Mandat erstreckt sich auf alle
notwendigen Heileingriffe, aber nicht auf sonstige Verfügungen
über den Körper, die der Schutzbefohlene selbst im Rahmen eigener Lebensplanung treffen könnte, also beispielsweise nicht auf eine riskante Organspende oder eine Sterilisation zu Zwecken der
Familienplanung. Ob sie eine Sterilisation veranlassen können, um
dem Schutzbefohlenen das Leben in der Gemeinschaft zu erleichtern oder ihn vor den Folgen unerwünschter Schwangerschaft zu
bewahren, ist umstritten. Verneint man das, so macht sich der Arzt,
der den Eingriff vornimmt, trotz Einwilligung des gesetzlichen
Vertreters wegen Körperverletzung strafbar.[58]

Die Rechtslage ist klärungsbedürftig. Aber in welche Richtung?
Geht man davon aus, daß „ein so höchstpersönlicher Eingriff wie
die Unfruchtbarmachung einem Menschen niemals ohne oder gar
gegen seinen natürlichen Willen aufgezwungen werden (dürfe)",
so entfällt die Option der Sterilisation für Behinderte, die nicht
selbst einwilligen können.[59] Selbstbestimmung kann nicht ersetzt
werden. Dies war auch die Position des Regierungsentwurfs für

ein Sterilisationsgesetz (1972). Ebenso entschied sich Schweden, das 1975 die seit 1941 bestehende Möglichkeit unfreiwilliger Sterilisation aufhob, und der US-Staat Montana (1974). Gegen eine Sterilisierung ohne wirksame eigene Einwilligung des Betroffenen sprachen sich auch die amerikanische Vereinigung für geistige Störungen (American Association of Mental Deficiency) aus (1975) und die schweizerische Akademie für medizinische Wissenschaften (1981).[60]

In der Bundesrepublik widersprachen Praktiker der Behindertenarbeit und Elternvertreter der geplanten gesetzlichen Regelung. Sie benachteilige die Behinderten zusätzlich, indem sie ihnen die Option der Sterilisation entziehe. Sie erschwere die Aufgaben der Betreuung und gefährde die Eingliederung der Behinderten in die Gemeinschaft und ihre Chancen, partnerschaftliche Beziehungen aufzunehmen. Sie verhindere also im Ergebnis die an sich mögliche Entfaltung der Persönlichkeit der Betroffenen.[61]

In der Tat kann die strikte Durchsetzung des Selbstbestimmungsprinzips auf Kosten des Wohls der Behinderten gehen. Insbesondere wenn man berücksichtigt, daß Eltern, denen die Option, ihre behinderten Kinder sterilisieren zu lassen, verweigert wird, deren Pflege ‚aufgeben‘ und sie in Anstalten unterbringen lassen könnten. Aus den USA wird der Fall einer 34jährigen einwilligungsunfähigen behinderten Frau berichtet, die unter der Vormundschaft ihrer Eltern lebt. Sie hat zwei uneheliche Kinder, auch geistigbehindert, die ebenfalls von ihren Eltern unterhalten werden. Die Eltern beantragen die Sterilisation ihrer Tochter, da sie weitere Kinder wirtschaftlich nicht verkraften können. Der Antrag wird abgelehnt.[62]

Bevor man der Suggestion solcher Fälle erliegt, sollte man sich genauer vor Augen führen, welches denn der Anwendungsbereich für eine Sterilisation ohne eigene Einwilligung der Behinderten wäre. In jedem Fall würden folgende Bedingungen gelten:[63]

– Die Ersetzung der eigenen Einwilligung ist überflüssig und daher unzulässig für die Gruppe Schwerbehinderter, die unfruchtbar, an Sexualität nicht interessiert oder durch die Art der Unterbringung von ihr ausgeschlossen sind.

– Sie ist unzulässig bei allen Leichtbehinderten, die in der Lage sind, die Bedeutung einer Sterilisation zu verstehen und ihre Tragweite abzuschätzen. Gerade für diese Gruppe gelten aber alle genannten Probleme im besonderen Maße, da sie am ehesten ein relativ eigenständiges Leben führen und nicht unter kontinuierlicher Aufsicht stehen. Es fällt schwer, diesen Behinderten einerseits die Fähigkeit zuzusprechen, eine eigene Wohnung zu haben, in Partnerschaften zu leben und zu heiraten, sie aber andererseits für unfähig zu halten, über ihre Sterilisation selbst entscheiden zu können.[64]

– Sie ist schließlich auch unzulässig in allen Fällen, in denen es weniger drastische Alternativen der Empfängnisverhütung gibt. Das wird in der Regel dann zutreffen, wenn die Behinderten in Anstalten, beschützten Wohnheimen oder sonst unter kontinuierlicher Aufsicht und Pflege leben müssen. Das Argument, daß dauernde Aufsicht im Bereich der Empfängnisverhütung zu einer „unwürdigen Abhängigkeit der Behinderten" von der Aufsichtsperson führe (Lebenshilfe e.V.), geht fehl. Unfreiwillige Sterilisation ist die stärkere Beeinträchtigung. Nach diesem Kriterium wäre (mangels näherer Angaben) in dem oben beschriebenen Fall der 34jährigen Behinderten der Antrag der Eltern selbst dann abzulehnen gewesen, wenn eine Sterilisation ohne wirksame Einwilligung an sich gesetzlich zulässig wäre. Auch die Sterilisation minderjähriger im Elternhaus lebender geistigbehinderter Mädchen dürfte meist schon deshalb unzulässig sein, weil es Alternativen wirksamer Empfängnisverhütung gibt. Die ‚Lästigkeit' der Kontrolle der Verhütung kann die Sterilisation nicht rechtfertigen.[65]

Der Personenkreis, bei dem Sterilisation ohne eigene Einwilligung nicht nur nützlich und ‚praktisch', sondern auch akzeptabel wäre, bliebe in jedem Falle klein. Die Gefahr, daß die Zulassung solcher Sterilisation mißbraucht wird, ist jedoch erheblich.

Offizielle Zahlen zum Umfang der Sterilisation Einwilligungsunfähiger sind spärlich. Von deutschen Kliniken werden wenige Fälle berichtet. In England hat das Gesundheitsministerium 1973–1975 36 Sterilisationen Minderjähriger (14 unter 16 Jahren) gezählt. In den USA sollen es von 1950–1973 150 Fälle gewesen sein.[66] Man muß jedoch befürchten, daß diese Daten nur die Spitze eines Eisberges anzeigen. Berichten in deutschen Medien zufolge werden geistigbehinderte Mädchen offenbar häufig bei Eintritt in die Pubertät sterilisiert – im Zusammenwirken von Eltern, Ärzten und Behindertenorganisationen.[67] Diese Praxis ist nicht zu rechtfertigen. Sie dient der Erleichterung der Aufsicht der Eltern oder der Behindertenorganisation. Und oft ist unklar, ob die Betroffenen, wenn sie erwachsen sind, selbst in der Lage sein würden zu entscheiden, ob sie sterilisiert werden wollen oder nicht.[68]

Ein anderer Fall von Mißbrauch ist die in den USA bisweilen praktizierte Sterilisation durch Entfernung der Gebärmutter (Hysterektomie). Sie ,löst' zugleich auch die hygienischen und psychischen Probleme der Menstruation, dient aber mehr der Entlastung der Umwelt als dem Wohl der Betroffenen.[69]

Diese Beispiele machen deutlich, wie problematisch es wäre, die Entscheidung über eine Sterilisation ohne Einwilligung einfach in die Hände der gesetzlichen Vertreter zu legen. Allgemein wird daher vorgeschlagen, unabhängige Instanzen, etwa das Vormundschaftsgericht, einzuschalten.[70] Am sichersten wäre es aber, auf eine solche Sterilisation überhaupt zu verzichten. Das erscheint angesichts der relativ wenigen Fälle, für die sie überhaupt nur zulässig wäre, vertretbar. Sterilisation ist kein Heileingriff, sondern eher eine Verhaltenskontrolle mit medizinischen Mitteln. Die technischen Möglichkeiten solcher Kontrolle werden wachsen und damit auch die Möglichkeiten, Menschen zu Objekten solcher Kontrollen zu machen – zu ihrem eigenen Wohl, aber ohne ihren Willen. Wir haben Grund, dieser Entwicklung entgegenzutreten und die Geltung des Selbstbestimmungsprinzips zu unterstreichen.

5. Zusammenfassung in Thesen

1. Negative Eugenik ist der Versuch, die Qualität des menschlichen Genpools zu sichern. Sie setzt an dem für die Bevölkerung bestehenden Krankheitsrisiko an, nicht an dem individuellen betroffenen Patienten oder Familien.

2. Sie geht traditionell von zwei Voraussetzungen aus: Erstens, infolge des in zivilisierten Gesellschaften nachlassenden Selektionsdrucks, droht eine dramatische Verschlechterung des menschlichen Genpools. Zweitens, diese Verschlechterung läßt sich durch eine Beschränkung der Fortpflanzung von Trägern ‚schädlicher‘ Gene aufhalten.

3. Die Hypothese des drohenden körperlichen Verfalls ist unwahrscheinlich. Die Heilung von genetisch bedingten Krankheiten (mit der Folge, daß ihre Träger sich fortpflanzen) würde erst in sehr langen Zeiträumen (wahrscheinlich Jahrhunderten) zu einem erheblichen Anwachsen der Krankheit führen.

4. Die Hypothese des sinkenden durchschnittlichen Intelligenzniveaus ist haltlos. Intelligenz wird nur begrenzt vererbt. Und die Voraussetzung, daß Niedrigbegabte im allgemeinen mehr Kinder haben als Hochbegabte, trifft nicht zu.

5. Eugenische Politik läßt sich unabhängig von den Verfallshypothesen verteidigen. Statt den angeblichen Verfall des Genpools abzuwehren, kann man versuchen, die Häufigkeit schädlicher Gene (und damit das Krankheitsrisiko für zukünftige Generationen) unter das gegenwärtig bestehende Maß zu senken.

6. Dieses Ziel ist jedoch schon aus technischen Gründen nicht dadurch zu erreichen, daß man die Träger genetischer Defekte von der Fortpflanzung ausschließt. Jeder ist Träger mehrerer möglicherweise schädlicher Gene. Und ein großer Teil der Defekte beruht auf Neumutationen, die in jeder Generation wieder auftreten.

7. Die Konzepte der negativen Eugenik und die Politik einer aktiven Erbgesundheitspflege sind trotz der technischen Einwände nicht erledigt. Strategien der ‚Bereinigung‘ des menschlichen Genpools und Forderungen nach ‚genetischer Verantwortung‘ für die Weitergabe von Erbanlagen bleiben aktuell. Die moralischen und politischen Probleme lassen sich an der Forderung nach Sterilisation Geistigbehinderter diskutieren.

8. Nach den Erfahrungen mit der NS-Eugenik gibt es weltweit einen Rückzug von der Vorstellung, Geistigbehinderte zwangsweise (d. i. gegen ihren Willen) zu sterilisieren. Lediglich in einigen US-Staaten gelten noch entsprechende Gesetze.

9. Eine Rückkehr zur Zwangssterilisation ist für die Bundesrepublik ausgeschlossen. Weder das öffentliche Interesse an der Verringerung der Zahl der Behinderten, noch die an sich legitime Rücksicht auf die problematische Lage eventueller Nachkommen der Behinderten rechtfertigen einen derart tiefgreifenden Eingriff in die Selbstbestimmung und die körperliche Unversehrtheit. Im übrigen wäre die Kontrolle gerade der Geistigbehinderten eine den Gleichheitsgrundsatz verletzende Diskriminierung dieser Personengruppe.

10. Freiwillige Sterilisation ist eine Option der Lebensplanung für alle Betroffenen, die in der Lage sind, Art und Tragweite des Eingriffs zu erkennen und zu bewerten.

11. Häufig wird die Entlassung Geistigbehinderter aus der Unterbringung oder ihr Zusammenleben in gemischtgeschlechtlichen Wohngruppen von vorheriger ‚freiwilliger‘ Sterilisation abhängig gemacht. Diese Praxis ist unvertretbar, sofern damit die Aufsicht über die Betroffenen erleichtert werden soll oder allgemeine eugenische oder auch familienpolitische Ziele verfolgt werden.

12. Sie ist auch zum Schutz des Behinderten selbst unzulässig, wenn es Alternativen zur Sterilisation (Sexualerziehung, Empfängnisverhütung) gibt.

13. ‚Freiwillige‘ Sterilisation darf nicht zur Voraussetzung öffentlicher Sozialleistungen (Familienfürsorge) gemacht werden. Entsprechende Vorschläge hat es in den USA für Problemgruppen gegeben, die als ‚untaugliche Eltern‘ galten. Darin läge ein Äquivalent zur Zwangssterilisation.

14. Ebensowenig könnte ‚freiwillige‘ Sterilisation durch öffentliche Subvention gefördert werden. Sterilisation ist eine höchstpersönliche Verfügung über den eigenen Körper, aber kein Tauschobjekt im Rechtsverkehr. Sie sollte daher auch nicht Gegenstand einer politischen Verhaltenslenkung sein, die die Einwilligung der Betroffenen mit wirtschaftlichen Anreizen erkauft.

15. Umstritten ist, ob Geistigbehinderte, die nicht selbst wirksam einwilligen können, in ihrem eigenen Interesse (und mit Einwilligung eines gesetzlichen Vertreters) sterilisiert werden dürfen.

16. Der allenfalls akzeptable Anwendungsbereich einer solchen

Sterilisation wäre klein. Sie ist überflüssig für Schwerbehinderte, die sich ohnehin nicht fortpflanzen und unzulässig für alle, die selbst entscheidungsfähig sind. Wer heiraten oder in einer eigenen Wohnung ohne ständige Aufsicht leben kann, wird in der Regel auch über seine Sterilisation selbst befinden können. Für alle Betroffenen, die unter ständiger Aufsicht sind, sind aber grundsätzlich weniger drastische Wege der Empfängnisverhütung möglich und dem Betreuer zuzumuten.

17. Die Gefahr des Mißbrauchs der Sterilisation mit Einwilligung des gesetzlichen Vertreters ist hoch. Unvertretbar ist vor allem die Praxis, minderjährige Mädchen beim Eintritt in die Pubertät sterilisieren zu lassen. Das Verfahren dient überwiegend bloß der Entlastung von Aufsichtspflichten und nimmt Entscheidungen vorweg, die die Betroffenen als Erwachsene oft selbst treffen könnten.

18. Sterilisation von Behinderten, die nicht selbst einwilligen können, sollte nach Möglichkeit überhaupt unterbleiben. Sie mag zwar in einzelnen Fällen im Interesse der Betroffenen liegen. Aber politisch ist es notwendig, die Unersetzbarkeit von Selbstbestimmung zu unterstreichen. Wir werden in Zukunft wachsenden Möglichkeiten einer Verhaltenskontrolle mit medizinischen Mitteln gegenüberstehen. Mittel, die alle im besten Interesse der Betroffenen, aber ohne ihren eigenen Willen angewandt werden könnten.

Kapitel IV
Gentherapie. Der Schritt zur Konstruktion des Erbmaterials

1. Technische Perspektiven. Somatische Therapie und Keimbahntherapie

Unter Gentherapie versteht man die Ersetzung defekter, eine Krankheit auslösender Gene durch normal funktionierende. Im Idealfall würde man etwa einem Zuckerkranken Gene übertragen, die das benötigte Insulin wieder in seiner Bauchspeicheldrüse produzieren und ihn von täglichen Hormonspritzen unabhängig machen. Oder man würde einen Bluter heilen können, indem man in seine Blutzellen die intakte genetische Information einschleust, die die Synthese des fehlenden Gerinnungsfaktors steuert.

Mit der Gentherapie vollzieht man bei der Anwendung der Genetik den Schritt von der genetischen Diagnose und Selektion des Menschen zur genetischen Konstruktion des Menschen. Dabei sind Eingriffe in das entwickelte Individuum (somatische Therapie) und Eingriffe in frühe Stadien der Embryonalentwicklung (Keimbahntherapie) zu unterscheiden. Beim entwickelten Individuum sind die Körperzellen, die die Organe bilden, klar differenziert von den Keimzellen, die das Erbgut enthalten, das an die Nachkommen weitergegeben wird. Eine genetische Korrektur in den Körperzellen würde daher zwar das Individuum heilen, dieses würde jedoch den genetischen Defekt noch weitervererben können. Bei einer Korrektur in der frühen Embryonalentwicklung, etwa an der befruchteten Eizelle, würden hingegen auch die späteren Keimzellen des entstehenden Individuums erfaßt werden. Der Defekt wäre auch aus der Nachkommenschaft des ‚Patienten‘ eliminiert.[1]

Einige der grundlegenden technischen Voraussetzungen für eine

Gentherapie sind schon erfüllt. Es ist heute im Prinzip möglich, eine gewünschte genetische Information zu isolieren, sie in andere Zellen einzubringen und deren Funktionsweise dadurch umzusteuern. In vitro, also in Zellkulturen, ist es auch schon gelungen, defekte menschliche Zellen durch Übertragung intakter Gene aus gesunden Zellen so zu korrigieren, daß sie das normale Genprodukt erzeugen. Im Tierversuch ist ferner die Möglichkeit, fremde DNA in die Keimbahn einzuführen und dort zum Funktionieren zu bringen, bereits nachgewiesen. Am spektakulärsten war die Übertragung des Gens für das Wachstumshormon der Ratten auf die Zellen von Mäuseembryonen. Sie führte zu Riesenwuchs bei einigen der behandelten Embryonen und bei etwa 50% von deren Nachkommen.[2]

Allerdings ist der Sprung von derartigen Experimenten zur Therapie in vivo, also zur Behandlung von lebenden Individuen, noch beträchtlich. Ein Hauptproblem sind die stabile Integration und die korrekte Regulation der fremden Gene in den Zielzellen. Die intakten Gene müssen in ausreichendem Umfang in die defekten Zellen übertragen werden, sie dürfen dort nicht wieder verloren gehen, und sie müssen in diesen Zellen zur richtigen Zeit und im richtigen Umfang das fehlende Genprodukt erzeugen. Schließlich muß gewährleistet sein, daß das fremde Gen nicht die Empfängerzelle zerstört, ihre Funktion verändert oder gar durch die Aktivierung von Tumorgenen zu bösartigem Wachstum veranlassen kann. Ein solches Risiko besteht durchaus, denn mit den bisherigen Techniken bleibt es mehr oder weniger zufällig, an welchem Chromosomenort in der Empfängerzelle das übertragene Gen eingefügt wird.[3]

Angesichts der Dynamik der genetischen Entwicklung sollte man damit rechnen, daß erste Versuche einer (somatischen) Gentherapie in absehbarer Zeit unternommen werden. Für die USA sind Anträge auf Zulassung von Gentherapie an Lesch-Nyhan-Patienten angekündigt.[4] Das Lesch-Nyhan-Syndrom (Häufigkeit etwa 1:90 000 Neugeborene) führt zu Selbstverstümmelungsdrang, Lähmungen und geistigem Verfall in frühem Kindesalter. Es beruht auf dem Fehlen eines Enzyms (HGPRT) im Nukleinsäurestoff-

wechsel. Der Therapieplan sieht vor, den Betroffenen Knochenmarkszellen zu entnehmen, diese in vitro, also außerhalb des Körpers, durch Einfügung des Gens für HGPRT zu korrigieren und
dann zurückzuübertragen. Die Integration des Fremdgens in die
Zielzellen ist in diesem Fall gewährleistet. Man wählt für die Rück-
übertragung nur die transformierten Zellen aus. Die Probleme der
Regulation sind dadurch entschärft, daß im Normalfall das Enzym
HGPRT im Körper ständig produziert wird. Man hofft, daß die
transformierten Knochenmarkszellen, die sich durch Teilung vermehren, eine ausreichende Menge des benötigten Enzyms erzeugen und daß dieses im Körper an die entscheidenden Stellen trans-
portiert wird.

Dieses Therapiemodell wird vielleicht nur für eine Handvoll
Krankheiten gelten, von denen manche so selten sind, daß die Zahl
der an der Gentherapie interessierten Forscher größer ist als die
Zahl der von der Krankheit Betroffenen.[5] Aber es repräsentiert
auch erst den Anfang der Entwicklung. Am ehesten sind Gentherapie-
pien denkbar für monogenetisch bedingte rezessive Krankheiten.
Sie können im Prinzip durch Übertragung der einfachen intakten
Erbanlage (Allel) geheilt werden. Voraussetzung ist, daß der zu-
grundeliegende Defekt biochemisch vollständig geklärt ist, was gegenwärtig bei etwa 200 dieser Krankheiten der Fall ist. Für dominante Erbkrankheiten dagegen, bei denen das defekte Allel ein intaktes überdeckt, läßt sich bislang kein Modell für eine Gentherapie-
pie formulieren. Dasselbe gilt für polygen bedingte Erbleiden.

2. Die Analogie zur Organtransplantation

Es kann Gründe geben, Gentherapie auch dann, wenn sie technisch möglich wird, nicht zu entwickeln. Der Aufwand könnte unverhältnismäßig hoch sein. Es könnte plausible Alternativen geben.
Werden mit der Gentherapie, ähnlich wie bei den spektakulären
Herzverpflanzungen im letzten Jahrzehnt, knappe Ressourcen an
medizinische Fronten gelenkt, die eher den Ehrgeiz der Forscher
als die Bedürfnisse großer Teile der Bevölkerung befriedigen?

Können die Fortschritte der Genetik häufiger Krankheiten, etwa des Herzens oder des Kreislaufs, besser genutzt werden, um vorbeugende oder pharmakologische Behandlung zu entwickeln anstatt raffinierte genetische Korrekturen vorzunehmen?[6]

Diese Fragen betreffen politische Weichenstellungen für das System der medizinischen Versorgung und die Gerechtigkeit bei der Verteilung von medizinischen Ressourcen. Aber sie thematisieren nicht die grundsätzliche Frage, ob Gentherapie als solche eine akzeptable Technik ist. Ist genetische Korrektur, somatisch oder in der Keimbahn, berechtigt, wenn sie bei einem häufigen Defekt möglich ist und zu einer einfachen und durchschlagenden Therapie führt, die gerecht verteilt werden kann?

Technisch kann somatische Gentherapie sonstigen Organtransplantationen gleichgesetzt werden. Sie wäre dann (die Lösung der Sicherheitsprobleme vorausgesetzt) in demselben Umfang wie diese moralisch problemlos. Daraus folgt noch nicht, daß sie ohne jede Einschränkung eingesetzt werden kann. Ganz allgemein werden medizinische Eingriffe fragwürdig, sobald sie mit einem weitgehenden Umbau der Persönlichkeit des Patienten verbunden sind. Daraus ergeben sich gewisse Grenzen für lebensverlängernde Maßnahmen, für eine Psychochirurgie und auch für eine Organtransplantation – man denke etwa an die Möglichkeit, erhebliche Teile des Gehirns zu übertragen oder im Extremfall einen funktionsfähigen Körper aus verschiedenen anderen zu rekonstruieren. Die typische Gentherapie jedoch, etwa die Übertragung intakter Insulingene in die Bauchspeicheldrüse, bleibt erkennbar unterhalb solcher Grenzbereiche.[7]

Dieser positiven Bewertung könnte man entgegenhalten, daß genetische Therapie, auch wenn sie die Identität der Person nicht berühre, gleichwohl unvertretbar sei, weil sie die Technisierung und damit die Manipulierbarkeit menschlicher Lebensprozesse ins Extrem treibe. Dieser Einwand scheint hinter der häufig geäußerten Warnung zu stehen, nicht „Gott spielen" zu wollen.[8]

Der Vorwurf der gotteslästerlichen Anmaßung hat den Fortgang der technischen Naturbeherrschung ebenso regelmäßig wie folgenlos begleitet – von der Erfindung des Blitzableiters bis zur

Impfung gegen Infektionskrankheiten.[9] Aber könnte er nicht in moderner Form eine späte Rechtfertigung erfahren, wenn wir nur weit genug in die Natur des Menschen selbst eindringen? Vermutlich muß es irgendeine letzte Naturbasis menschlichen Daseins geben, die unserer technischen Kontrolle und Planung entzogen bleibt. Es fragt sich jedoch, ob diese Basis mit den Genen der Zellen in unseren Organen schon erreicht ist.

Die Korrektur der Gene ist nur ein weiterer, vielleicht abschließender Schritt in einer Kette medizinischer Interventionen, von der Diät bis zur Enzymtherapie, durch die wir zu immer genaueren Kontrollen menschlicher Körperfunktionen vordringen. Nun ist das Argument, daß eine neue Technik die bisherige nur um einen Schritt erweitert, sicher nicht hinreichend, um die Legitimität dieser Technik zu begründen; auch der Schritt vom gerade noch Vertretbaren zum absolut Unerlaubten kann klein sein. Es zwingt uns jedoch, den Unterschied, der einen Wechsel in der Bewertung begründet, genau anzugeben. Warum sollte eine Technik, die zur Behandlung der Zuckerkrankheit im Blut des Patienten ein Hormon (Insulin) ersetzt, fraglos legitim sein, eine Technik jedoch, die in der Bauchspeicheldrüse das Gen ersetzt, mit dem der Patient das Hormon selber produzieren kann, absolut verboten?

Vermutlich beruhen die Bedenken gar nicht darauf, daß gerade der technische Fortschritt zur Gentherapie als besonders problematisch empfunden wird. Vielmehr besteht nur überhaupt das Bedürfnis, die Dynamik der Objektivierung und Instrumentalisierung des Menschen irgendwo anzuhalten. Wenn dies nicht gelingt, droht der Mensch auf den Status der komplexen Maschine und der Biomasse reduziert zu werden. Aber kann man diese Gefahr gegen eine Technik ins Feld führen, wenn diese ansonsten akzeptabel ist? Die meisten unserer medizinischen Techniken konzipieren menschliches Leben als einen manipulierbaren Mechanismus. Sie haben ein reduktionistisches Modell vom Menschen, das dem normativen Menschenbild, welches wir unseren moralischen und politischen Ideen unterlegen, widerspricht. Im allgemeinen halten wir diesen Widerspruch aus, ohne entweder unsere Normen in Frage zu stellen oder eine Technik als unerlaubt zu kennzeichnen.

Was als Modell und als Politik des Umgangs mit dem Menschen langfristig zuträglich und was als Mittel der Problemlösung im konkreten Fall moralisch zulässig ist, kann auseinanderfallen. Vielleicht ist es notwendig, auf dem Weg der immer umfassenderen Technisierung der menschlichen Natur umzukehren. Diese Notwendigkeit zwingt uns, nach Alternativen zu suchen – auch nach Alternativen zu einigen der Strategien unserer modernen Medizin. Aber sie berechtigt uns nicht, einen konkreten nächsten Schritt auf dem Weg der Technisierung zu verbieten, wenn dieser für sich betrachtet die Person des Menschen nicht in Frage stellt und der Verringerung menschlichen Leidens dient. Dies gilt für die somatische Gentherapie. Gilt es auch für die Keimbahntherapie?

3. Ist das menschliche Erbgut ein Tabu?

Die Aussicht auf somatische Gentherapie wird meist bereitwillig akzeptiert. Aber die Reaktion auf die Möglichkeit, in die menschliche Keimbahn technisch einzugreifen, ist heftig. Die Parlamentarische Versammlung des Europarates hat 1982 verlangt, daß das Recht auf Leben und menschliche Würde, das durch die Europäische Menschenrechtskonvention geschützt wird, ein „Recht auf ein genetisches Erbe, in das nicht künstlich eingegriffen worden ist", einschließen solle.[10] Was hier in erster Linie abgewehrt werden soll, sind die Phantasien der sogenannten positiven Eugenik oder Menschenzüchtung. Eine Politik, die Anpassung, Fitness oder Brauchbarkeit zukünftiger Menschen durch gezielte Manipulation ihrer Erbanlagen zu ‚verbessern', soll es nicht geben dürfen. Ebensowenig die Versuche wohlmeinender Eltern, ihre Kinder genetisch mit denjenigen Eigenschaften auszustatten, die ihnen – aus der Sicht der Eltern – das Leben erleichtern würden. Aber gilt die Ablehnung der Keimbahnmanipulation auch für therapeutische Eingriffe? Menschenzüchtung ersetzt die biologische Norm des menschlichen Genoms, die Resultat der natürlichen Evolution ist, durch willkürliche Ziele. Keimbahntherapie korrigiert lediglich abweichende Genome nach Maßgabe dieser Norm.

Kompromißlose Ablehnung des Eingriffs in das menschliche Erbgut auch in diesem Fall wäre leicht, wenn man sich dabei auf eine Art ,Tabu' berufen könnte, auf ein Gefühl der Unberührbarkeit, das diesen Aspekt der menschlichen Natur gleichsam sakrosankt macht und jeden Eingriff, mag er vom Ziel her noch so plausibel sein, schlechthin verbietet (s. u. Kapitel V).

Es gibt in unserer säkularisierten Gesellschaft nur wenige Werte, die wie Elemente des ,Heiligen' absolut und unbedingt institutionalisiert sind: die Unantastbarkeit und Unverfügbarkeit menschlichen Lebens, gewisse Kerninhalte der persönlichen Selbstbestimmung und der gesellschaftlichen Gleichheit. Diese Positionen müssen bei uns nicht erst als ,zweckmäßig' oder ,gerechtfertigt' ausgewiesen werden. Sie gelten als Gründe der Wertung, die ihrerseits nicht mehr begründungsbedürftig sind und nicht mit guten Gründen außer Kraft gesetzt werden können. Die Unberührbarkeit des menschlichen Erbgutes hat diesen Status jedoch nicht. Ein einfacher Test macht dies deutlich: Die Frage etwa, ob man Kindestötung als Mittel der Familienplanung zulassen könnte oder Sklaverei in Zeiten ökonomischen Notstands, wird nicht erst aufgrund einer Abwägung der Vor- und Nachteile, sondern von vornherein als illegitim und indiskutabel zurückgewiesen. Die ,Heiligkeit' menschlichen Lebens und menschlicher Würde schließt schon die Thematisierung solcher Fragen aus. Die Frage, ob man unter gewissen Bedingungen in menschliches Erbgut eingreifen kann, führt dagegen nicht zu vergleichbaren Reaktionen.

Gelegentlich wird behauptet, Eingriffe in die Keimbahn seien Eingriffe in die Person selbst und aus diesem Grunde absolut unerlaubt: „Hier wird nicht ein existierender Mensch geheilt, sondern die Identität eines Menschen manipuliert"[11]. Diese Behauptung hat wenig Plausibilität.

Zum einen gilt die Beseitigung oder Vorbeugung einer Krankheit nie als Manipulation der Identität eines Menschen. Das mag historisch und biographisch naiv sein. Aber das Argument, ein Leiden könne konstitutiv für die Person eines Menschen sein, ist normativ unwirksam. Es wird durch die nahezu unbegrenzte Wertung von Gesundheit in unserer Gesellschaft ausgeschlossen. Wir muten niemandem zu, vermeidbares Leiden als Teil der Identität seiner Person anzunehmen. Noch weniger fühlen wir uns berechtigt, denen, die unserer Fürsorge anvertraut sind, eine Leidensbiographie aufzubürden.[12]

Zum anderen läßt sich im Kontinuum der Embryonalentwicklung keine Grenze markieren, von der ab ein Mensch so ‚existiert‘, daß er Subjekt einer Therapie werden kann. In welchem Entwicklungsstadium man therapeutisch oder vorbeugend eingreifen kann (chirurgisch, pharmakologisch oder genetisch), hängt allein von der technischen Entwicklung ab. Vom Standpunkt der Person des zukünftigen Individuums her ist die Korrektur einer Krankheitsursache in den ersten Wochen der Embryonalentwicklung nicht bedenklicher als kurz vor der Geburt oder im frühen Säuglingsalter. Schließlich ist auch der Eingriff in das Erbgut eines Menschen legitim, sofern er der medizinisch indizierten Korrektur von Defekten in Körperzellen dient (somatische Gentherapie). Daraus folgt, daß eine Gentherapie im frühen Embryonalstadium den Personenstatus des zukünftigen Individuums nicht berühren würde, wenn sich ihre Auswirkungen auf die Körperzellen beschränken ließen. Soll dieselbe Therapie, wenn sie – was unvermeidlich ist – auch die Keimzellen korrigiert, eine unerlaubte Manipulation der Identität des Betroffenen sein? In Wahrheit wird hier die grundsätzliche Unerlaubtheit jeder Keimbahnintervention schon vorausgesetzt und nicht begründet. Das Argument braucht als Ausgangspunkt, was es beweisen soll.

Unberührbarkeit des menschlichen Erbgutes läßt sich nicht aus dem absoluten Schutz des Kernbereichs personaler Identität ableiten. Auch die Parlamentarische Versammlung des Europarats hat das „Recht auf ein genetisches Erbe, in das nicht künstlich eingegriffen worden ist“, nicht als Verbot jeden Eingriffs überhaupt verstehen wollen. Eine mögliche Therapie soll nicht ausgeschlossen sein. Die Einwilligung dazu müßte stellvertretend von den Eltern für das zukünftige Kind gegeben werden und wäre sicher nur wirksam, wenn die Risiken für das Kind unerheblich wären und der Eingriff strikt am Wohl des Kindes und nicht an irgendwelchen Elternwünschen orientiert wäre. Wie eng man die Grenze hier ziehen müßte, kann offen bleiben. Aber eine genetische Korrektur zur Verhinderung eines schweren erblichen Leidens wäre danach sicher möglich. Die Integrität des menschlichen Erbgutes wäre ebenso geschützt wie die Integrität des Körpers im allgemeinen: Eingriffe mit therapeutischem Ziel blieben zulässig. Als medizinische Technik kann Keimbahntherapie nicht anders bewertet werden als somatische Gentherapie.[13]

Diese Einschätzung kann auch nicht durch Verweis auf den biologischen Sinn und die Notwendigkeit und Unvermeidbarkeit genetischer Defekte relativiert werden. Es trifft zu, daß genetische Defekte zum menschlichen Leben gehören wie der Tod. Sie sind der Preis für Evolution. Sie sind Teil der Variabilität des individuellen Genoms, die der Art insgesamt fortlaufende Anpassung an die Umwelt und Überleben sichert. Um eine günstige Mutation zu erhalten, müssen viele ‚Fehler' zugelassen werden. In einem gewissen Sinne beruht daher die Tatsache, daß die meisten von uns die meiste Zeit gesund sind, darauf, daß immer einige von uns das Los genetisch bedingter Krankheiten tragen. Aber was bedeutet dies? Es könnte vielleicht für den einen oder anderen die gesellschaftliche Solidarität, die nach den Normen unserer Kultur die Gesunden den betroffenen Kranken schulden, plausibler machen. Es kann aber nicht bedeuten, daß die Korrektur genetischer Defekte unerlaubt ist. Schon biologisch macht allein Sinn, daß solche Defekte auftreten *können,* nicht aber, daß sie beim betroffenen Individuum ausgestanden werden müssen, ohne kompensiert oder korrigiert zu werden.[14]

4. Mißbrauchsgefahren und der vorläufige Verzicht auf eine medizinische Option

Ein gesellschaftliches Tabu, das jeden Eingriff in menschliches Erbgut, der sich auf die Keimbahn auswirkt, als schlechthin unerlaubt verwirft, existiert nicht. Eine Ablehnung solcher Eingriffe kann dann nur noch auf eher pragmatische als grundsätzliche Argumente gestützt werden, etwa darauf, daß sie für die Betroffenen mit hohen Mutationsrisiken verbunden sind, daß sie zerstörende Experimente mit menschlichen Föten voraussetzen, daß keine plausible medizinische Indikation besteht.[15] Solche Argumente retten uns über die Zeit. Sie sind hinreichend, solange sie nicht, etwa durch weiteren technischen Fortschritt, entkräftet sind. Sie führen die Diskussion der Zulässigkeit von Eingriffen in die Gene des Menschen zurück auf die ausgetretenen Pfade der Einführung neuer Therapien überhaupt. Wann darf man von Experimenten an Tieren und Zellkulturen zu Heilversuchen an Menschen übergehen? Rechtfertigt der erwartete Nutzen die möglichen Risiken? Gibt es plausible Alternativen?[16]

Im folgenden soll eines dieser pragmatischen Argumente näher behandelt werden: die Befürchtung, mit der Einführung der Techniken der genetischen Manipulation für an sich legitime Zwecke schaffe man zugleich das unkontrollierbare Risiko des Mißbrauchs dieser Techniken für nicht legitime Zwecke. Die auf der Hand liegende Gefahr ist, daß die Dämme, die uns heute noch vor einer Praxis der Menschenzüchtung bewahren, brechen könnten, sobald irgendeine Manipulation menschlicher Gene erst einmal gesellschaftlich etabliert ist. Rechtfertigt oder verlangt die Abwehr dieser Gefahr, daß wir auf die Intervention in menschliches Erbgut verzichten, einschließlich der medizinischen Korrektur klarer Krankheitsursachen? Verlangt die Abwehr der Gefahr schon den Verzicht auf die somatische Gentherapie?

Das Mißbrauchsargument beruht auf der Abwägung von zwei Gesichtspunkten: Welche Gefahren können einer Technik zugerechnet werden, oder welche Chancen haben wir, ihre Anwendungen nach ihrer Einführung noch zu kontrollieren? Und: Welcher Nutzen entgeht uns, wenn wir vorsichtshalber auf die Einführung der Technik überhaupt verzichten?

Schon die Bestimmung der zurechenbaren Gefahr stößt auf Schwierigkeiten. Meist stehen sich zwei Argumente gegenüber. Das eine verweist darauf, daß zwischen der Einführung der betreffenden Technik und dem befürchteten Mißbrauch weitere Schritte liegen, an dem die an sich nicht umstrittene Mißbrauchskontrolle ansetzen könne – und zur Vermeidung übermäßiger Beschränkungen auch ansetzen müsse. So liegen zwischen der somatischen Gentherapie und der Menschenzüchtung mindestens noch die Entwicklung von Techniken gezielter Keimbahnveränderung, deren Einführung in die medizinische Praxis und der Übergang von genetischer Korrektur zu genetischer Verbesserung des Menschen. Das andere Argument hält die spätere Kontrolle für unmöglich, weil jeder der nächsten Schritte zwangsläufig folge, wenn man den ersten einmal getan habe. Mit beiden Argumenten manövriert man sich leicht in unhaltbare Positionen.

Das erste Argument kann benutzt werden, um die Forderung nach Zurechnung und Kontrolle von Gefahren des Mißbrauchs überhaupt aus den Angeln zu heben. Es ist praktisch immer möglich, gegen vorbeugende Kontrollen einzuwenden, daß noch weitere Schritte vor dem befürchteten Mißbrauch liegen, die eher Gegenstand der Kontrolle sein sollten. Um ein extremes Beispiel zu wählen: Warum sollte man die Miniaturisierung von Atomwaffen unterbinden, wenn man stattdessen die Verbreitung des entsprechenden know how, die Produktion solcher Waffen oder deren Einsatz selbst kontrollieren kann?

Das zweite Argument hebt sich selbst auf, wenn es überstrapaziert wird. Hält man den Fortgang zur Menschenzüchtung über viele Zwischenstufen hinweg für unabwendbar, so stellt man in Wahrheit die Möglichkeit, technische Entwicklung und Anwendung zu kontrollieren, überhaupt in Frage. Wenn es aber einen Zwang technischer Dynamik gibt, warum sollte der erst mit der somatischen Gentherapie einsetzen und nicht schon mit der Erfindung der Technik der Genübertragung oder mit der Entdeckung des genetischen Kodes? Die Forderung nach Kontrolle der Gentherapie wäre ebenso sinnlos wie vergeblich. Glaubt man aber doch, die angeblich zwangsläufige Entwicklung an dieser Stelle stoppen zu können, warum dann nicht auch eine Stufe später?

Man wird, wenn man die genannten Extreme vermeidet, im ‚Abstand‘ einer Technik vom befürchteten Mißbrauch ein plausibles Kriterium für die Zurechnung und vorbeugende Kontrolle von Risiken sehen können. Je näher eine Technik diesem Mißbrauch ist, umso gefährlicher ist sie selber und umso weniger ist es möglich und gerechtfertigt, die notwendige Kontrolle auf spätere Schritte ihrer Anwendung zu verschieben. Nun kann man darüber streiten, was ein hinreichender Sicherheitsabstand ist. Unbestreitbar ist jedoch die Keimbahntherapie näher an der Gefahr der Menschenzüchtung als die somatische Gentherapie. An ihr kann eine Kontrolle der Technikanwendung – wenn sie überhaupt möglich ist – ansetzen, etwa als Verbot der genetischen Manipulation menschlicher Keimzellen. Die Durchsetzung solcher Kontrolle könnte dadurch erschwert werden, daß somatische Gentherapie als legitime medizinische Technik anerkannt wird, aber ausgeschlossen wird sie dadurch nicht. Und die Erschwernis ist vielleicht kein unzumutbarer Preis für die Realisierung des Nutzens der Gentherapie.

Natürlich könnte man dieselbe Argumentation jetzt auch für die Keimbahntherapie durchspielen. Theoretisch ließe sich der Mißbrauch dieser Technik statt durch Verzicht auf ihre Entwicklung durch Kontrolle ihrer Anwendungen kontrollieren. Aber das Risiko ist größer. Die Annahme, man könne Keimbahntherapie einführen und doch zugleich alle Übergänge zur Menschenzüchtung wirksam ausschließen, könnte sich am Ende als ebenso naiv erweisen, wie die Erwartung einiger Atomforscher in Los Alamos, man könne erst die Bombe bauen und dann ihren militärischen Einsatz abwenden.

Dabei ist nicht die populäre Vorstellung die realistischste, totalitäre Regime würden sich der Techniken der Erbgutmanipulation bedienen, um sich gefügige und ‚funktionale‘ Untertanen zu schaffen. Zu diesem Zweck gäbe es praktiklere Techniken als die viele Generationen dauernde genetische Manipulation ganzer Bevölkerungen. Wahrscheinlicher ist, daß Tendenzen zur Menschenzüchtung von Eltern ausgehen, die ihre Kinder mit einem Maximum von ‚günstigen‘ Eigenschaften ausstatten wollen, um ihnen Startvorteile im gesellschaftlichen Konkurrenzkampf (Schule, Beruf, ‚Heiratsmarkt‘) zu sichern. Dabei würden die Eltern sich auf ihr eigenes Recht der Persönlichkeitsentfaltung und auf ihre Fürsorgepflicht gegenüber den zukünftigen Kindern berufen. Erschwert würde die Abwehr solcher Tendenzen durch die Existenz einer

Grauzone im Krankheitsbegriff. Es gibt eine Reihe von Eigenschaften (Kleinwuchs, niedriger Intelligenzquotient, Gedächtnisschwäche, Neigung zu Depressionen oder Zornausbrüchen usw.), bei denen undeutlich ist, wann sie Besonderheiten des Individuums im Rahmen normaler menschlicher Varianz sind und wann sie pathologisch genannt werden können. Sollten sich für solche Eigenschaften genetische Anteile identifizieren und beeinflussen lassen, ist die Grenze zwischen medizinisch legitimierter Korrektur und züchterischer Verbesserung leicht verschiebbar.

Angesichts dieser Ambivalenzen liegt es nahe, auf die Manipulation der menschlichen Keimbahn überhaupt zu verzichten, sofern nicht die medizinischen Optionen, die dadurch abgeschnitten sind, außerordentlich und unersetzbar sind. Genau das aber scheint nicht der Fall zu sein.

Zwar ist nicht undenkbar, daß es Krankheiten gibt, die überhaupt nur durch eine Gentherapie im Embryonalstadium wirksam behandelt werden könnten. Man denke etwa an einen Defekt, der sich in verschiedenen Organsystemen auswirkt, die im entwickelten Individuum durch starke Barrieren getrennt sind (Blut, Gehirn, Darmtrakt). Ob das für relevante Krankheiten gilt, ist jedoch noch völlig offen. In vielen Fällen wird somatische Gentherapie aus der Sicht der behandelten Individuen eine hinreichende Alternative sein, die den Rückgriff auf Keimbahntherapie erübrigt. Im übrigen erscheint die Selektion betroffener Embryonen als eine mögliche Alternative zu ihrer genetischen Korrektur. Jede Keimbahnbehandlung muß an frühen Embryonen ansetzen und hat die Diagnose des genetischen Defekts an diesen Embryonen zur Voraussetzung. Die Selektion (und Abtötung) der betroffenen Embryonen bringt eigene moralische Ambivalenzen mit sich. Aber diese sind auf jeden Fall geringer als bei der selektiven Abtreibung eingenisteter Föten nach der bislang üblichen vorgeburtlichen Diagnostik. Und sie erscheinen eher tragbar als die Einführung einer Therapie in der Keimbahn mit dem Gespenst der Menschenzüchtung am Horizont.

Ein zumindest vorläufiger Verzicht auf die Option der Keimbahntherapie bietet sich an. Die Notwendigkeit, möglichem Mißbrauch der Intervention in die Keimbahn vorzubeugen, überwiegt die Aussicht auf einen unbestimmten und vermutlich auch anders zu realisierenden medizinischen Gewinn. In dieser Entscheidung liegt nicht die Anerkennung eines absoluten Verbots, in das ‚genetische Erbe' eines Menschen überhaupt einzugreifen, sondern die Einsicht in die begrenzte Fähigkeit der Gesellschaft, die immer weitergehende technische Durchdringung der menschlichen Natur moralisch zu beherrschen. Eine Konsequenz dieser Entscheidung wäre, daß wissenschaftspolitisch die Entwicklung von Alternativen zur Keimbahntherapie eindeutig Vorrang bekommt und daß die Übertragung der Forschungsexperimente, die gegenwärtig an Mäuseembryonen durchgeführt werden, auf menschliche Embryonen (in vitro) unterbunden wird.[17]

5. Zusammenfassung in Thesen

1. Gentherapie ist die Ersetzung defekter, Krankheiten auslösender Gene durch normal funktionierende. Sie ist der Schritt von der genetischen Diagnose und Selektion des Menschen zur Konstruktion menschlichen Erbgutes.

2. Zwei Strategien sind zu unterscheiden: Die somatische Therapie korrigiert genetische Defekte in den Körperzellen entwickelter Individuen. Dabei wird nur das betroffene Individuum geheilt, nicht auch das an die Nachkommen weitergegebene Erbgut. Die Keimbahntherapie korrigiert den Defekt im frühen Embryonalstadium und erfaßt dadurch auch die Keimzellen des betroffenen Individuums.

3. Somatische Gentherapie kann mit sonstigen Organtransplantationen verglichen werden. Da sie nicht mit Eingriffen in die Persönlichkeit des Patienten verbunden ist, sollte sie nach den üblichen Voraussetzungen (Wirksamkeit des Verfahrens und Ausschluß schwerwiegender Nebenwirkungen) zulässig sein.

4. Gentherapie ist eine Fortsetzung des problematischen Trends der immer umfassenderen Objektivierung und technischen Mani-

pulation der menschlichen Natur. Die Notwendigkeit, diesen Trend umzukehren, berechtigt uns jedoch nicht, im konkreten Fall eine neue Technik, die an sich die Person des Menschen nicht in Frage stellt und der Verringerung von Leiden dienen kann, moralisch zu ächten.

5. Keimbahntherapie wird allgemein abgelehnt, in der Regel wegen der Nähe zur Menschenzüchtung. Ein gesellschaftliches Tabu, das ähnlich wie die ‚Heiligkeit‘ menschlichen Lebens Eingriffe in das Erbgut unabhängig von den Zielen für schlechthin unerlaubt erklärt, besteht jedoch nicht.

6. Ebensowenig läßt sich die Veränderung des Erbguts schlechthin als eine Manipulation der Identität des zukünftigen Individuums verwerfen. Die Korrektur einer Erbanlage für ein schweres Leiden ist kein unzulässiger Eingriff in die Persönlichkeit. Als medizinische Technik betrachtet, ist Keimbahntherapie nicht grundsätzlich anders zu bewerten als somatische Therapie.

7. Die Argumente gegen die Einführung von Keimbahntherapie sind eher pragmatischer als grundsätzlicher Art: die Unwirksamkeit des Verfahrens, die Voraussetzung problematischer Experimente mit menschlichen Embryonen und die Risiken des Mißbrauchs der Technik für Zwecke der Menschenzüchtung.

8. Das Mißbrauchsargument beruht auf der Abwägung von zwei Gesichtspunkten: Welche Gefahren können einer Technik noch zugerechnet werden? Und: Welcher Nutzen entgeht uns, wenn wir vorsichtshalber auf die Einführung der Technik verzichten?

9. Der Sicherheitsabstand zwischen der Einführung von somatischer Gentherapie und der befürchteten Gefahr der Menschenzüchtung erscheint hinreichend. Es gibt eine Reihe von weiteren Schritten – Entwicklung der Techniken der Manipulation menschlicher Keimzellen, Einführung dieser Technik in die medizinische Praxis –, an denen die notwendige Kontrolle plausibel ansetzen kann.

10. Dagegen liegt der Verzicht auf die medizinische Option der Keimbahntherapie nahe. Die Risiken des Übergangs zur Men-

schenzüchtung sind hoch; der gegenwärtig absehbare medizinische Nutzen ist dagegen gering oder ungewiß. Ein solcher Verzicht ist nicht die Anerkennung eines absoluten Verbots, in menschliches genetisches Erbe einzugreifen. Er spiegelt vielmehr die Einsicht, daß unsere Fähigkeiten, die immer weitergehende technische Durchdringung der menschlichen Natur moralisch zu beherrschen, begrenzt sind.

Kapitel V
Die Politik der menschlichen Natur: ‚Natürlichkeit' als Norm

Die vorangegangenen Kapitel diskutieren, wie man die Anwendung der Techniken der Fortpflanzungsbiologie und der Genetik auf den Menschen regeln sollte. Dabei werden als Kriterien insbesondere die Respektierung der Selbstbestimmung der Person und der Unverfügbarkeit der menschlichen Natur verwandt. Für diese Kriterien wird unterstellt, daß sie in unserer Gesellschaft nicht bloß private und daher letztlich beliebige Optionen darstellen und auch nicht als nun einmal überlieferte Konventionen lediglich hingenommen werden, sondern daß sie vielmehr als absolute Werte und geltende Normen anerkannt sind. Die bisherigen Diskussionen setzen also die Realität der Moral voraus – und beweisen sie in dem Maße, wie man nicht umhin kann, wenigstens die Bedeutung der aufgeworfenen Fragen zuzugestehen und ernsthaft nach einer Antwort zu suchen.

Bedeutet dies nun, daß wir uns gegenüber den technischen Möglichkeiten, in die menschliche Natur einzugreifen, wenigstens normativ auf festem Boden bewegen? Daß wir uns ähnlich wie bei der Tötung von Menschen, bei der Folter oder der Sklaverei an selbstverständliche kulturelle Gewißheiten halten können, die uns sagen, wie weit wir gehen können, die also zumindest festlegen, was wir tun *sollten* – wie immer schwierig es dann sein mag, solchen Normen in der Praxis auch zu folgen?

Aus dem bisher Gesagten dürfte hervorgehen, daß die Hoffnung auf solche Gewißheit vergeblich ist. Weder beantworten die moralischen Prinzipien, auf die wir uns mühelos einigen können, alle wichtigen Handlungsprobleme, noch sind sie feste Größen, mit deren Fortbestand wir einfach rechnen können. Die normative Analyse führt unvermeidlich aus dem sicheren Bereich allgemein geteilter moralischer Urteile in das offene Feld politischer Optionen.

Moralische Positionen wie etwa die von uns immer wieder herangezogenen Wertentscheidungen der Verfassung definieren meist die Grenzen zulässiger Eingriffe in die menschliche Natur. Aber sie sagen wenig darüber, was wir innerhalb dieser Grenzen tun sollten. Daß man niemandem die Kenntnis seines genetischen Programms gegen seinen Willen aufdrängen darf, beantwortet nicht die Frage, ob denn die Kenntnis dieses Programms überhaupt wissenswert ist. Die Feststellung, daß Keimbahntherapie nicht gegen das Recht der Persönlichkeit verstößt, läßt offen, ob wir in der Medizin auf diese Therapieform setzen oder Alternativen vorziehen sollten. Solche Handlungsprobleme lassen sich offenbar nicht durch Rückgriff auf geltende Moral lösen, in der die Frage, wie wir leben *sollen,* in gewisser Weise schon kulturell beantwortet ist. Sie verlangen Politik, in der die Frage, wie wir leben *wollen,* erst noch entschieden wird.

Schon bei der Definition von Grenzen zulässiger Eingriffe sind Übergänge zu einer solchen Politik unvermeidlich, nämlich dann, wenn wir Kosten und Nutzen einer technischen Anwendung abzuwägen haben oder Kompromisse zwischen widerstreitenden Wertansprüchen schließen müssen. Nach welchen Kriterien entscheiden wir, ob genetische Krankheitsregister trotz ihrer Gefahren für den Persönlichkeitsschutz eingerichtet werden sollen, oder ob mit genetischer Diagnostik weitere Berufskrankheiten in das schon bestehende System der Zwangsprävention aufgenommen werden sollen? Bisweilen lassen sich in solchen Fällen weitere Wertgesichtspunkte heranziehen, insbesondere solche der Gerechtigkeit oder Fairness bei der Verteilung von Risiken, die eine moralische, d. i. kategorische und eindeutige Entscheidung fordern. Häufig aber ist die Entscheidung eine eher politische, d. i. sie hätte im Prinzip auch anders ausfallen können. Die Frage, ob die Mißbrauchsgefahren der Menschenzüchtung ein Argument gegen Gentherapie sind, hängt weniger davon ab, welche Werte man schützen will, als davon, wie sehr man darauf vertraut, daß sich die notwendigen Kontrollen auch nach Einführung einer solchen Therapie noch durchsetzen lassen. Die Zeitgrenze für zulässige Experimente mit menschlichen Embryonen muß nicht unbedingt bei 14 Tagen liegen. Sie ist keineswegs beliebig, aber sie könnte je nach medizinischem Nutzen auch bei 5 Tagen oder bei drei Wochen liegen.

Schließlich können uns moralische Interpretationen, die bislang klare Orientierungen liefern, gleichsam kulturell abhanden kommen. Sie können durch sozialen Wandel, auch durch die Entwicklung von Wissenschaft und Technik, unplausibel werden. Eben dies scheint das Schicksal aller Positionen zu sein, die die menschliche Natur selbst als letztlich unverfügbar und heilig ansehen und Grenzen fordern, jenseits derer der Versuch, gegebene natürliche Eigenschaften des Menschen durch technisch rekonstruierte, also künstliche, zu ersetzen, schlechthin unerlaubt wird – ohne Rücksicht darauf, ob der Zweck solcher Eingriffe akzeptabel ist und eine wirksame Einwilligung der Betroffenen vorliegt.

1. Die Auflösung der Tabus der ‚Natürlichkeit‘

In jeder Kultur gelten selbstverständliche Maßstäbe, die regeln, wie man mit Menschen umgehen kann und wie nicht. Daß wir jeden Handel mit menschlichem Leben verwerfen, ist ein Beispiel. Auch für die technische Veränderung der Biologie des Menschen gelten Grenzen. Die exotischen Phantasien, Menschen umzukonstruieren, stoßen auf spontane und entschiedene Ablehnung, etwa die Vorstellung, Symbiosen zwischen Computern und Gehirnen zu schaffen, Menschen für die Raumfahrt zu miniaturisieren oder mit Chlorophyll auf dem Rücken (für die Ernährung) und Supergehirnen (für wissenschaftliche Spitzenleistungen) auszustatten.[1] Im Bereich der Fortpflanzung dürfte an solche Grenzen stoßen, wer etwa ein Kind von der befruchteten Eizelle bis zur Geburt in der Retorte entwickeln oder in tierischer Gebärmutter austragen lassen wollte. Auch der Versuch, den Tod zu beherrschen, etwa durch Einfrieren von Individuen, würde wohl als Verletzung eines Tabus empfunden werden. In all diesen (gedachten) Fällen ist nicht nur das Ziel, sondern das Verfahren selbst anstößig. Die unbegrenzte

Technisierung des Menschen ist seine Entmenschlichung. Die menschliche Natur setzt dem menschlichen Handeln normative Schranken, die zu überschreiten Frevel bedeutet. Menschliches Leben soll nicht lediglich Maschine oder Mechanismus sein, und sein Beginn, seine wesentlichen Strukturen und sein Ende müssen letztlich technischer Verfügung entzogen bleiben.

Solche Vorstellungen von der Unantastbarkeit der menschlichen Natur haben historische Wurzeln in religiösen Deutungen des Menschen als Geschöpfe nach dem Ebenbild Gottes. Aber sie sind an die gesellschaftliche Geltung der Religion nicht gebunden. Sie bleiben notwendige Korrelate unserer verweltlichten Wertideen. Diese Ideen beziehen sich auf Menschenbilder und bekommen dadurch empirische Bedeutung. Den absoluten Forderungen der Integrität der Person, der Freiheit und Selbstbestimmung des Subjekts und der Individualität liegen Vorstellungen darüber zugrunde, was der Mensch, was menschliches Leben eigentlich oder seinem Wesen nach ist. Solche Vorstellungen brauchen Bezugspunkte in Annahmen über die biologische Verfassung des Menschen, über Eigenschaften, die die menschliche Natur kennzeichnen, über Bedürfnisse und Kompetenzen des Menschen, über die Reichweite seiner Erlebnis- und Handlungsfähigkeit. Die grundsätzliche Unverfügbarkeit der menschlichen Natur ist Bezugspunkt der Unantastbarkeit des menschlichen Subjekts und muß daher auch der Interpretation der Menschenwürde in Art. 1 unserer Verfassung zugrundegelegt werden.

Die Berufung auf Tabus der menschlichen Natur hat jedoch in unserer Kultur etwas Prekäres. Sie widerspricht dem Ansatz und der Denkweise der modernen Naturwissenschaft. Diese ist geradezu dadurch konstituiert, daß sie ihre Gegenstände nicht mehr als Teil eines sinnhaft geordneten, den Menschen verpflichtenden Kosmos begreift. Für sie hat keine Natur moralische Qualität. *Francis Bacon,* der frühe Propagandist der modernen Wissenschaft, sieht in der Natur nur noch ein „storehouse of matters" (ein Warenlager der Dinge), in dem man sich nach Belieben bedienen kann.[2] Der unauflösbare Widerspruch zwischen diesem Entwurf von Natur und der normativen Verabsolutierung gewisser Eigenschaften des Menschen wurde zu Beginn der Neuzeit mühsam überdeckt, indem man das menschliche Subjekt, das allein zum Bezugspunkt der Sinn- und Werthaftigkeit der Welt geworden war, kategorial von der Natur abzutrennen versuchte – exemplarisch in der cartesischen Trennung von res cogitans und res extensa. Die Entmoralisierung der Natur wurde durch die Entnaturalisierung des Subjekts abgesichert. Der Mensch galt als der Ursprung und Kontrolleur wissenschaftlicher Analyse und technischen Operierens, nicht als ihr Gegenstandsbereich.

Diese Entnaturalisierung des Subjekts war niemals mehr als eine philosophische Fiktion. Der Mensch gehört unvermeidlich selbst zur Natur, die er untersucht; er ist Teil des Warenlagers, in dem er operiert. Allerdings war die menschliche Natur in der bisherigen Technik tatsächlich eher Ausgangsbasis, Bezugspunkt und Grenze menschlichen Handelns. Erst die Techniken der modernen Biologie machen sie erfolgreich zum Objektbereich. Sie bringen damit unübersehbar die Spannung zwischen der Ausdehnung wissenschaftlicher Naturbeherrschung und der normativen Unantastbarkeit menschlicher Eigenschaften gleichsam auf den Punkt. Hier liegt der Kern ihrer moralischen Problematik.

Eine Folge dieser Entwicklung ist, daß uns die Selbstverständlichkeit und Sicherheit, mit der wir die Unantastbarkeit menschlicher Natur fordern, verloren geht. Nicht zufällig sind die oben genannten Beispiele für Eingriffe, die gegen offenbar bestehende Tabus verstoßen, sämtlich noch utopisch und unrealisierbar. Vorstellungen von der Unantastbarkeit der menschlichen Natur gelten ungefragt offenbar nur so lange, wie die moralischen Schranken, die sie aufrichten, zugleich auch technische Grenzen sind. Unter dem Eindruck neuer Technik veraltet die bestehende Moral. Vor 150 Jahren wäre vermutlich die Idee, einem Menschen ein krankes Herz herauszuschneiden und durch eine Maschine zu ersetzen, als frevelhaft verworfen worden. Heute beschleicht uns immer noch ein unbehagliches Gefühl. Aber leiten wir daraus das Recht ab, der Kunstherztechnologie Einhalt zu gebieten? Wir können versuchen, Ersatzmutterschaft mit dem Argument abzulehnen, sie verstoße schon als Verfahren gegen die Menschenwürde des Kindes, da dieses technisch gemacht werde. „Die Mutter-Kind-Beziehung ist das natürlichste überhaupt denkbare Verhältnis zwischen Menschen. Es durch technische Manipulation zu verhindern oder zu ersetzen, ist unmenschlich."[3] Aber ist es auf ähnlich selbstverständliche Weise unmenschlich wie etwa die Folterung oder die Tötung eines Menschen? Kann man sich auf ein bestehendes Tabu berufen, um den Zusammenhang von Mutterschaft und Schwangerschaft zu bewahren? Und gesetzt den Fall, wir hätten eine perfekte Technik, Kinder in der Retorte zu entwickeln, was halten wir jemand entgegen, der fragt: „Warum soll ich mich dieser Technik nicht bedienen, wenn ich anders Kinder nicht haben kann? Was schadet es schließlich dem Kind, auf diese Weise hergestellt zu werden, wenn es nur geliebt und gewollt wird?"

Der bloße Einwand, eine solche Technik verletze eben unser Menschenbild, wirkt dogmatisch und ungenügend. In der Regel bemühen wir uns daher, nachzuweisen, daß die Ziele des Eingriffs unzulässig sind, daß er unvertretbare Risiken für die Betroffenen birgt (also etwa bei Fortpflanzungstechniken Schädigungen des zukünftigen Kindes) oder daß allgemein ein Mißbrauch der Technik droht, wenn sie erst einmal eingeführt ist. Das gilt für das Verfahren der Ersatzmutterschaft ebenso wie für Gentherapie und Keimbahnveränderung im allgemeinen. Damit aber haben wir die Vorstellung einer prinzipiellen Unantastbarkeit der menschlichen Natur praktisch schon fallengelassen. Es scheint fast, als würden Maßstäbe der Natürlichkeit des Menschen, die in unser normatives Menschenbild eingehen, ihre Thematisierung im Lichte neuer technischer Möglichkeiten nicht überstehen. Kulturelle Gewißheiten, die menschlicher Natur den Status des ‚Heiligen' verleihen und sie mit absoluten Eingriffsschranken umgeben, lösen sich in dem Maße auf, in dem sie als Richtschnur unseres Handelns allererst Aktualität gewinnen.

2. Die Neubegründung von ‚Natürlichkeit‘ als Norm

Die Tatsache, daß Tabus der Natürlichkeit sich unter dem Einfluß neuer Techniken auflösen, bedeutet nicht, daß es nicht wichtig wäre, Maßstäbe zu haben, die die Grundzüge der menschlichen Natur gegenüber diesen Techniken festschreiben. Sie bedeutet auch nicht, daß die Definition solcher Maßstäbe keine moralische Frage ist. Sie besagt, daß die Antwort nicht einfach der bestehenden Moral entnommen werden kann. Sie muß einer zu bildenden Moral zugrundegelegt werden.

Ob etwa Ersatzmutterschaft unmenschlich ist, weil sie unnatürlich ist, ist in unserer Gesellschaft gleichsam moralisch unentschieden. Auch im Bereich menschlicher Fortpflanzung sind unsere Wertungen allenfalls gegenüber den Techniken eindeutig, die es gerade noch nicht gibt. Insofern hilft auch der suggestive Hinweis auf die (noch?) einhellige Ablehnung von Kindern aus der Retorte wenig. Zweifellos aber kann es ein sinnvolles Ziel sein, die Technisierung menschlicher Fortpflanzung zu begrenzen und die Gesellschaft so einzurichten, daß in ihr normalerweise nicht Gene abgeliefert und fertige Kinder in Empfang genommen werden können. Indem man das tut, klagt man jedoch nicht Selbstverständlichkeiten der geltenden Moral ein, die die Natürlichkeit der Fortpflanzung für unantastbar erklären. Man betreibt eine Politik der menschlichen Natur, als deren Resultat sich solche Selbstverständlichkeiten möglicherweise einstellen könnten.

Wesentliche Entscheidungen über die Bedeutung und Folgen der neuen Biotechniken fallen auf der Ebene einer solchen Politik. Soll Ersatzmutterschaft zu einer Institution des Familienrechts gemacht werden? Ist die genetische Bereinigung der Bevölkerung eine akzeptable Strategie der öffentlichen Gesundheit? In welchem Umfang sollen wir präventiven Zwang zur Gesundheit einführen? Sollen genetische Möglichkeiten der Therapie Standard der Medizin werden, und in welchem Verhältnis zu den Alternativen? Welche Risiken wollen wir bei welchen Aussichten auf Problemlösung eingehen? Die Antworten legen nicht nur fest, wie unsere Institutionen aussehen werden und welche soziale Praxis sich im Umgang mit der menschlichen Natur etablieren wird, kurz: wie die Menschen leben werden. Sie bestimmen in gewisser Weise auch, was die Menschen sein werden, welche Handlungsmöglichkeiten für sie denkbar sind, welche Rolle Zufall und Planung für sie spielen werden und wie sie mit Minderheiten umgehen werden, kurz: welches Menschenbild sich durchsetzen wird.

Die Abhängigkeit des Menschenbildes von unserer Politik besagt nun nicht, daß wir die Entwicklung des Menschenbildes intentional steuern könnten. Streng genommen kann es auch eine moralische Verpflichtung, die Durchsetzung eines dem unseren widersprechenden Menschenbildes zu verhindern, gar nicht geben. Keine Moral kann den Fortbestand ihrer eigenen sozialen und kulturellen Voraussetzungen sichern. Moral schützt vor Handlungen, die nach ihren Normen illegitim sind. Sie schützt nicht davor, daß die Summe aller an sich legitimen Handlungen einen gesellschaftlichen Wandel einleitet, in dem sie selbst überholt wird. Gleichwohl gehört es zur Geltung von Werten, daß man will, daß die Werte weiter gelten. Und wir können daher versuchen, in unserer Politik des Umgangs mit menschlicher Natur die Gefahr in Rechnung zu stellen, daß sich ein Menschenbild etabliert, das unseren Idealen des Menschenwürdigen zuwiderläuft. Das Pochen auf die ‚Natürlichkeit' des Menschen als Grenze seiner Technisierung ist ein solcher Versuch.

Zur Begründung dieser Grenze berufen wir uns allerdings nicht mehr darauf, daß der Mensch durch die Technik als solche entwertet werde, sondern vielmehr darauf, daß die Folgen, Risiken und Gefahren unvertretbar sind.[4] Technisch kann der Mensch buchstäblich der Schöpfer seiner selbst werden. Er kann immer mehr menschliche Natur (vor allem die seiner Nachkommen!) rationaler Planung und Kontrolle unterwerfen. Unser Vertrauen jedoch, daß wir einer solchen Rolle auch gewachsen sein würden, ist erschüttert. Die Umweltprobleme demonstrieren unübersehbar, wie wir uns bei dem Versuch, die Bedingungen unserer natürlichen Existenz in ihrer Totalität zu kontrollieren, übernehmen. Wir müssen letztlich unser Handeln in Prozesse der Natur, die sich selbst erhalten und regulieren, einfügen. An der Unverfügbarkeit der biologischen Natur des Menschen festzuhalten, entlastet uns davon, was im Prinzip entscheidungsfähig wird auch wirklich entscheiden zu müssen, und die Folgen zu verantworten. Wenn wir den Menschen belassen, wie er ist, so entgehen uns vielleicht in dem einen oder anderen Falle technische Optionen der Problemlösung, aber wir können jedenfalls nicht grundsätzlich falsch liegen. Und eine moralische Haftung für den Verzicht auf die Umgestaltung der menschlichen Natur gibt es nicht.[5]

Begründet man die Norm der ‚Natürlichkeit‘ auf diese Weise, so ist ihr Schutzgut nicht das absolut Heilige, sondern das relativ Sichere. Sie konstatiert nicht ein Tabu für die Technisierung des Menschen, sondern eher eine ‚Geschwindigkeitsbegrenzung‘.

Folgerichtig muß eine normative Festschreibung der menschlichen Natur demjenigen unplausibel erscheinen, der ein Bedürfnis, von der Schöpferrolle des Menschen in Bezug auf sich selber entlastet zu werden, nicht sieht. Man kann im Gegenteil die Selbsterschaffung des Menschen und die Ersetzung von Zufallsprozessen der Natur durch rationale Planung als das eigentlich Menschliche betrachten. Und man kann die Risiken solcher Technik für gering oder angesichts der Chance, bestimmte Probleme radikal anzugehen, für vertretbar halten.[6] Man mache sich keine Illusionen. Trotz der politischen Beschwörung ethischer Grenzen der Technik ist dies die Position, die eigentlich modern ist. In die etablierten Institutionen und Wertorientierungen ist der Zwang zu technologischem Optimismus gleichsam eingebaut. Wie für alle Lebensbereiche gilt auch für den Menschen selbst: Es gibt immer schon einleuchtende Gründe, technische Möglichkeiten in technische Imperative zu übersetzen.[7]

Wenn es stimmt, daß wir klare Tabus der Natürlichkeit des Menschen nicht mehr haben, dann können wir einer solchen Position nicht einfach mit dem Pathos der geltenden Moral entgegentreten und Sittenwidrigkeit oder einen Verstoß gegen die Menschenwürde konstatieren. Wir müssen die Grenzen der Technisierung des Menschen aushandeln. Und wir können versuchen, die ‚Technologen‘ zu überstimmen – wenn es uns gelingt, dies politisch durchzusetzen. Möglicherweise entstehen als Folge einer solchen Politik neue Tabus. Beispielsweise könnte in Zukunft die Ablehnung gewisser Formen künstlicher Fortpflanzung ebenso selbstverständlich zu unserer Kultur gehören wie die Ablehnung aller Formen von ‚Babykauf' heute. Dann wäre es auch ein leichtes, solche Ablehnung aus dem Schutz der Menschenwürde in Art. 1 unserer Verfassung herauszulesen. Gegenwärtig sind wir noch dabei, sie mühsam hineinzulegen.

3. Randbedingungen und Ziele

Welchen Schranken unterliegt eine Politik der menschlichen Natur? Und welche Themen stehen heute auf ihrer Tagesordnung? Diesen Fragen dienen die folgenden abschließenden Bemerkungen.

Erstens: ‚Verbotenes Wissen' ist keine realistische Option. Der Biochemiker *Erwin Chargaff* ist der Meinung, daß wir die Wissenschaft möglicherweise schon zu weit getrieben haben. Vielleicht hätten wir weder den Atomkern noch den Zellkern jemals anrühren sollen.[8] In der Tat hätten wir gewisse Probleme nicht, wenn wir auf bestimmte Erkenntnisse verzichtet hätten. Aber können wir Geheimnisse der Natur unentdeckt lassen? In Wahrheit scheint dieser Ausweg nicht zu bestehen. Die Erweiterung von Wissen ist ein unverfügbarer und unentrinnbarer Grundzug unserer Kultur.

Nicht daß die Forschung schranken- und bedenkenlos verfahren könnte! Es gibt moralische Grenzen, etwa für Experimente mit Menschen und Embryonen, die theoretisch auch dazu führen können, daß uns bestimmte Erkenntnisse auf ewig verschlossen bleiben, weil es keine akzeptable Methode gibt, sie zu erwerben. Ferner können wir auch ungeachtet der Verfassungsgarantie der Freiheit der Forschung (Art. 5 Absatz 3 Grundgesetz) bestimmte Forschungsinhalte verbieten, weil sie speziell der Entwicklung gefährlicher oder unzulässiger Technologien dienen. Wir könnten beispielsweise versuchen, Forschung zu unterbinden, die darauf gerichtet ist, neue Nervengase darzustellen oder Atomwaffen zu miniaturisieren oder Verfahren des Klonens auf den Menschen übertragbar zu machen – wenn es dazu weiterer Forschung bedarf. Aber kann man schon die Erkenntnis der allgemeinen Grundlagen kontrollieren, vor deren Hintergrund solche Techniken überhaupt erst denkbar werden? Wir können vielleicht in gewissen Schlüsselbereichen innehalten und unsere Forschungsinvestitionen überdenken, eventuell verringern. Aber ist es vorstellbar (und wünschenswert), Erkenntnisprozesse in bestimmten Gebieten der Genetik, der Zellbiologie oder der Gehirnphysiologie überhaupt einzustellen, weil sie uns zwangsläufig mit der Möglichkeit von Techniken konfrontieren werden, die möglicherweise verhängnisvoll sind?[9]

Nach den Atomwaffen als Resultat der Kernphysik ist es zumindest nicht mehr absurd, eine solche Frage überhaupt zu stellen. Und daß die Antwort letztlich ein ‚Nein‘ sein muß, steht nicht ein für allemal fest. Kulturen und Verfassungen sind wandelbar. Eine drastische Abwertung von wissenschaftlicher Aufklärung in der Gesellschaft ist denkbar. In der Gegenwart ist dieser Zustand jedoch, trotz aller Skepsis gegenüber der Wissenschaft, keineswegs erreicht. Und wenn man nicht überzeugt ist, daß allein das Unmögliche zu verlangen heute eine realistische Politik ist, sollte man die Forderung, Wissenschaft in ganzen Disziplinen überhaupt einzustellen, außer Betracht lassen. Wir müssen uns auf absehbare Zeit darauf einrichten, daß durch Wissenschaft die *Möglichkeit* neuer Technik erweitert wird – auch von Technik zur Umgestaltung der menschlichen Natur. Uns bleibt nur der Versuch, der *Realisierung* solcher Möglichkeiten zu widerstehen. Wie wenig wir dem Rationalismus der Wissenschaft selbst ausweichen können, zeigt sich im übrigen darin, daß auch die Kritik der Wissenschaft und der Versuch, die technischen Folgen zu kontrollieren, wieder die Form von Wissenschaft annehmen (Technologiefolgenbewertung, Wissenschaftsforschung).

Zweitens: Normen öffentlicher Politik begründen nicht ohne weiteres private Freiheitsschranken. Politik kann Institutionen am Leitbild der ‚Natürlichkeit‘ des Menschen ausrichten, sie kann die Verteilung öffentlicher Ressourcen, z. B. von Forschungsförderung und Krankenkassenleistungen, entsprechend steuern und in gewissen Grenzen die Orientierung der ärztlichen Profession beeinflussen. Sie kann aber die grundsätzliche Freiheit des Einzelnen, über den Umgang mit seinem Körper selbst zu entscheiden, nicht aufheben. Zwar versuchen wir, wie die Bewertung von Selbstverstümmelung zeigt, Grenzen legitimer Selbstmanipulation zu definieren. Eingriffe in die menschliche Natur, die die Integrität der Person im Kern treffen, gelten als sittenwidrig und sind auch durch Selbstbestimmung nicht mehr gedeckt. Die von uns diskutierten Techniken der Fortpflanzungsbiologie und Genetik erreichen jedoch diese Intensität in der Regel nicht. Für sie folgen Grenzen der Selbstmanipulation nicht aus unüberschreitbaren Grundsätzen der ,Natürlichkeit' des Menschen, sondern aus den geschützten Interessen der durch die Eingriffe mit betroffenen Dritten, insbesondere der Kinder.[10]

Drittens: Jede Politik der menschlichen Natur muß die grundsätzliche Legitimität medizinisch begründeter Technisierung in Rechnung stellen. ,Gesundheit' rangiert in unserer Gesellschaft an der Spitze der individuellen Werthierarchien. In sie investieren wir einen wesentlichen Teil unserer öffentlichen Ressourcen. Man kann geradezu sagen, daß in unserer Kultur, in der inhaltliche Deutungen des Sinnes menschlichen Lebens weitgehend unverbindlich geworden sind und für die Menschen immer weniger entschieden ist, ,wozu' sie leben, die Sicherung des Lebens selbst zu einem zentralen Sinnelement wird.

Unter diesen Voraussetzungen ist der Spielraum für eine Politik, die die Entwicklung und Anwendung von Techniken verhindern will, die im Prinzip Leiden verringern oder Leben verlängern können, sehr eng. Zwar mehren sich die moralischen Bedenken gegen gewisse Formen technischer Lebensverlängerung. Aber der Verzicht auf die Anwendung einer an sich verfügbaren Technik bleibt allein dem betroffenen Individuum überlassen. Niemand kann gegen seinen Willen gezwungen werden, in aussichtsloser Lage einen würdigen Tod zu wählen, anstatt sich auf die Intensivstation zu begeben. Die Herstellung von Gesundheit, das Erreichen der Norm der Natur, scheint nahezu jede ,Unnatürlichkeit' zu rechtfertigen:

künstliche Organe, Übertragung tierischer Organe (Affenherz), Embryonalentwicklung in der Retorte (Glasuterus).[11]

Damit etabliert die medizinische Technik im Dienste des Menschen eben jene Sichtweise, die wir kulturell als Bedrohung der Menschlichkeit empfinden: der Mensch wird als Maschine konzipiert, als chemischer oder genetischer Mechanismus. Vermutlich müssen wir diese Ambivalenz aushalten. Jedenfalls dürfte es weder durchsetzbar noch vertretbar sein, etwa den Schritt zur genetischen Technik schon deshalb zu verwerfen, weil er eine weitere Stützung des reduktionistischen Menschenbildes bedeutet, und zu fordern, daß man zur Abwehr dieses Menschenbildes auch auf eventuelle medizinische Vorteile verzichten solle.[12] Wie will man einen solchen Verzicht gegenüber jemand erzwingen, der sich von eben dieser Technik Lebensrettung oder Heilung von Leiden erwartet? Die einzig zulässige Antwort auf die Ambivalenzen der technischen Medizin ist die Suche nach wirksamen Alternativen der Behandlung oder Vorbeugung nach anderen Konzepten. Liegen solche Alternativen vor, dann wird auch der Rückzug von der medizinischen Technisierung des Menschen eine politische Option.

Will man die Aufgaben einer Politik der menschlichen Natur positiv umschreiben, so werden vor allem zwei Themen zu nennen sein: die Abgrenzung der ,Krankheit' und des Bereichs legitimen ärztlichen Handelns einerseits und die Eindämmung sozialen Zwanges zur Gesundheit andererseits.

Vorschläge zur Unterscheidung zulässiger und unzulässiger Eingriffe in die menschliche Natur spiegeln meist die Unterscheidung zwischen Korrektur des Kranken und Manipulation des Gesunden. Man hält In-vitro-Befruchtung für vertretbar, um Unfruchtbarkeit auszugleichen, nicht zu Zwecken der Familienplanung; Embryonen können selegiert werden, um erbliche Krankheiten zu vermeiden, nicht um das Geschlecht des Kindes zu steuern; Eingriffe in menschliche Genome dürfen der Therapie dienen, nicht der Züchtung; Experimente mit Embryonen in der Wissenschaft sind allenfalls legitim, wenn sie direkt klinisch relevanter Forschung dienen. Die Korrektur von Krankheiten ist nicht nur

Einfallstor, sondern auch soziale Grenze der Technisierung des Menschen. Sobald es nicht mehr um die Behandlung von Krankheit geht, nehmen sowohl die Legitimität von Eingriffen in den Körper als auch in der Regel das Interesse daran drastisch ab.[13]

Das Krankheitskonzept erfüllt eine offensichtlich wichtige symbolische Funktion in unserer Gesellschaft. Es reguliert Bewertungen, Erwartungen und Motive. Und zwar kulturell gleichsam eine Ebene tiefer als die in Moral und Recht ausformulierten Normen. Diese Normen können Entscheidungen, die durch das Krankheitskonzept getroffen werden, nicht einfach überspringen. Bedeutet dies, daß wir uns umgekehrt mit dem Krankheitskonzept als Mechanismus von Verhaltensregulierung begnügen können? Ist ärztliches Handeln deckungsgleich mit zulässigen Interventionen in menschliche Natur und ein hinreichender Indikator für solche? Beides könnte nur gelten, wenn ‚Krankheit‘ eindeutig und objektiv definiert wäre, etwa als Abweichung von einer durch die natürliche Evolution für die Spezies Mensch vorgegebenen Norm (Sollwert), und wenn ärztliches Handeln unverrückbar auf die Behandlung der so definierten Krankheit festgelegt wäre. Diese Voraussetzungen sind jedoch nicht erfüllt.

Zwar legt die Medizin bei der Bestimmung der Phänomene der Krankheit eine naturalistische Definition, eben die Abweichung von einem biologisch normalen Zustand des Körpers, zugrunde. Krankheit ist dadurch von abweichendem Verhalten, persönlichem Unglück, Ausbeutung und sonstigem Elend unterschieden.[14] Aber die Definition des Normalen ist unscharf. Sie ist häufig nur quantitativ als statistische Verteilung definiert, die an den Rändern ins Pathologische übergeht. Die Genetik deckt zunehmend die Reichhaltigkeit der genetischen Variation der Spezies Mensch auf. Wenn die Häufigkeit einer Variante mehrere Prozent der Bevölkerung übersteigt (etwa bei gewissen Nahrungs- oder Pharmakaunverträglichkeiten), ist es eigentlich schon nicht mehr möglich, noch von einem genetischen ‚Defekt‘ zu sprechen. Unklar ist auch die Zuordnung zum Krankheitsbegriff bei genetischen Defekten, Chromosomenanomalien und immunologischen Abweichungen, die sich entweder nur mit gewissen Wahrscheinlichkeiten (Disposi-

214

tionen, Anfälligkeiten) oder erst sehr langfristig (genetische Krankheitsursachen) oder überhaupt nicht beim Träger, sondern erst bei seinen Nachkommen unter gewissen Umständen auswirken (heterozygote Krankheitsmerkmale). Die Reichweite des Krankheitskonzepts liegt also nicht schon von Natur aus unzweideutig fest.

Ferner führt gerade der symbolische Wert des Krankheitskonzepts zu einer inflationären Ausdehnung. Es besteht beispielsweise die Tendenz, gewisse Formen abweichenden Verhaltens (Kriminalität, Verweigerung, Versagen) unter den Krankheitsbegriff zu subsumieren, entweder um die besonderen Rücksichten und Ressourcen, die eine solche Einordnung bedingt, für den entsprechenden Handlungsbereich zu mobilisieren, oder um die sonstige Auseinandersetzung mit ihm zu erübrigen.[15]

Schließlich zeigt die Praxis ärztlichen Handelns, daß dieses keineswegs auf die Behandlung von Krankheiten in einem engen, biologisch definierten Sinne festgelegt ist. Nicht-medizinische Eingriffe – von Schwangerschaftsabbrüchen nach der Notlagenindikation über Sterilisationen zur Familienplanung und kosmetische Chirurgie bis hin zu den teilweise geradezu verstümmelnden Maßnahmen der Sportmedizin – gehören mehr oder weniger klar zum Rollenhandeln des Arztes. In einigen dieser Fälle mag der Arzt noch wie ein Sicherheitsingenieur fungieren, der die Einhaltung von Grenzen der Gesundheitsgefährdung überwacht, in anderen ist er nur noch Erfüllungsgehilfe bei der technischen Verfügung des Individuums über seinen eigenen Körper. Man sieht auch nicht, wie die Profession die Festlegung des ärztlichen Handelns auf die klassische Heilbehandlung soll garantieren können, solange jede Inflationierung des Krankheitsbegriffs und auch der Übergang zur reinen Humantechnologie, die für beliebige Interessen von Klienten Expertise liefert, das Berufsmonopol der Ärzte ausweitet und Macht, Status und Einkommen verspricht.

Unter diesen Voraussetzungen kann man nicht darauf vertrauen, daß über die gesellschaftlich etablierte Konzeption von Krankheit und die Praxis des ärztlichen Handelns die nach unseren sonstigen Werten gebotenen Grenzen der Technisierung menschlicher

Natur gleichsam automatisch beachtet werden. Die Konsequenzen eines Krankheitskonzepts, in dem die Unterscheidung zu abweichendem Verhalten und zu subjektiver Hilflosigkeit kategorial wieder eingeebnet werden, wären erheblich. Die Behandlung von Arbeitsschwierigkeiten und Verhaltensstörungen durch Drogen und Chirurgie wäre ebenso legitim wie Antibiotika bei Blutvergiftung.[16] Stellt man andererseits in Rechnung, daß durch Verschiebungen im Krankheitskonzept Plausibilität und Durchsetzbarkeit der Bewertung von Eingriffen in die menschliche Natur vorstrukturiert werden, so folgt, daß die Aushandlung eines adäquaten Krankheitsbegriffs und die Festlegung des Bereichs ärztlichen Handelns wichtige Aufgaben einer Politik sind, die die Grenzen der Technisierung des Menschen absichern will. Ziel muß es entweder sein, einen restriktiven Krankheitsbegriff durchzusetzen, oder der besonderen Legitimationswirkung, die das Etikett ‚Krankheit‘ und das ärztliche Handeln bis heute entfalten, entgegenzuwirken.

Sozialer Zwang zur Gesundheit ist in gewisser Hinsicht nichts Außergewöhnliches. Er ist schon in die individuelle Krankenrolle eingebaut, als Ausgleich für die Privilegien (Anspruch auf besondere Fürsorge, Arbeitsbefreiung), die diese Rolle einräumt. Der Betroffene hat sich im Gegenzug in vertretbarer Weise um seine Gesundung zu bemühen.[17] Wie wir gesehen haben, erweitern die neuen Biotechniken, insbesondere die genetische Analyse, die Möglichkeiten der Gesundheitsvorsorge dramatisch. Gleichzeitig schafft der Kostendruck im Gesundheitssystem ein unabweisbares öffentliches Interesse an der Nutzung dieser Möglichkeiten. Daher war der Ausgleich von individueller Wahl und sozialem Zwang im Gesundheitsbereich eines der zentralen Themen bei der Diskussion der Anwendung dieser Techniken. Die entscheidende Aufgabe wird die Abwehr von Strategien der ‚Bereinigung‘ der Bevölkerung sein, die angeblich versprechen, komplexe Probleme der Gesellschaft, etwa das der Berufskrankheiten oder der erblich bedingten Behinderungen, einer einfachen und endgültigen Lösung entgegenzuführen.

Ob diese Abwehr gelingt, hängt einerseits davon ab, wie stark die Wertung der ‚Natürlichkeit‘ des Menschen in der Gesellschaft verankert ist. Denn die Botschaft der Natur kann nur sein, daß menschliches Leben untrennbar mit Vielfalt, Abweichungen von der Norm und Krankheiten verknüpft ist. Und daß, wie raffiniert die Korrekturmöglichkeiten auch immer sein mögen, letztlich nicht das Ziel sein kann, den Menschen genetisch oder physiologisch zu optimieren und stromlinienförmig zu machen, sondern sich auf seine notwendigerweise unvollkommene Natur einzurichten.

Umgekehrt hängt andererseits das Schicksal der Maßstäbe der ‚Natürlichkeit‘ des Menschen von den Strategien ab, die wir heute wählen. Das technische Niveau, auf dem wir uns gegenwärtig bewegen, ist das der Selektion von Menschen, noch nicht das der Konstruktion. Wenn wir aber auf diesem Niveau der Philosophie des ‚Technisch-in-den-Griff-Bekommens‘ erliegen, wenn wir etwa der privaten Wunschkindmentalität eine rigorose öffentliche Politik der vorgeburtlichen Auslese zur Seite stellen, dann unterminieren wir unsere Fähigkeit, der Konstruktion von Menschen noch irgendwelchen moralischen Widerstand entgegenzusetzen. Mit der technischen Möglichkeit einer solchen Konstruktion aber werden wir unweigerlich konfrontiert werden.

Anmerkungen

Zahlen in [ ] verweisen auf vorangegangene Anmerkungen mit vollständigen Literaturangaben

Einleitung

1. *Robert Sinsheimer:* Recombinant DNA – On Our Own. In: Bioscience 26 (1976), 599.
2. Vgl. auch *Stephen Toulmin:* The Tyranny of Principles, In: Hastings Center Report 11 (December 1981), 31–39.

Kapitel I
Embryonen im Labor und künstliche Familien

1. Zu den technischen Einzelheiten des Verfahrens vgl. *Klaus Diedrich und Dieter Krebs:* Extrakorporale Befruchtung und Embryotransfer in der gynäkologischen Klinik. In: *Ulrich Jüdes* (Hg.): In-vitro-Fertilisation und Embryotransfer (Retortenbaby). Stuttgart: Wissenschaftliche Buchgesellschaft 1983, 25–43.
2. *Frankfurter Allgemeine* vom 20.4. 1983: Zahlen zur Entwicklung der Praxis der In-vitro-Befruchtung nach *Diedrich und Krebs 1983* [1], 41/42, und Angaben von Prof. *K. Semm,* Universität Kiel.
3. Vgl. zur Diskussion über Risiken der In-vitro-Befruchtung *Eberhard Schwinger:* Humangenetische Aspekte der In-vitro-Fertilisation und des Embryotransfers beim Menschen. In: *Jüdes 1983* [1], 69–80. *Clifford Grobstein:* From Chance to Purpose. Reading. Mass.: Addison 1981, 26–28.
4. Allerdings können menschliche Embryonen auch durch Auswaschung nach Befruchtung in vivo gewonnen werden. Die Probleme der technischen Verfügung über Embryonen sind also nicht auf die In-vitro-Befruchtung beschränkt.
5. *Richtlinien* zur Durchführung von In-vitro-Fertilisation (IVF) und Embryotransfer als Behandlungsmethode der menschlichen Sterilität. In: Deutsches Ärzteblatt 82 (1985), 1649, 1690–1698.
   Urteile, die Kassenfinanzierung von In-vitro-Befruchtung bejahen, sind ergangen vom Landgericht Nürnberg-Fürth. Neue Juristische Wochenschrift 1984, 1828 f., und vom Sozialgericht Gelsenkirchen, ebda. 1839 f.; dagegen: Landgericht München, ebda. 2631 f.

Grundsätzliche Kritik an der bedenkenlosen Ausweitung der Fruchtbarkeitsmachung äußert der Psychosomatiker *Peter Petersen.* Er forderte eine genauere Analyse der Bedingungen und Funktionen des zum Teil extremen Kinderwunsches der betroffenen Paare. Vgl. *Ders.* und *Alexander Teichmann:* Unsere Beziehung zur Kindesankunft. Machen oder kommen lassen. In: Deutsches Ärzteblatt 80, Heft 41 (1983), 62–66. Umfrageergebnisse zur öffentlichen Einschätzung der In-vitro-Befruchtung, siehe [17].

6. Keine Forschung an Tieren kann wirklich garantieren, daß nicht die Anwendung der In-vitro-Befruchtung beim Menschen erheblich höhere Risiken birgt. Vgl. *Leon Kass:* Babies by Means of in Vitro Fertilization: Unethical Experiments on the Unborn? In: New England Journal of Medicine 285 (1971), 1174–1179.

7. Die Literatur zu Problemen der In-vitro-Befruchtung ist in den letzten Jahren sprunghaft angewachsen. Einen Überblick über die frühere Diskussion gibt *Leroy Walters:* Human In Vitro Fertilization. A Review of the Ethical Literature. In: Hastings Center Report 9 (August 1979), 23–43. Vgl. ferner neben den Angaben zu den vorigen Fußnoten: *Ulrich Eibach:* Experimentierfeld werdendes Leben. Göttingen: Vandenhoeck 1983. *Bundesminister für Forschung und Technologie (Hg.) (BMFT 1984):* Ethische und rechtliche Probleme der Anwendung zellbiologischer und gentechnischer Methoden am Menschen. Dokumentation eines Fachgesprächs im Bundesministerium für Forschung und Technologie. München: Schweitzer 1984. *William Walters und Peter Singers* (Hg.): Test-Tube Babies. Melbourne: Oxford UP 1983. *Rita Arditti, Renate Duelli-Klein und Shelley Minden* (Hg.): Test-Tube Women. What Future for Motherhood? London: Pandora 1984 (deutsch: Retortenmütter. Frauen in den Labors der Menschenzüchter. Reinbeck: Rowohlt 1985). Vgl. ferner: *Dagmar Coester-Waltjen:* Befruchtungs- und Gentechnologie beim Menschen – rechtliche Probleme von morgen? In: Zeitschrift für das gesamte Familienrecht 1984, 230–236. *Erwin Deutsch:* Artifizielle Wege menschlicher Reproduktion. In: Monatsschrift für deutsches Recht 1985, 177–183.

Für die Stellungnahmen von professionellen Gremien und Untersuchungsausschüssen vgl. neben den *Richtlinien 1985* [5]: *Ethics Advisory Board (EAB 1979):* HEW Support of Human in Vitro Fertilization and Embryo Transfer. In: Federal Register 44 (1979), 37033–35058. *Royal College of Obstetricians and Gynecologists (RCOG 1983):* Report of the Ethics Committee on In Vitro Fertilization and Embryo Replacement or Transfer. London 1983. *Council for Science and Society (CSS 1984):* Human Procreation. Ethical Aspects of the New Techniques. Report of a Working Party (Vors.: *R. G. Dunstan*). Oxford: University Press 1984. Report of the Committee of Inquiry into

Human Fertilization and Embryology. Vorsitzende: *Mary Warnock*. London 1984 (Cmnd. 9314).

8. Der Fötus kann Erbe werden, unter der Voraussetzung, daß er lebend geboren wird. Für den Embryo in vitro gilt das nicht. Dagegen erstreckt sich der zivilrechtliche Deliktsschutz auch auf den Embryo. Der Bundesgerichtshof hat in seiner Lues-Entscheidung von 1953 (BGHZ 8, 243 ff.) dem geborenen Kind Schadensersatz wegen Gesundheitsverletzung sogar dann zugebilligt, wenn diese auf Einwirkungen vor der Zeugung zurückzuführen war.
Für die Frage, ob ein weitergehender strafrechtlicher Schutz des Embryos erforderlich ist, vgl. *Ingeborg Tepperwien:* Pränatale Einwirkungen als Tötung oder Körperverletzung. Tübingen: Mohr 1973.

9. Das deutsche Recht betont den grundsätzlichen Unrechtsgehalt der Abtötung von Föten durch das Festhalten an einer Indikationenlösung. Der Schutz des Fötus hat Vorrang vor dem Selbstbestimmungsrecht der Schwangeren (Entscheidung des Bundesverfassungsgerichts vom 25. 2. 1975, BVerfGE 39, 1 ff., 43). Der Sache nach wird jedoch durch die Indikation der sozialen Notlage eine gewisse Annäherung an die Fristenlösung erreicht.

10. Nach deutschem Recht gilt Selbstmord als zumindest ‚nicht verboten‘. Teilnahme daran kann also nicht strafbar sein. Das gilt erst recht, wenn man aus dem Grundrecht der freien Entfaltung der Persönlichkeit ein Recht auf Selbsttötung ableitet, vgl. *Wilfried Bottke:* Suizid und Strafrecht. Berlin: Duncker 1982, 318 ff.

11. Nach dem Betäubungsmittelgesetz von 1981 macht sich auch strafbar, wer ohne Erlaubnis Drogen lediglich ‚erwirbt oder sich in sonstiger Weise verschafft‘ oder auch nur ‚besitzt‘ (§ 29 Abs. 1). Nach Abs. 5 kann von Strafe abgesehen werden, wenn es sich um geringe Mengen zum Eigenbedarf handelt.
Zur Regelung der freiwilligen Sterilisation: § 226 b Entwurf, Bundestagsdrucksache VI, 3434 (1972), vgl. auch: *Albin Eser und Hans Hirsch* (Hg.): Sterilisation und Schwangerschaftsabbruch. Stuttgart: Enke 1980, 62 ff. Zur Problematik der Bevormundung des Einzelnen im Namen einer angeblich ‚allgemeinen Moral‘ in diesem Fall vgl. *Traugott Wulfhorst:* Wäre eine Strafbarkeit der freiwilligen Sterilisation verfassungswidrig? In: Neue Juristische Wochenschrift 1967, 649–654.

12. Vgl. zur Tötung auf Verlangen *Jürgen Möllering:* Schutz des Lebens. Recht auf Sterben. Stuttgart: Enke 1979. Zur Einwilligung in die Körperverletzung siehe *Gerd Bichlmeier:* Die Wirksamkeit der Einwilligung in einen medizinisch nicht indizierten ärztlichen Eingriff. In: Juristenzeitung 1980, 53–56. Vgl. ferner *Walter Stree* in: *Adolf Schönke und Horst Schröder:* Kommentar zum Strafgesetzbuch (21. Aufl.). München: Beck 1983 Nr. 8 zu § 226 a StGB.

13. Nach der revidierten Deklaration von Helsinki des Weltärztebundes (Tokio 1975) ist biomedizinische Forschung nur gerechtfertigt, „wenn das Ziel des Versuchs in einem vernünftigen Verhältnis zum Risiko für die Versuchsperson steht". „Die Sorge um die Belange der Versuchsperson muß immer Vorrang vor den Interessen der Wissenschaft und der Gesellschaft haben." Vgl. den Text in: Deutsches Ärzteblatt 72 (1975) 3161 ff. (3163). Die amerikanische Bundesregierung verlangt, daß „die Risiken für die Versuchsperson derartig durch die Vorteile für sie und die Bedeutung des zu erzielenden Wissens überwogen werden, daß es gerechtfertigt erscheint, der Versuchsperson zu gestatten, diese Risiken zu übernehmen." Code of Federal Regulations 45 CFR 46.102.

14. In den USA hat der National Research Act von 1974 ein befristetes Moratorium für Fötusforschung verfügt und eine Kommission eingesetzt, die Bedingungen für die Zulässigkeit solcher Forschung festlegen sollte. Der Report der Kommission erschien 1975. Vgl. *The National Commission for the Protection of Human Subjects of Biomedical and Behavioral Research:* Research on the Fetus. Washington: DHEW Publication No (OS) 76–127, 1975. Für England: Report of the Advisory Group, Chaired by *Sir John Peel:* The Use of Fetuses and Fetal Materials for Research. London 1972.

15. Code of Federal Regulation 45 CFR 46.209 (b). Siehe die Diskussion in: Villanova Law Review 22 (1976/1977). Massachusetts etwa hat gesetzlich festgelegt: „Niemand soll einen menschlichen Fötus, gleich ob vor oder nach seiner Entfernung aus dem Uterus der Mutter, für wissenschaftliche Experimente, Experimente im Labor oder in der Forschung oder für sonst irgendwelche Experimente benutzen." (Mass. Gen. Laws. Annotated Chapt. 112, 12Ja I).

16. Auch eine Begutachtung durch Ethikkommissionen ist erst 1985 in die ärztliche Berufsordnung aufgenommen worden, vgl. *Richtlinien 1985* [5], 1698. Man kann bezweifeln, ob die bisherige Praxis dem Status von menschlichen Föten gerecht wird. Beispiele für Forschungen, bei denen Föten (bis zu 980 g (!) Gewicht) im Labor experimentell am Leben erhalten werden, gibt *Ulrich Jüdes:* Experimentelle Manipulation von Eizellen und Embryonen bei Säugetieren. In: *Jüdes 1983* [1], 81–111 (88 ff.).

17. 22% hielten In-vitro-Befruchtung bei alleinstehenden Frauen für akzeptabel, 11% bei lesbischen Frauen. Vgl. *EAB 1979* [7], Kapitel V (abgedruckt bei *Grobstein 1981* [3], 197). Umfragen in Australien 1982/1983 ergaben etwa 70% Zustimmung zur In-vitro-Befruchtung bei der Bevölkerung insgesamt, 85% bei verheirateten Paaren unter 35 Jahren. Weitere Daten:

	Zustimmung		Ablehnung
	insges.	kinderlose Paare u. 35 J.	insges.
Eispende 1982 1983	44% 56%	58% 70%	29% 23%
Gefrierkon- servierung	43%	63%	32%
Ersatzmutter- schaft 1982	25%		31%

Vgl. *Margaret Brumby:* Community Attitudes to In-Vitro Fertilization. In: The Medical Journal of Australia 2 (1983), 650–653.

18. Stabile Partnerschaft wird als hinreichend und notwendig angesehen von *RCOG 1983* [7] Nr.3.6 und *Warnock 1984* [7], 10–12, ebenso *Richtlinien 1985* [5], Nr.3.2.2.

19. Vgl. *George Annas und Sherman Elias:* In Vitro Fertilization and Embryo Transfer: Medicolegal Aspects of a New Technique to Create a Family. In: Family Law Quarterly 17 (1983), 199–223 (211/2).

20. Vgl. *Manfred Balz:* Heterologe künstliche Samenübertragung beim Menschen. Tübingen: Mohr 1980. Angaben zur Praxis in der Bundesrepublik bei *Sylvia Schattenfroh:* Praxis der heterologen Insemination. In: Münchener Medizinische Wochenschrift 123 (1981), 762–764.

21. Vgl. *Annas und Elias 1983* [19], 211, *Martin Curie-Cohen, Lesleigh Lutrell und Sander Shapiro:* Current Practice of Artificial Insemination by Donor in the United States. In: New England Journal of Medicine 300 (1979), 585–590 (Nur 10% der befragten Ärzte wandten heterologe Insemination bei alleinstehenden Frauen an.).

22. Ein Diskriminierungsverbot für alleinstehende Frauen bei der Invitro-Befruchtung entspräche der Entwicklung des Adoptionsrechts, das in § 1741 Abs.3 BGB die Adoption durch Alleinstehende zuläßt. Das gilt natürlich im Prinzip auch für Männer. Praktisch scheitern allerdings deren Adoptionswünsche meist an der angenommenen Unvereinbarkeit mit dem Kindeswohl. Vgl. *Klaus Roth-Stielow:* Adoptionsgesetz und Adoptionsvermittlungsgesetz. Stuttgart: Kohlhammer 1976, 64.
Die Nutzung der In-vitro-Befruchtung durch alleinstehende Männer ist komplizierter, da sie die Übertragung des Embryos in eine ,Ersatzmutter' voraussetzt, (vgl. dazu unten Abschnitt 5).

23. *Hartmut Kliemt:* Normative Probleme der künstlichen Geschlechtsbestimmung und des ,Klonens'. In: Zeitschrift für Rechtspolitik 1979,

165–169, hält ein Verbot der Geschlechtsbestimmung für verfassungs-rechtlich unzulässig, wenn diese ohne einen Eingriff in den Embryo und in die normale Fortpflanzungsfähigkeit vorgenommen werden kann. *Warnock 1984* [7], 52, beschränkt sich darauf, für solche Me-thoden der Geschlechtsbestimmung die übliche Kontrolle der Sicher-heit und Wirksamkeit zu fordern. Dagegen sieht *Deutsch 1985* [7], 182, in jeder Geschlechtsbestimmung eine unzulässige ‚Willkür‘, die er der Züchtung gleichordnet.

24. In den unterentwickelten Ländern würde sich ein drastisches Überge-wicht des männlichen Bevölkerungsanteils ergeben. Soziale Spannun-gen wären wahrscheinlich, zugleich aber eine deutliche Senkung der Geburtenrate auf mittlere Sicht. Vgl. *Shirley Hartley und Linda Pie-traczyk:* Preselecting the Sex of Offspring: Technologies, Attitudes, and Implications. In: Social Biology 26, No. 3 (1979), 232–246 (244 f. Einschätzungen auf der Basis einer Umfrage in California 1976).

25. Allenfalls das Interesse einer Frau, unmittelbar nach dem Tode ihres Partners noch ein Kind von ihm zu bekommen, könnte berücksichtigt werden. Ein französisches Gericht hat 1984 der Klage einer Frau auf Herausgabe des eingefrorenen Samens ihres verstorbenen Ehemannes stattgegeben (Le Monde 3. August 1984, 1,12). Mehrere französische Gesetzentwürfe sehen jedoch vor, die Insemination nach dem Tode auszuschließen. Vgl. auch *Deutsch 1985* [7], 180.

26. Nach *Coester-Waltjen 1984* [7], 235 f., verstößt Teilung von Embryo-nen gegen die Würde des Menschen, zu der gehört, daß „die ihm von Natur gegebene Prägung prinzipiell unangetastet bleibt". Dieses Prin-zip wäre jedoch eher geeignet, gezielte Züchtung (selektive oder kon-struktive) abzuwehren. Hinsichtlich bloßer Teilung müßte man ein Recht auf genetische Individualität postulieren. Niemand sollte auf-grund menschlicher Planung, also außerhalb des seltenen natürlichen Zufalls der eineiigen Zwillingsschaft, genetisch kopiert werden dürfen und als identisches Doppel eines anderen auf die Welt kommen. Ein solches Recht würde auch die Klonierung von Menschen (Erzeugung identischer Nachkommen durch Zellkernübertragung) ausschließen. Dazu *Hans Jonas:* Laßt uns einen Menschen klonieren. In: Scheidewe-ge 12 (1982), 462–489.

27. Vgl. *Frankfurter Rundschau* 19. 4. 1984 (22), ferner *Nature* 303 (1983), 103.

28. *Alan Trounson, Carl Wood und John Leeton:* Freezing of Embryos. An Ethical Obligation. In: The Medical Journal of Australia October 2, 1982, 332–333.

29. *RCOG 1983* [7] Nr. 11.3. Eine Arbeitsgruppe des australischen Natio-nal Health and Medical Research Council hält eine Grenze von 10 Jahren für angemessen. Die Eispenderin sollte das Alter, in dem Frauen für gewöhnlich Kinder haben wollen und können, nicht über-

schreiten. *Warnock 1984* [7], 53/54, schlägt vor, daß alle 5 Jahre die Spender ihre Verfügung über die Embryonen erneuern müssen. Sind sie tot oder unauffindbar, soll das Recht, über den Embryo zu verfügen, an die ‚Embryobank‘ fallen. Vgl. ferner *Deutsch 1985* [7], 180.

30. Vgl. auch *Eibach 1983* [7], 169. Nicht ausgeschlossen sollte damit sein, daß Embryonen in medizinisch begründeten Fällen ‚gespendet‘ werden, wenn das Elternpaar seinen Kinderwunsch aufgibt und die Embryonen zur vorgeburtlichen ‚Adoption‘ freigibt.

31. Vgl. dazu etwa *Eibach 1983* [7], 166–177: *Ditta Bartels:* The Uses of in Vitro Human Embryos. In: Search 14 (1983), 257–262. *Warnock 1984* [7], 58–69. Einen Überblick über die Diskussion bis 1978 gibt *Walters 1979* [7], 32–40: im übrigen vgl. die Angaben zu den folgenden Anmerkungen.

32. *Hans Tiefel:* Human in Vitro Fertilization. A Conservative View. In: Journal of the American Medical Association 247 (1982), 3255–3242 (3241), *Hans Würmeling:* Verbrauchende Experimente mit menschlichen Embryonen. In: Münchener Medizinische Wochenschrift 125 (1983), 1189–1191 (1191), *Royal College of General Practitioners (RCGP 1983):* Working Party Report: Evidence to the Government Inquiry into Human Fertilization and Embryology. In: Journal of the Royal College of General Practitioners June 1983, 390–391, *Eibach* in: *Jüdes 1983* [1], 236 ff., *Warnock 1984* [7], 90 (Minderheitsvotum), ferner: *Trotnow, Fraling* in: *BMFT 1984* [7], 56/57, 68, und *Heribert Ostendorf:* Experimente mit dem ‚Retortenbaby‘ auf dem rechtlichen Prüfstand. In: Juristenzeitung 1984, 595–600 (599).

33. *Warnock 1984* [7], 67, 94 (Minderheitsvotum).

34. *EAB 1979* [7] Conclusion A (bei *Grobstein 1981* [3], 201), *Medical Research Council (MRC 1982):* Research Related to Human Fertilization and Embryology. In: British Medical Journal 285 (1982), 1480, Nr. 1. Dem *MRC* folgen: *RCOG 1983* [7], Nr. 13.8, und *British Medical Association (BMA 1983):* Interim Report on Human Fertilization and Embryo Replacement. In: British Medical Journal 286 (1983), 1594–1595. Siehe ferner: *EMRC 1983* (Advisory Group on Human Reproduction): Human In Vitro Fertilization and Embryo Transfer. Recommendations to European Medical Research Councils. In: Lancet 19. (26.) November 1983, 1187, Nr. 3 Abs. 3.

35. *MRC 1982* [34] Nr. iii: für übriggebliebene Embryonen: ebenso *EMRC 1983* [34] Nr. 3 Abs. 2 und wohl auch *American Fertility Society (AFS 1984):* Ethical Statement on In Vitro Fertilization. In: Fertility and Sterility 41 (1984), 12. Ferner: *CSS 1984* [7], 54, 81 f., aber Entwicklung zulässig bis zur 6. Woche.

36. *Warnock 1984* [7], 64, 78 (Mehrheitsvotum).

37. So in der Tendenz die Leitartikel in *Nature* 308 (1. 3. 1984), 1–2: 309 (26. 7. 1984), 387: 310 (31. 5. 1984), 269. Eine extreme Position ver-

tritt *John Harris:* In Vitro Fertilization: The Ethical Issues. In: The Philosophical Quarterly 33 (1983), 217–237. Er hält, da weder Embryonen noch Föten Personenstatus haben, Experimente bis zum Entwicklungsstadium der Geburt für unbeschränkt zulässig (237). Zur Kritik: *Mary Warnock* ebda. 238–249.

38. Vgl. etwa *Grobstein 1981* [3], 75–106 (101ff.), *Lenz* in: *BMFT 1984* [7], 69/70.

39. Darauf würde der Versuch hinauslaufen, Kriterien dafür anzugeben, wann ein Mensch wirklich ‚menschlich‘ ist. Vgl. *Joseph Fletcher:* Indicators of Humanhood: A Tentative Profile of Man. In: Hastings Center Report 2 (November 1972), 1–4. Fletcher fordert u.a. Gedächtnis, Selbstkontrolle, Neugierverhalten und Großhirnfunktion.

40. So Bundesverfassungsgericht, Entscheidungen Band 39, 1ff. (37).

41. So aber *Ostendorf 1984* [32], 599, der die Ausdehnung des Strafrechtsschutzes für ungeborenes menschliches Leben auf Embryonen in vitro fordert (600).

42. Solche Forschung wurde von der britischen Royal Society als möglicher Anwendungsbereich für Experimente mit menschlichen Embryonen genannt. Vgl. bei *CSS 1984* [7], 53. Ausdrücklich gegen Embryonenexperimente für Grundlagenforschung spricht sich auch der norwegische Medizinische Forschungsrat aus, vgl. *EMRG 1983* [34]: Comments; ähnlich offenbar: *MRC 1982* [34], *RCOG 1983* [7] Nr. 13.8.

43. Dagegen etwa der norwegische Medizinische Forschungsrat, *EMRC 1983* [34]: Comments. Auch in *Warnock 1984* [7], 71, werden Arzneimitteltests mit Embryonen nur in Ausnahmefällen zugelassen, während im übrigen Experimente weitgehend freigegeben werden.

44. Vgl. *MRC 1982* [34] Nr. ii, ebenso *RCOG 1983* [7] Nr. 11.3, vgl. auch *Warnock 1984* [7].

45. 45 CFR 46.209, ebenso für Embryonen in vitro: *Würmeling 1983* [32].

46. Vgl. *Ian Johnston* et al.: In Vitro Fertilization: The Challenge of the Eighties. In: Fertility and Sterility 37 (1982), 146–149.

47. *EAB 1979* [7], *MRC 1982* [34], *RCOG 1983* [7] Nr. 13.8, *Warnock 1984* [7], 65/66. *EMRC 1983* [34] erreicht dieselbe Begrenzung durch die Zulassung von Forschung mit ‚preimplantation products of in vitro fertilization‘ (Nr. 3, Abs. 1).

48. Vgl. zum letzteren *R. Edwards:* The Case for Studying Human Embryos and their Constituent Tissues in Vitro. In: Ders. und *Jean Purdy* (Hg.): Human Conception in Vitro. London: Academic 1982, 371–388 (380ff.). Edwards hält es allerdings nicht für ausgeschlossen, daß man auch einzelne embryonale Zellen, also nicht ganze Embryonen, in vitro kultivieren und zur Differenzierung bringen könnte. Damit wäre das Problem der Zeitgrenze der Kultivierung von Embryonen ausgeräumt. In jedem Fall aber müßten Embryonen eigens für den

Zweck der Organtransplantation geschaffen und zur Vermeidung von Abwehrreaktionen mit dem genetischen Material des vorgesehenen Empfängers geklont werden.

49. Vgl. *Nature:* Artificial Fertilization Made Natural. 310 (26.7. 1984), 269, Life with the New Technologies. 308 (1.3. 1984), 2: Es wird für Selbstdisziplin der Wissenschaftler plädiert, um Ängste und Opposition abzubauen. Dazu sollen die Forscher „überzeugend die Gründe darlegen, warum Embryonen für die wie immer spezifizierte Länge der Zeit am Leben gehalten werden sollten". Die Grenze der Schmerzempfindlichkeit schlägt die Beratergruppe des *CSS 1984* [7], 54, vor: vgl. auch *Grobstein 1981* [3], 75 ff., 86 ff., der sich allerdings nicht festlegt.

50. *Nature:* Handling the Embryo. 309 (31.5. 1984), 387.

51. *Nature* rief dazu auf, Vorschläge für Forschungen mit Embryonen zu produzieren und zu begründen. Vgl. An Appeal to Embryologists. 314 (7 March 1985), 11 und *John Evans* und *Anne McLaren:* Unborn Children (Protection) Bill; ebda. 14 March 1985, 127 f. *Powells* Gesetzentwurf wurde von der Regierung durch Nicht-Unterstützung gestoppt. Diese tendiert zu einer Regelung auf der Basis des Warnock-Reports. In derselben Woche nahm auch *Nature* seine Kampagne gegen die 14-Tage-Grenze wieder auf, 18 April 1985, 568, 573.

52. Dasselbe gilt für den Fall, daß durch Abtreibung ein transplantierbares Organ des Fötus gewonnen werden soll. In Case No. 477: The Fetus as an Organ Farm. In: Hastings Center Report 8 (October 1978), 23–25, und 9 (June 1979), 4, wird diskutiert, ob es vertretbar wäre, einen Fötus zu zeugen und im 6. Monat abzutreiben, um seine Niere dem kranken Vater einzupflanzen.

53. Eine gegenteilige Einschätzung der pragmatischen und kategorischen Grenzen der Forschung mit Embryonen gibt *CSS 1984* [7], 20, 54: die Erzeugung von Embryonen, etwa zur Gewinnung von medizinischen ‚Ersatzteilen‘, wird ohne Rücksicht auf die Zeitdauer der Kultivierung in vitro strikt abgelehnt, bei ‚übriggebliebenen‘ Embryonen wird dagegen eine Kultivierung bis zur 6. Woche für vertretbar gehalten.

54. Vgl. dazu *Warnock 1984* [7], 35/41, *Deutsch 1985* [7], 182. Die erste Geburt nach diesem Verfahren wird 1984 aus den USA berichtet, vgl. *George Annas:* Surrogate Embryo Transfer. In: Hastings Center Report 14 (June 1984), 25.

55. Vgl. *Elizabeth Erickson:* (Comment) Contracts to Bear a Child. In: California Law Review 66 (1978), 611–622. *Ellen Lassner von Hoften:* (Note) Surrogate Motherhood in California: Legislative Proposals. In: San Diego Law Review 18 (1981), 341–385, *Noel Keane und Dennis Breo:* The Surrogate Mother. New York: Everest 1981, *Theresa Mady:* Surrogate Mothers: The Legal Issues. In: American Journal of Law and Medicine 7 (1981), 323–352, *Beatrix Kühl-Meyer:* Rechtli-

che Probleme einer sog. Kaufmutterschaft. In: Zentralblatt für Jugendrecht und Jugendwohlfahrt 69 (1983), 763–767, *Dagmar Coester-Waltjen:* Rechtliche Probleme der für andere übernommenen Mutterschaft. In: Neue Juristische Wochenschrift 1982, 2528–2534. Auf die zweite Konstellation beziehen sich ausdrücklich: *Alan Rassaby:* Surrogate Motherhood: The Position and Problems of Substitutes. In: *Walters und Singer 1983* [7], 97–109, für das deutsche Recht: *Coester-Waltjen 1984* [7], 232, und *Deutsch 1985* [7], 182.

56. Vgl. *Frankfurter Rundschau* 19.4. 1984 (22), *Süddeutsche Zeitung* 3.8. 1984 (14), *Vorwärts* 19.1. 1985 (3), *Annas und Elias 1983* [19], 217 f.

57. A. v. C. 8 Family Law 170 und Note 171 (1978) Vgl. dazu *Douglas Cusine:* Some Legal Implications of Embryo Transfer. In: New Law Journal 129 (1979), 627–628. Auch nach amerikanischem Recht sind vorgeburtliche Verfügungen über elterliche Rechte unbeachtlich. Eine Klage auf Herausgabe des Kindes aufgrund des Ersatzmutterschaftsvertrages würde daher keinen Erfolg haben. *Mady 1981* [55], 338. Ein einschlägiger Rechtsstreit in den USA wurde vor der Geburt des Kindes durch Vergleich beigelegt: Die Mutter sollte die elterliche Sorge behalten, der Vater auf der Geburtsurkunde vermerkt werden. In einem Hearing vor der Geburt hatte der kalifornische Richter entschieden, daß die Ersatzmutter dem Kind den Namen geben könne, die elterliche Gewalt aber erst nach der Geburt entschieden würde. *New York Times* 25.3. 1981, A12 und *Doris Reed und Henry Forster:* Family Law in the Fifty States. In: Family Law Quarterly 16 (1983), 297 f.

58. Für die Adoption vgl. § 1752 BGB; für den Fall, daß der Vater das Kind zu seinem ehelichen erklären lassen will, siehe § 1723 BGB.

59. § 1747 Abs. 3 BGB. Für die Einwilligung zur Ehelicherklärung, durch die die Mutter die Ausübung der elterlichen Sorge verliert, muß Entsprechendes gelten, *Coester-Waltjen 1982* [55], 2530.

60. So *Erwin Deutsch:* Arztrecht und Arzneimittelrecht. Berlin: Springer 1983, 170, der Sittenwidrigkeit der Abrede annimmt, § 138 BGB. Im Ergebnis ebenso *Coester-Waltjen 1982* [55], 2533, die ‚Unvollkommenheit' (Unerzwingbarkeit) der Verpflichtung annimmt.

61. So für das englische Recht *Alec Samuels:* Artificial Insemination and Genetic Engineering: The Legal Problems. In: Med. Sci. Law 22 (1982), 261–268 (265), ebenso für das deutsche Recht: *Deutsch 1983* [60], 171, (anders aber *Deutsch 1985* [7], 182). *Werner Lauff und Matthias Arnold:* Der Gesetzgeber und das Retortenbaby. In: Zeitschrift für Rechtspolitik 1984, 279–283 (282), und *Heribert Ostendorf:* Juristische Aspekte der extrakorporalen Befruchtung und des Embryotransfers beim Menschen. In: *Jüdes 1983* [1], 177–198: Die Eispenderin ist die natürliche Mutter, da sie den „Grundstock der Lebensentwicklung" gelegt hat (190). Vgl. auch *Dagmar Coester-Waltjen:* Die Vaterschaft für ein durch künstliche Insemination gezeugtes Kind. In:

Neue Juristische Wochenschrift 1983, 2059–2060: „Anknüpfung der statusrechtlichen Elternschaft an das rein genetische Element akzeptabel" (2060). Ziemlich unpraktisch – um das Mindeste zu sagen – erscheint der Vorschlag, bei einer Trennung von genetischer Herkunft und Schwangerschaft den verwandtschaftlichen Status des Kindes offen zu lassen, es also beiden Frauen als Mütter zuzuordnen. So aber *Cusine 1979* [57], 627 f., ebenso offenbar: *Rassaby 1983* [55], 100.

62. So auch *Annas und Elias 1983* [19], 222. *Gottfried Knöpfel:* Faktische Elternschaft, Bedeutung und Grenzen. In: Zeitschrift für das gesamte Familienrecht 1983, 317–331 (322), *Coester-Waltjen 1984* [7], 232. Ebenso jetzt *Deutsch 1985* [7], 182. Jede andere Regelung würde in der oben genannten ersten Konstellation dazu führen, daß eine Frau, die ein Kind nach Embryospende zur Welt bringt, gleichwohl rechtlich nicht die Mutter ist.

63. So auch *Deutsch 1985* [7], 182. *Coester-Waltjen* hält unter gewissen Umständen (fehlerhafte Zustimmung zum Embryotransfer) ein Anfechtungsrecht der austragenden Frau analog §§ 1594 ff. BGB für angebracht, *1984* [7], 232 ff. Wenn das Kind einen Anspruch hat, seine genetische Abstammung zu kennen, kann dieser durch geeignete Dokumentation der Spenderbeziehungen gesichert werden, etwa entsprechend der Regelung bei der Adoption; das Kind hat das Recht, mit 16 Jahren die Eintragung über seine Abstammung einzusehen (§ 61 Personenstandsgesetz), vgl. *Ostendorf 1983* [61], 195.

64. So aber ausdrücklich *Samuels 1982* [61], 265: „Die Frau, von der das Ei kam, muß sicherlich gewinnen." Die gegenteilige Ansicht für das australische Recht vertritt *Rassaby 1983* [55], 102.

65. Siehe den Bericht des Falles bei *Annas und Elias 1982* [19], 217/8.

66. Vgl. *Coester-Waltjen 1982* [55], 2533. Für das amerikanische Recht: *Mady 1981* [55], 338.

67. Unter diesem Gesichtspunkt erscheint auch die Prüfung des Kindeswohls bei der Ehelicherklärung durch den natürlichen Vater in § 1723 BGB rechtspolitisch bedenklich.

68. Vgl. *Keane und Breo 1983* [55], 16. *Frankfurter Rundschau* 19. 4. 1984 (22), *Susan Ince:* Inside the Surrogate Industry. In: *Arditti u. a. 1984* [7], 99–116 (101).

69. Vgl. *Coester-Waltjen 1982* [55], 2533, *Deutsch 1983* [60], 170. Für das englische Recht vgl. *Cusine 1979* [57], ferner *Rassaby 1983* [55], 101. Für das amerikanische Recht: 67 A *Corpus Juris Secundum* ‚Parent and Child' 16, 201/2. Entgeltliche Ersatzmutterschaft wurde als „contrary to public policy" verworfen in *Doe v. Kelly,* 106 Mich. App. 169 (1981), vgl. *Reed und Foster 1983* [57], 298 f. Der Richter warnte: „Wenn finanzielle Erwägungen dazu dienen, eine Eltern-Kind-Beziehung zu begründen und Einfluß auf die Einheit ‚Familie' gewin-

nen, dann sind die Grundlagen der menschlichen Gemeinschaft bedroht".

70. Der Vorschlag für einen „South Carolina Surrogate Parenting Act" von 1982 sieht u.a. vor: den Antrag an das Gericht auf ‚surrogate adoption' vor Abschluß des Ersatzmutterschaftsvertrages – die Prüfung der Eignung der Vertragsschließenden und die Genehmigung der Vereinbarung durch das Gericht – ein förmliches Verfahren zur Feststellung der Vaterschaft nach Eintritt der Schwangerschaft – Verzicht der Ersatzmutter auf die elterlichen Rechte nach dem 6. Monat der Schwangerschaft (aber vor der Geburt) und vorläufige Übertragung dieser Rechte an die Vertragseltern – endgültige Adoptionsentscheidung nach der Geburt. Ferner regelt der Entwurf Einzelheiten der Abwicklung einer Entgeltzahlung, der medizinischen Überwachung der Schwangeren usw. (Nachweis s.u. Anm.74).

71. Vgl. Anm.61, ferner *David Rosettenstein:* Defining a Parent: The Biology and the Rebirth of the Filius Nullius. In: New Law Journal 131 (1981), 1095–1096. *Coester-Waltjen* verneint den Regelungsbedarf für die Ersatzmutterschaft mit heterologer Insemination 1982 [55] 2534. Grundsätzlich ablehnend dagegen: *Annas und Elias 1983* [19], 222.

72. Vgl. z.B. *Eibach und Gründel* in: *Jüdes 1983* [1], 233 und 259 f. Nachweise für frühere Stellungnahmen bei *Walters 1979* [7], 32. Ferner: *R. Snowdon, G. Mitchell und E. Snowdon:* Artificial Reproduction: A Social Investigation. London: Allan 1983, 171.

73. *BMA 1983* [34], 1594 Nr.13, *RCOG 1983* [7] Nr.7.2, *RCGP 1983* [32], 391, *Warnock 1984* [7], 46 f., ebenso das australische *Waller Komitee 1982* (Information *L. Walters,* Conference American Society of Law and Medicine, Boston 1984 April 2–4), ferner ein französisches nationales Beratungskomitee für Fragen der Ethik in Wissenschaft und Gesundheit, *Süddeutsche Zeitung* 9.11. 1984 (56). Ablehnend, wenngleich gegen ein gesetzliches Verbot, auch *CSS 1984* [7], 50 f. (die Vereinbarung sollte unerzwingbar und unentgeltlich sein). Auch der Deutsche Ärztetag hat in den *Richtlinien 1985* [5], Nr.3.2.2 eine Beteiligung der Ärzte an jeder Form von Ersatzmutterschaft grundsätzlich ausgeschlossen. Vorsichtige Zustimmung (unter der Voraussetzung, daß die Ersatzmutter nicht ausgebeutet wird) äußerte dagegen das American College of Obstetricians and Gynecologists: ACOG News Release 10.5. 1983: Guidelines on Surrogate Mothering, zitiert bei *Annas und Elias 1983* [19], 222.

74. *Dafür:* California, Ass.3771 (1982), South Carolina, H.3491 (1982), Michigan, H.4114 (1983): unter Ausschluß entgeltlicher Ersatzmutterschaft, Rhode Island, H.6132 (1983): ein Gesetzentwurf von einer Seite, der Ersatzmutterschaft als ‚business venture' legitimieren will. (Alle Angaben zu den Gesetzentwürfen nach *Bernard Dickens:* Surrogate Motherhood: Legal and Legislative Issues. In: American Society

of Law and Medicine, Boston Conference April 2–4, 1984). Für Pennsylvania wurde ebenfalls eine Regelung geplant, vgl. Fertility Assistance (Newsletter, Ann Arbor: Third Wave) 2 (April 1984) 4.
Dagegen: Michigan S.63 (1983) und New Jersey Ass.3139 (1983). Nach *Lancet* vom 2.4. 1984 (1250) hat in England eine konservative Hinterbänklerin einen Gesetzentwurf zum Verbot von Ersatzmutterschaft eingebracht. Zum Verbotsentwurf von *Powell,* vgl. oben [51].
Der kalifornische Gesetzentwurf wurde dreimal vertagt, der liberale Entwurf des Repräsentantenhauses in Michigan wurde mit überwältigender Mehrheit abgelehnt, die restriktive Senatsvorlage dagegen angenommen, vgl. Fertility Assistance und Hastings Center Report 14 (June 1984) 43.

75. Dies ist ein zentraler Punkt der feministischen Kritik an dieser Technik, vgl. die Beiträge in *Arditti u.a. 1984* [7].

76. So z.B. *Balz 1980* [20], 22.

77. Einen Schritt in diese Richtung hat der Europäische Gerichtshof für Menschenrechte in einer Entscheidung vom 13.6. 1979 gemacht, in der er das Verhältnis von Eltern (der Mutter) zu ihren nicht-ehelichen Kindern in den Schutz des Menschenrechts auf Achtung des Familienlebens (Art.8 Europäische Menschenrechtskonvention) einbezog. Vgl. Neue Juristische Wochenschrift 1979, 2449ff. Vgl. ferner *Erik Jayme:* Europäische Menschenrechtskonvention und deutsches Nichtehelichenrecht. In: ebda. 1979, 2025–2029. Den verfassungsrechtlichen Schutz des Kinderwunsches zu bestreiten, „sofern er nicht in Ehe und Familie verwirklicht wird" (so *Balz 1980* [20], 22), ist ein weltfremdes Rückzugsgefecht.

78. Vgl. *Rosettenstein 1981* [71], 1096: „Dafür einzutreten, daß bei der Feststellung der Eltern eines Kindes auf Konsens abgestellt wird, liegt vollständig auf der Linie der zunehmend funktionalen Haltung, die das Recht bei der Behandlung von Familienbeziehungen einnimmt. Allgemein gesprochen: diejenigen werden die Eltern sein, die das Kind haben wollen und die Absicht zu erkennen gegeben haben, es aufzuziehen."

79. Das scheint die gegenwärtige Haltung gegenüber der heterologen Insemination zu sein. Die bestehende Rechtslage führt dazu, daß der Ehemann, der der Befruchtung zugestimmt hat, sich gleichwohl durch Anfechtung der Ehelichkeit von allen Bindungen an das Kind lösen kann. Bundesgerichtshof, Neue Juristische Wochenschrift 1983, 2073ff. Nach *D. Giesen* ist die Entscheidung ein „fataler rechtsdogmatischer und rechtspolitischer Fehlgriff", Juristenzeitung 1983, 552. Ähnlich hatte ein französisches Gericht in Nizza 1977 entschieden, vgl. Europarat Dok. 4776, 22.September 1981. Report on Artificial Insemination in Human Beings. Explanatory Memorandum *(Tabone)* 10. Es ist diese eher zufällig wirkende Rechtsfolge, die im wesentli-

chen die Praxis der heterologen Insemination an deutschen Kliniken zum Erliegen gebracht hat.

80. *Rassaby 1983* [55] hält dagegen: „Vor die Wahl gestellt zwischen Armut und Ausbeutung, würden viele Menschen vielleicht letztere vorziehen" (103). Das wäre erst dann ein Argument, wenn man die Hoffnung, die sozialen Bedingungen der Armut zu verändern, endgültig begraben hat. In der bisherigen Praxis wurden andererseits offenbar eher die Vertragseltern von den Ersatzmüttern ausgebeutet, vgl. bei *Keane und Breo 1983* [55], 105 ff. Dieses Problem wäre durch anonyme Abwicklung über eine Vermittlungsagentur zu vermeiden.

81. Ausführliche Beschreibung einer Vertragsgestaltung bei *Ince 1984* [68], 105 f.

82. Vgl. etwa *Ruth Hubbard:* Legal and Policy Implications of Recent Advances in Prenatal Diagnosis and Fetal Therapy. In: Women's Right Law Reporter (Rutgers Law School) 7 (1982), 201–218, Responses: 219–227.

83. Vgl. oben [69], ferner: *Annas und Elias 1983* [19], 218 ff., *Deutsch 1985* [7] (anders noch *Deutsch 1983* [60], 171: Gültigkeit des Entgelts bei Ersatzmutterschaft mit Embryotransfer).

84. Siehe unter Kapitel V zur allgemeinen Frage, ob aus dem Umstand, daß Ersatzmutterschaft eine ‚unnatürliche‘ Form der Fortpflanzung ist, ein Argument gegen die Nutzung dieser Technik folgt.

85. Zum Wandel des normativen Leitbilds der Mutter-Kind-Beziehung und zu den wechselnden Positionen der Wissenschaften darin, vgl. *Yvonne Schütze:* Die gute Mutter. Zur Geschichte eines normativen Musters. Max-Planck-Institut für Bildungsforschung, Berlin 1985.

Kapitel II:
Genomanalyse, genetische Tests und ‚Screening‘

1. Vgl. *K. Sperling:* Genomanalyse beim Menschen. Manuskript. Institut für Humangenetik der Freien Universität, Berlin 1984. Ders. in: *Bundesminister für Forschung und Technologie (BMFT)* (Hg.): Ethische und rechtliche Probleme der Anwendung zellbiologischer und gentechnischer Methoden am Menschen. München: Schweitzer 1984, 104–107, *Arno Motulsky:* The Impact of Genetic Manipulation on Society and Medicine. In: Science 219 (1983) 135–140. Vgl. ferner *Werner Schloot* (Hg.): Möglichkeiten und Grenzen der Humangenetik. Frankfurt: Campus 1984.

2. Ein erstes Beispiel ist der (vermutete) Zusammenhang zwischen der männlichen Geschlechtschromosomenanomalie XYY und leicht verminderter normaler Intelligenz. Vgl. *Hermann Witkin u. a.:* Criminality in XYY- and XXY Men. In: Science 193 (1976), 547–555 (dazu

auch unten Abschnitt 6). Allgemein zum Zusammenhang von Genetik und Intelligenz: *Friedrich Vogel:* Genetik psychischer Eigenschaften. In: *Schloot 1984* [1], 47–67.

3. Vgl. *Motulsky 1983* [1], 137. Allerdings sind Untersuchungen von (betroffenen) Familien erforderlich, um die Kopplungsbeziehungen zwischen den Markern und den jeweiligen Erbkrankheiten zu ermitteln. Inzwischen sind geeignete Marker u.a. gefunden worden für die Huntingtonsche Krankheit (Veitstanz) und die Muskeldystrophie (Typ Duchenne). Vgl. *J. Gusella et al.:* A Polymorphic DNA Marker Genetically Linked to Huntington's Disease. In: Nature 306 (1983), 234–238 und *J. Murray et al.:* Linkage Relationship of a Cloned DNA Sequence on the Short Arm of the X-Chromosome to Duchenne Muscular Dystrophy. In: Nature 300 (1982), 69–71. Diese Ergebnisse werden in der Forschung die direkte Identifikation des defekten Gens ermöglichen. Dann wird man in Zukunft möglicherweise ohne aufwendige Familienanalysen diagnostizieren können, indem man Kopien des intakten Gens (Genproben) als Sonden benutzt, um defekte Gene nachzuweisen.

4. Vgl. *H. W. Goedde:* Ökogenetik. In: Fortschritte der Medizin 97 (1979), 127–128 und 165–167, *Edward Calabrese:* Ecogenetics. Genetic Variation in Susceptibility to Environmental Agents. New York: Wiley 1984.

5. Stellungnahme des wissenschaftlichen Beirats der Bundesärztekammer „Genetische Beratung und pränatale Diagnostik in der Bundesrepublik Deutschland", Deutsches Ärzteblatt 77 (1980), 183–192 (Nr. 1.1.2). Siehe auch: *Walter Fuhrmann und Friedrich Vogel:* Genetische Familienberatung. (3. Aufl.) Berlin: Springer 1982, 174: Das Anliegen des Arztes kann es nur sein, „durch Erbleiden bedingtes Unglück für den Einzelnen und seine Familie zu verhüten". Ferner: *P. Propping:* Genetische Familienberatung bei Schizophrenie. In: Deutsche Medizinische Wochenschrift 105 (1980), 273–276, 274: „Nach übereinstimmender Auffassung kommt es ... ausschließlich auf das Wohl der zu beratenden Familie an; eugenische oder andere übergeordnete Gesichtspunkte spielen keine Rolle."

6. Ein entsprechendes Beratungsangebot wird gegenwärtig vom „Arbeitskreis Behindertenarbeit der Evangelischen Kirchen in Bonn und Bad Godesberg" erarbeitet. Vgl. *Ulrich Eibach:* Konflikte in der Humangenetischen Beratung: Ein Beratungsmodell. In: Diakonie 11 (1985), 110–115.
Die Sicherung der Autonomie der Ratsuchenden ist ein zentrales Problem der genetischen Beratung. Vgl. President's Commission for the Study of Ethical Problems in Medicine and Biomedical and Behavioral Research: Screening and Counseling for Genetic Conditions. Washington: GPO 1983 *(Screening and Counseling)* 47–59, *Mary Sel-*

ler: Ethical Aspects of Genetic Counseling. In: Journal of Medical Ethics 8 (1982), 185–188.

7. Vgl. zum folgenden *Gerd Göckenjahn:* Politik und Verwaltung präventiver Gesundheitssicherung. In: Soziale Welt (1980), 156–175, *Christian von Ferber;* Gesundheitsvorsorge im Sozialrecht. In: *Wolfgang Gitter et al.* (Hg.): Im Dienste des Sozialrechts. Festschrift für Georg Wannagat. Köln: Heymanns 1981, 97–113.

8. *Aubrey Milunsky:* Know Your Genes. New York: Avon 1977. Vgl. auch *Sass* in: *BMFT 1984* [1], 121.

9. Bisweilen wird vermutet, daß gewisse Abschätzungen der Lebenserwartungen für Individuen heute schon aufgrund der Korrelationen zwischen Krankheitsanfälligkeiten und einfachen (monogenen) Merkmalen möglich sind: „Träger der Blutgruppe Null haben unter den heutigen zivilisiert-europiden Lebensbedingungen eine um ca. 60% höhere Wahrscheinlichkeit, 75 Jahre und älter zu werden als die der Blutgruppe A." *G. Jörgensen:* Genetische Individualprognostik. In: Münchener Medizinische Wochenschrift 121 (1979), 1595–1596.

10. Vgl. *Gusella et al. 1983* [3] und *Nature* 307 (1984), 11.
Ein anderes Beispiel einer problematischen Diagnose einer latenten genetisch bedingten Krankheit ist die zystische Nierenkrankheit (Erwachsenenform). Sie ist dominant vererblich (Kinder Betroffener haben also eine 50% Chance, selbst betroffen zu sein) und führt in der Regel im Alter von 40 Jahren zu fortschreitendem Nierenverfall, dem oft nur mit Transplantation oder Dialyse begegnet werden kann. Sie kann mittels Ultraschall in frühen Lebensabschnitten diagnostiziert werden. Vgl. *S. Sahney et al.:* Genetic Counselling in Adult Polycystic Kidney Disease. In: American Journal of Medical Genetics 11 (1982), 461–468.
Ähnlich gelagert ist auch die familiale Hypercholesterolämie. Sie ist eines der häufigsten genetisch bedingten Leiden (jeder 500. in Mitteleuropa) und dominant vererbbar. Jeder zweite Genträger hat mit 30 Jahren Herz- und Kreislauferkrankungen. Frühdiagnose ist möglich, aber Vorbeugungsmaßnahmen vor Krankheitsausbruch sind kaum wirksam.

11. Vgl. Huntington's Disease: Some Prefer Not To Know. In: Medical World News 15 (April 5, 1974) 74 J; ferner: *Betty Teltscher und Stephan Polgar:* Objective Knowledge about Huntington's Disease and Attitudes Toward Predictive Tests of Persons at Risk. In: Journal of Medical Genetics 18 (1981), 31–39; die medizinische Profession ist hinsichtlich der Bewertung solcher Tests gespalten, vgl. *S. Thomas:* Ethics of Predictive Tests for Huntington's Chorea. British Medical Journal 284 (1982), 1383–1389.

12. Bundesverfassungsgericht, Urteile vom 15.12. 1983 (Volkszählung),

Entscheidungen 65, 1 ff. (43) und 1979 (Mikrozensus), Entscheidungen 27, 1 ff. (6).

13. Dazu *Marc Lappe:* Genetic Politics. New York: Simon 1979, 156 ff., *R. Lewontin, S. Rose und L. Kamin:* Not in Our Genes. Biology, Ideology and Human Nature. New York: Pantheon 1984.

14. So kann offenbar ein Fehler in der Beta-Kette des Hämoglobins, der im Test diagnostiziert wird, durch eine Weiterproduktion von intaktem fötalen Hämoglobin, das normalerweise ausgeschaltet wird, ausgeglichen werden. Vgl. *Thalia Papayannopoulou et al.:* A Haemoglobin Switching Activity Modulates Hereditary Persistence of Fetal Haemoglobin. In: Nature 309 (1984).

15. Vgl. dazu etwa: *E. Gebhardt:* Gefährdung des menschlichen Erbgutes im modernen Zivilisationsmilieu. In: *Schloot 1984* [1], 69–92.

16. Vgl. *Paul Gastongay:* Human Genetics: A Model of Responsibility. In: Ethics in Science & Medicine 4 (1977), 119–134, *Mack Lipkin jr. und Peter Rowley* (Hg.): Genetic Responsibility. On Choosing our Children's Genes. New York: Plenum 1974.

17. Das Verschweigen der Anlage zu einer schweren und unheilbaren erblichen Krankheit, mit deren Ausbruch gerechnet werden muß oder die für die Nachkommen ein erhebliches Risiko darstellt, wird immer als Aufhebungsgrund angesehen. Vgl. *Uwe Diederichsen,* in: *Palandt:* Bürgerliches Gesetzbuch. Kommentar. (43. Aufl.) München: Beck 1984, Nr. 2 a zu § 32 Ehegesetz; Bundesgerichtshof, Zeitschrift für das gesamte Familienrecht 1967, 373–377. Das Ehegesetz erkennt im übrigen auch schon den bloßen Irrtum über eine solche Anlage als Aufhebungsgrund an (§ 32).

18. Aus § 1353 BGB („Die Ehegatten sind einander zur ehelichen Lebensgemeinschaft verpflichtet") werden eine Reihe von rechtlichen Verpflichtungen konstruiert, im Umgang mit dem eigenen Körper auf den Partner Rücksicht zu nehmen, etwa Sterilisationen nur einverständlich durchführen zu lassen, oder sich einer Heilbehandlung zu unterziehen, die Beziehungsstörungen beseitigen könnte. Vgl. *H. Lange,* in: *Soergel:* Kommentar zum Bürgerlichen Gesetzbuch. (11. Aufl.) Stuttgart: Kohlhammer 1982, Nr. 9, 11 zu § 1353 BGB.
Ob diesen Pflichten moralische Normen zugrundeliegen, kann bezweifelt werden. Sie dienten hauptsächlich dazu, Tatbestände von Eheverfehlungen zu umschreiben, die nach altem Recht ein Scheidungsbegehren begründen konnten. Mit dem Übergang zum Zerrüttungsprinzip im Ehescheidungsrecht dürfte der Gesichtspunkt der Pflichtverletzung zunehmend hinter dem der Beziehungsrelevanz zurücktreten.

19. Vgl. Turpin v. Sortini 643 p.2d 954 (Supreme Court, Cal. 1982), Harbeson v. Parke-Davis 656 P.2d 483 (Supreme Court, Wash. 1983). Zum amerikanischen Recht der ‚wrongful life'-Klagen siehe: *Alexan-*

der Capron: The Continuing Wrong of ‚Wrongful-Life'. In: *Aubrey Milunsky und George Annas* (Hg.): Genetics and the Law II. New York Plenum 1980, 81–93, *Margery Shaw:* Conditional Prospective Rights of the Fetus. In: Journal of Legal Medicine (Chicago) 5 (1984), 63–116 (104 ff.), *George Annas:* Righting the Wrong of ‚Wrongful Life'. In: Hastings Center Report 11 (Febr. 1981) 8–9, *Erwin Deutsch:* Unerwünschte Empfängnis, unerwünschte Geburt und unerwünschtes Leben verglichen mit wrongful conception, wrongful birth und wrongful life des anglo-amerikanischen Rechts. In: Monatsschrift für Deutsches Recht 1984, 793–795.

20. Vgl. Gleitmann v. Cosgrove 227 A.2d 689 ff. (692) (New Jersey 1967), Park v. Chessin 400 N.Y.S. 2d 110 ff. (114) (New York 1977), aufgehoben in Becker v. Schwartz N.Y.S. 2d. 895 ff. (1978). Vgl. *Capron 1980* [19], 90 f.

21. Curlander v. Bioscience Laboratories 165 Cal. Rptr. 477 ff. (488) California). Solche Ansprüche sind allerdings bis jetzt nie gewährt worden. In Zepada v. Zepada 190 N.E. 2d. 849 ff. (1963) stand ein Anspruch des Kindes gegen seinen Erzeuger wegen Schädigung durch den Status der Illegitimität zur Diskussion. Der Richter lehnte mit dem Argument ab, daß die Gewährung des Anspruchs eine so weitreichende Entwicklung wäre, daß sie dem Gesetzgeber vorbehalten bleiben sollte.

22. Cal. Civ. Code § 43.6 (West 1982) bestimmt jetzt: „Es gibt keinen Anspruch gegen die Eltern eines Kindes, der darauf gestützt ist, daß das Kind nicht hätte gezeugt werden sollen, oder wenn es gezeugt worden ist, daß es nicht hätte lebend geboren werden sollen." (No cause of action arises against a parent of a child based upon the claim that the child should not have been conceived or, if conceived, should not have been allowed to be born alive) Vgl. dazu *Shaw 1984* [19], 96.

23. Entscheidung vom 18.1. 1983 (Rötelfall) Neue Juristische Wochenschrift 1983, 1371–1374 (1374/4). Diese Entscheidung dürfte die Diskussion von ‚wrongful life' für die BRD zunächst beendet haben. Vgl. *Maximilian Fuchs:* Die zivilrechtliche Haftung des Arztes aus der Aufklärung über Genschäden. In: Neue Juristische Wochenschrift 1981, 610–613, *Andreas Heldrich:* Der Deliktsschutz des Ungeborenen. In: Juristenzeitung 1965, 593–599, hatte einen Schadensersatzanspruch des Kindes selbst gegen seine Eltern für erwägenswert gehalten (599).

24. a.a.O. 1374. Das englische Berufungsgericht hat im Fall McKay v. Essex Area Health Authority 1982 ebenfalls einen ‚wrongful life' Anspruch des Kindes verneint. Der Richter lehnt ein mögliches Recht des Fötus zu sterben u.a. mit dem Hinweis ab, daß dies den Weg zu Ansprüchen des behinderten Kindes gegen seine Eltern wegen unterlassener Abtreibung ebnen könnte. Vgl. *John Finch:* No Wrongful Life. In: New Law Journal March 11, 1982, 235–236 (236).

Es ist zu Recht darauf verwiesen worden, daß die Ablehnung der Ansprüche des Kindes gegen Dritte hier eher eine Konsequenz des begrifflichen Instrumentariums der Juristen ist als eine Forderung der Gerechtigkeit. Vgl. *Finch* a.a.O. und *Deutsch 1985* [19], 795. Könnte man solche Ansprüche ohne die Konstruktion eines ‚Rechts‘, nicht gezeugt oder nicht geboren, bzw. rechtzeitig getötet zu werden, direkt auf das professionelle Fehlverhalten der Dritten gründen, so hätten sie nichts Anstößiges. Siehe auch *Michael Slade:* The Death of Wrongful Life: A Case for Resuscitation? In: New Law Journal September 16, 1982, 874–876 und *J. Mason und R. Smith:* Law and Medical Ethics. London: Butterworth 1983, Kapitel 6: Prenatal Screening and Wrongful Life (66–80).

25. *Shaw 1984* [19], 94, 111; ähnlich auch *Edward Hsia:* Choosing My Children's Genes: Genetic Counseling. In: *Lipkin und Rowley 1974* [16], 43–59 (58). Die Parallele zur Kindesmißhandlung zieht etwa *Joseph Fletcher:* Knowledge, Risk, and the Right to Reproduce: A Limiting Principle. In: *Milunsky und Annas 1980* [19], 131–137 (131), ferner: *L. Ulrich:* Reproductive Rights and Genetic Disease. In: *J. Humber und R. Almeder* (Hg.): Biomedical Ethics and the Law. New York: Plenum 1976, 373–382.

26. *Sass* in BMFT 1984 [1], 123; die logische Konsequenz wäre, daß man als erstes einmal die Versicherungsleistungen für die Eltern einschränkt. Vgl. *Leroy Walters,* zitiert bei *Gina Kolata:* Mass Screening of Neural Tube Defects. In: Hastings Center Report 10 (December 1980), 8–10 (9).

27. Statistisches Bundesamt, Fachserie 13, Reihe 5.1: Behinderte 1981. Stuttgart: Kohlhammer 1982, 18/19, 34/35, 44/45.

28. Zu den Daten über Häufigkeiten, Klinische Kennzeichnungen und Lebenserwartung (Lebensjahr mit Behinderung) vgl. *Eberhard Passarge:* Elemente klinischer Genetik. Stuttgart: Fischer 1979; *Regine Wittkowski und Otto Prokop:* Genetik erblicher Syndrome und Mißbildungen. Wörterbuch für die Familienberatung, Teil I (3. Aufl.) Stuttgart: Gustav Fischer 1983; *Hans Stengel:* Grundriß der menschlichen Erblehre. Stuttgart: Wissenschaftliche Verlagsanstalt 1980, 268–271; *Friedrich Vogel und Arno Motulsky:* Human Genetics. (2. Aufl.) Berlin: Springer 1982, 357.

29. Siehe: Fortschritt und Fortbildung in der Medizin. *Jahrbuch 1981/1982.* Deutscher Ärzteverlag 1981, 31–84, *H. Bickel:* Screening auf angeborene Stoffwechselkrankheiten. In: Monatsschrift für Kinderheilkunde 131 (1983), 323–327, *H. Gröbe:* Screening – Untersuchungen bei Neugeborenen. In: Monatsschrift für Kinderheilkunde 131 (1983) 806–809, *Peter Clemens:* Neugeborenenscreening auf angeborene Stoffwechselkrankheiten. In: Deutsches Ärzteblatt (B) 14.10. 1984, 2625–2630.

Für die USA vgl. *Philip Reilly:* Government Support of Genetic Services. In: Social Biology 25 (1978), 23–32, *Department of Health and Human Services (DHSS):* State Laws and Regulations of Genetic Disorders. 1980 (DHSS Publication No. (HSA) 81–5243).
Die Daten über die Krankheitshäufigkeiten schwanken erheblich nach Ländern und Autoren. Tabelle bei *Passarge 1979* [28], 327.
Allgemein zum genetischen Screening vgl. *National Academy of Sciences (NAS).* Committee for the Study of Inborn Errors of Metabolism: Genetic Screening, Programs, Principles, and Research. Washington: NAS 1975, *Neil Holtzmann:* Newborn Screening for Genetic Metabolic Diseases. U.S. Department of Health, Education, and Welfare. Washington 1977 (DHEW Publ. No. (HSA) 78–5207.

30. *NAS 1975* [29], 1–5 (Recommendations). Vgl. auch *Reilly 1978* [29] und Research Group on Ethical, Social, and Legal Issues in Genetic Counseling and Genetic Engineering of the Institute of Society, Ethics, and the Life Sciences: Ethical Issues in Screening for Genetic Disease. In: New England Journal of Medicine 286 (1972), 1129–1132.

31. Vgl. Richtlinien über die Früherkennung von Krankheiten bei Kindern bis zur Vollendung des 4. Lebensjahres *(Kinderrichtlinien)* vom 26.4. 1976 (geändert 31.10. 1979) Bundesanzeiger, Beilagen zu Nr. 214 vom 11.11. 1976 und Nr. 22 vom 1.2. 1980. Nach § 181 Reichsversicherungsordnung besteht ein gesetzlicher Anspruch auf Früherkennungsmaßnahmen bei Kleinkindern für Krankheiten, die „die normale körperliche oder geistige Entwicklung des Kindes in besonderem Maße gefährden". Die Kinderrichtlinien werden vom Bundesausschuß der Ärzte und Krankenkassen beschlossen und vom Bundesminister für Arbeit und Sozialordnung erlassen. Dem Bundesausschuß gehören je 6 Vertreter der Ärzte und der Krankenkassen, sowie 3 Unparteiische an. (§ 368 o Reichsversicherungsordnung). Eine Vertretung der Patienten ist nicht vorgesehen.
Zum Wirtschaftlichkeitsgebot vgl. § 368 e Reichsversicherungsordnung. Nach § 181 a RVO kann der Bundesminister für Arbeit weitere Früherkennungsmaßnahmen einführen, wenn „es sich um Krankheiten handelt, die wirksam behandelt werden können" (Nr. 1) und „genügend Ärzte und Einrichtungen vorhanden sind, um die aufgefundenen Verdachtsfälle eingehend zu diagnostizieren und zu behandeln" (Nr. 4).

32. *Bickel 1983* [29], 3232.

33. Vgl. *Neil Holtzmann:* Public Participation in Genetic Policymaking. In: *Milunsky und Annas 1980* [19], 247–258 (252 ff.).

34. Vgl. *Mary O'Brian et al.:* Neonatal Screening for Alpha-1-Antitrypsin Deficiency. In: Journal of Pediatrics 92 (1978), 1006–1010. *Hugh Evans und Nora Bognacki:* Alpha-1-Antitrypsin Deficiency and Sus-

ceptibility to Lung Disease. In: Environmental Health Perspectives 29 (1979), 57–61. Die Häufigkeit des Mangels schwankt (Oregon 1 : 5000, Schweden 1 : 1700). Unklar ist bislang, inwieweit das Auftreten von Lungenkrankheiten durch hinzutretende Variablen, wie ‚Rauchen' und ‚Abgase' bedingt ist. Vgl. auch *Marc Lappé:* Humanizing the Genetic Enterprise. In: Hastings Center Report 9 (Dec. 1979), 10–15 (11).

35. Vgl. *NAS 1975* (29), 116–133, *Susan Zeesman et al.:* A Private View of Heterozygosity: Eight-Year Follow-Up Study on Carriers of the Tay-Sachs Gene Detected by High School Screening in Montreal. In: American Journal of Medical Genetics 18 (1984), 769–778, *World Health Organization (WHO):* Community Control of Hereditary Anemias. Memorandum from a WHO Meeting. In: Bulletin of the World Health Organization 61 (1983), 63–80.

36. Vgl. *WHO 1983* [35], 74/75.

37. Etwa sog. balanzierte Translokationen, vgl. *Richard Erbe:* Issues in Newborn Screening. In: Birth Defects 17 (1981), 167–179 (175).
Offenbar macht es unabhängig vom Bildungsgrad Probleme, ein adäquates Selbstbild als heterozygoter Träger eines schwerwiegenden Krankheitsmerkmals zu entwickeln. Vgl. *David McQueen:* Social Aspects of Genetic Screening for Tay-Sachs-Disease. In: Social Biology 22 (1975), 125–133 (132 f.). Selbst Ärzten war bis vor kurzem der Unterschied zwischen der heterozygoten Trägerschaft (die nicht zur Erkrankung führen kann) und der homozygoten Krankheitsanlage nicht immer klar, *NAS 1975* [29], 162.
1980 bestehen formal noch in 20 Staaten der USA gesetzliche Screeningprogramme für Sichelzellkrankheit oder -trägermerkmal. Vgl. *DHSS 1980* [29], *NAS 1975* [29], 116 ff. Zum Teil wird Neugeborenenscreening durchgeführt, das weniger der Identifikation von Trägermerkmalen als vielmehr der Vorsorge für das Management der (unbehandelbaren) Krankheit dient, *Ranjeet Grover et al.:* Current Sickle Cell Screening Program for Newborns in New York City. In: American Journal of Public Health 73 (1983), 249–252.

38. *Milunsky 1977* [8], 84.

39. Zitiert nach *Charles Frankel:* The Specter of Eugenics. In: Commentary 57 (March 1974), 25–33 (28).

40. *WHO 1983* [35], 74.

41. Bei einer Neumutationsrate von 1/3. Vgl. *Franz-Josef Schulte:* Neuropädiatrisches Screening, einschließlich neuromuskulärer Erkrankungen. In: *Jahrbuch 1981/1982* [29], 63–73. Ferner *T. Grimm:* Neugeborenen-Screening nach Duchennescher Muskeldystrophie. In: Monatsschrift für Kinderheilkunde 129 (1981), 414–417.

42. Unverständlicherweise legt *Friedrich Vogel* ein solches Screening nahe, vgl. Diskussion in: *K. C. Bora et al.* (Hg.): Chemical Mutagenesis, Hu-

man Population Monitoring and Genetic Risk Assessment. Amsterdam: Elsevier 1982, 330.

43. Siehe *DHSS 1980* [29], 50. Den Vergleich mit der Schulpflicht zieht die President's Commission: *Screening and Counseling 1983* [6], 50.

44. *Screening and Counseling 1983* [6], 50–51; *NAS 1975* [29], 46. Aus diesem Grunde dürfte auch die Ersetzung der Einwilligung zum Test durch das Vormundschaftsgericht nach § 1664 Bürgerliches Gesetzbuch ausscheiden. Zwang gegen die Eltern mag gerechtfertigt sein, um eine notwendige Heilbehandlung zu sichern, nicht wenn es um Vorsichtsmaßnahmen bei einem Risiko von 1:10000 geht. Vgl. dazu *George Annas:* Mandatory PKU Screening: The Other Side of the Looking Glass. In: American Journal of Public Health 72 (1982), 1401–1403.

45. Im Bereich des Landesuntersuchungsamtes Westfalen lag die Erfassungsrate von 1971–1979 zwischen 96,5 und 99,6%, vgl. *Lacompe,* in: *Jahrbuch 1981/1982* [29], 45. Allerdings wird befürchtet, daß die Rate sinkt, wenn die Tendenz zu Kurzaufenthalten in den Entbindungskliniken anhält. Eine mögliche Lösung wäre, den Hebammen das Recht einzuräumen, den Test durchzuführen (und zu berechnen).

46. Public Law 49–278, dazu *Reilly 1978* [29]. Obligatorische Tests sahen vor: Georgia, Illinois, Indiana, Kentucky, Massachusetts, New Mexico und New York. In einigen Fällen konnte man dem Test widersprechen, z. T. nur aus religiösen Gründen, vgl. *NAS 1975* [29], 119 ff. Zu Cypern, siehe *WHO 1983* [35], 74.

47. § 53–216, vgl. *NAS 1975* [29], 122. Indiana verlangt 1980 ebenfalls nicht mehr den Sichelzelltest als Voraussetzung für Schulbesuch, sondern nur noch eine schriftliche Erklärung der Eltern darüber, ob und mit welchem Ergebnis ein Test stattgefunden hat. Wird diese Mitteilung verweigert, so endet die Schulmitgliedschaft nach 30 Tagen. Religiöse Gründe für die Verweigerung werden nicht akzeptiert. *DHSS 1980* [29], 20. In New Jersey bleibt vom obligatorischen Test die routinemäßige Information aller Heiratswilligen darüber, wo man den Test durchführen lassen kann (ebda. 38).

48. Vgl. *Passarge 1979* [28], 117. *Erbe 1982* [37], 175. Zur Chromosomenanalyse siehe *Gröbe 1983* [29], 807, zur mütterlichen Phenylketonurie: *L. Cartier et al.:* Prevention of Mental Retardation in Offspring of Hyperphenylaninemic Mothers. In: American Journal of Public Health 72 (1982), 1386–1390.

49. *Milunsky 1977* [8], 84, *Goedde 1979* [4], 167, empfiehlt, einen ‚Pharmakogenetik-Paß' einzuführen, etwa entsprechend einem Blutgruppenausweis. „Gewisse Hinweise auf Arzneimittelunverträglichkeiten, Interaktionsmöglichkeiten, sowie Intoxikationen durch Umweltnoxen könnten von präventiv-arbeitsmedizinischer Bedeutung sein."

50. Vielleicht sollte der Personalausweis eher der Ausnahmefall einer sol-

chen Dokumentation bleiben. Kritisch zur Idee einer genetischen Kennkarte auch *Arno Motulsky:* Bioethical Problems in Pharmacogenetics and Ecogenetics. In: Human Genetics, Suppl. I (1978), 185–192 (189).

51. Vgl. *V. McKusick:* Family-Oriented Follow-Up. In: Journal of Chronic Disease 22 (1969), 1–7, *Alan Emery et al.:* A Genetic Register System (RAPID), in: Journal of Medical Genetics 11 (1974), 145–151, *Alan Emery et al.:* A Report on Genetics Registers. In: Journal of Medical Genetics 15 (1978), 435–442, *Peter Harper et al.:* A Genetic Register for Huntington's Chorea in South Wales. In: Journal of Medical Genetics 19 (1982), 241–245. Die meisten Register haben Modell- und Forschungscharakter. Sie sollen auch das Auftreten von Krankheiten, die Genauigkeit der Diagnosen und die Wirksamkeit genetischer Beratung überprüfen. In England gab es 1978 90 genetische Register, 23 davon für klinisch-therapeutische und präventive Zwecke (*Emery et al. 1978,* 435). In Belgien besteht ein nationales genetisches Register, an das alle Patienten, die ein genetisches Zentrum aufsuchen, gemeldet werden. Es dient vor allem der epidemiologischen Forschung. Vgl. auch *A. Emery und J. Miller* (Hg.): Registers for the Detection and Prevention of Genetic Diseases. Chicago: Year Book Med. 1976.

52. *Cartier 1982* [48], 1387, zum Huntingtonregister, vgl. *Harper 1982* [51], 243.

53. *Emery et al.* 1978 [51], 436.

54. *McKusick 1969* [51], 4. Skepsis gegenüber Genregistern dagegen bei *NAS 1975* [29], 155. Den Weg über den Hausarzt schlägt *Emery 1974* [51], 147 vor. Der ‚Hausarzt‘ stellt eine merkwürdige idyllische, vorindustrielle Variante der Arzt-Patient-Beziehung dar.

55. Vgl. Bundesverfassungsgericht, Entscheidungen 65, 1 ff. (42) (Volkszählung 1983).

56. Vgl. *Ruth Leuze:* Im Spannungsfeld von medizinischer Forschung und Datenschutz. In: *Peter Gola* (Hg.): Datenschutz im Konflikt. München: Schweitzer 1983, 78–90 (83). Zu den Datenschutzproblemen in der Wissenschaft vgl. *Max Kaase et al.* (Hg.): Datenzugang und Datenschutz. Frankfurt: Athenäum 1980.

57. Für ein Verbot von Negativ-Attesten der Bundesbeauftragte für den Datenschutz in seinen „Thesen zur Errichtung regionaler Krebsregister", Sechster Tätigkeitsbericht. Bonn 1.1. 1984, 36; vgl. ferner: Hamburgisches Gesetz- und Verordnungsblatt Teil I, 3. Juli 1984.

58. Daten nach *Rolf Rosenbrock:* Arbeitsmediziner und Sicherheitsexperten im Betrieb. Frankfurt: Campus 1982, 102.

59. Die Diskussion um das Screening von Arbeitnehmern ist bislang vor allem in den USA geführt worden. Vgl. allgemein: *Thomas McGarity und Elinor Schröder:* Risk-Oriented Employment Screening. In: Texas

Law Review 59 (1981), 999–1076, *Mary Lavine:* Industrial Screening Programs for Workers. In: Environment 24 (1982), 26–38.

Zum genetischen Screening vgl. insbesondere die *Hearings* before the Subcommittee on Investigation and Oversight of the Committee on Science and Technology, U.S. House of Representatives: October 14, 1981: Genetic Screening and the Handling of High Risk Groups in the Workplace. Washington: GPO (88–570 0); June 22, 1982: Genetic Screening of Workers. (97–570 0) und October 6, 1982: Genetic Screening in the Workplace. (11–575 0). Ferner: *Office of Technology Assessment (OTA):* The Role of Genetic Testing in the Prevention of Occupational Disease. Washington: GPO 1983 (OTA-BA-194) und *Thomas Murray:* Warning: Screening Workers for Genetic Risk. In: Hastings Center Report 13 (Febr. 1983), 5–8.

60. *OTA 1983* [59], 194, 202, 222.

61. *Calabrese 1984* [4], 39–44 (40 f.). Zu Duponts Testprogramm vgl. *Richard Severo:* Screening Blacks by Dupont Sharpens Debate on Gene Tests. In: New York Times, Febr. 4, 1980 (Abgedruckt auch in *Hearing* Oct. 14, 1981 [59], 290 ff.).

62. Vgl. *Bruce Karrh* (Corporate Medical Director, Dupont) in: *Hearing* Oct. 14, 1981 [59], 264 ff.

63. Vgl. *C. Holden:* Air Force Challenged on Sickle Trait Policy. In: Science 211 (1981), 257; *Calabrese 1984* [4], 40. Weitere Beispiele für genetische Einstellungstests in amerikanischen Unternehmen berichten *H. Stokinger und L. Scheel:* Hypersusceptibility and Genetic Problems in Occupational Medicine – A Consensus Report. In: Journal of Occupational Medicine 15 (1973), 564–573. U. a. wurde auch die angebliche Überempfindlichkeit gegen Isozyanate getestet, dazu *Calabrese 1984* [4], 276 f.

64. In einigen Unternehmen von *Dupont* wurde eine Zeitlang zu Forschungszwecken auch nach Antitrypsin- und G-6-PD-Mangel getestet. Die Programme wurden verworfen, weil sie keine Informationen ergaben, die man nicht auch aus den üblichen medizinischen Untersuchungen hätte gewinnen können. *Karrh 1981* [62], 266.

65. *Calabrese 1984* [4], 330, zu den technischen Angaben in der Tabelle vgl. ebda. 17–35, 325 ff. (Tabelle 13–1), ferner: *OTA 1983* [59], 89–105, *Gödde 1979* [4], *Gilbert Omenn:* Predictive Identification of Hypersusceptible Individuals. In: Journal of Occupational Medicine 24 (1982), 369–374.

66. *OTA 1983* [59], 195, 35 (Tabelle 4). Die Leistungsfähigkeit der Tests ist nach den Angaben in der OTA-Umfrage auch für die Industrie das entscheidende Kriterium, sie anzuwenden oder (noch) nicht anzuwenden (201, 37). Der Kongreßabgeordnete *Albert Gore* hielt es für notwendig, gesetzlich einen „Mindeststandard der Voraussagefähigkeit festzulegen, bevor ein Test für irgendetwas anderes als

die Beratung verwendet werden darf." *Hearing* Oct. 14, 1981 [59], 252.

67. In: *Edward Calabrese* (Hg.): Conference on Pollutants and High Risk Groups. In: Environmental Health Perspectives 29 (1979), 147.

68. § 12 Abs. 1 Arbeitsstoffverordnung vom 11.2. 1982 (BGBl I, 144), eine ähnliche Formel in § 2 Abs. 1 der VGB 1 der Berufsgenossenschaften vom 1.4. 1977, vgl. ferner § 120 e Gewerbeordnung.

69. Vgl. *Rudolf Hoschek und Wolfgang Fritz:* Taschenbuch für den medizinischen Arbeitsschutz und die betriebliche Praxis. (4. Auflage) Stuttgart: Enke 1978, 358 ff. (448). Für Schwefeldioxid etwa betrug der MAK-Wert 1977 13 mg/m^3 (= 5 ppm), der MIK-Wert 0,4 mg/m^3 bei dauernder, 0,75 mg/m^3 bei vorübergehender Einwirkung. 1984 war der MAK-Wert auf 5 mg/m^3 (= 2 ppm) gesenkt worden, der Immissionsgrenzwert in der TA ,Luft' war dagegen 0,4 mg/m^3 bei vorübergehender und 0,14 mg/m^3 bei längerer Einwirkung. Vgl. *Deutsche Forschungsgemeinschaft:* Maximale Arbeitsplatzkonzentrationen und Biologische Arbeitsstofftoleranzwerte 1984. Weinheim: Verlag Chemie 1984 und Technische Anleitung zur Reinhaltung der Luft. Erste Allgemeine Verwaltungsvorschrift zum Bundesimmissionsgesetz, Fassung vom 23.2. 1983.
Für Äthylenoxid, das u. a. bei der Schädlingsbekämpfung eingesetzt wird, galt beispielsweise 1977 noch ein MAK-Wert von 50 ppm (ebenso heute noch in den USA). Inzwischen ist der Stoff als krebsverursachend eingestuft. Schon bei Belastungen zwischen 1 und 10 ppm treten bei Arbeitnehmern genetische Veränderungen in den Zellen auf, vgl. *OTA 1983* [59], 72. Für die Bundesrepublik werden 1984 keine MAK-Werte mehr definiert, weil man eine als unbedenklich anzusehene Konzentration nicht angeben kann, *DFG 1984,* 58.

70. Die Zahl der angezeigten Berufskrankheiten fiel (bei annähernd konstanter Zahl der Versicherten) von 1978 bis 1983 von etwa 45000 auf 35000. 1970 lag die Vergleichszahl aber bei nur etwa 25000. Vgl. Unfallverhütungsbericht der Bundesregierung. Bundestagsdrucksache X/2353 vom 14.11. 1984. Der Anteil männlicher Arbeiter an den Neuzugängen bei den Versicherungsrenten wegen Arbeits- und Berufsunfähigkeit stieg von 1973 bis 1981 von 35,8% auf 58% (310000), vgl. dazu *Reinhold Konstanty* in: *IG Chemie* (Hg.): Arbeitsschutz – Menschenwürde im Betrieb. Bundesarbeitstagung 14.–15.5. 1982, 46. Die durchschnittliche Lebenserwartung eines Frührentners liegt bei etwa 60 Jahren. Wer dagegen mit 65 Jahren in Rente geht, kann rechnen, 77 Jahre alt zu werden. (ebda.) Vgl. ferner *Peter Infante* in: *Calabrese 1979* [67], 169 (für die USA).

71. Für die Unternehmen ist es allemal billiger, Asbestarbeiter vor dem Rauchen zu warnen, oder in der Bleiverarbeitung zum kräftigen Milchtrinken aufzufordern (was angeblich Vergiftungen vorbeugen

soll). Vgl. *Michael Wright* in: *Calabrese 1979* [67], 144. Der ‚Milch-
mythos' war auch bei deutschen Unternehmern sehr verbreitet, dazu:
Hoschek und Fritz 1978 [69], 411 f.

72. Vgl. dazu *Marliese Doberthien:* Kritik des Frauenarbeitsschutzes. In:
Zeitschrift für Rechtspolitik 9 (1976), 106–110; allgemein zur ethischen Problematik präventiven Zwangs: *Ronald Bayer et al.:* Voluntary Health Risks and Public Policy. In: Hastings Center Report 11
(Oct. 1981), 26–44.

73. Vgl. z. B. § 17 Abs. 4 Nr. 2 b und § 21 Abs. 2 der Arbeitsstoffverordnung, ebenso die Unfallverhütungsvorschrift ‚Arbeitsmedizinische
Vorsorge' (VGB 100 vom 1. 10. 1984) § 7 Abs. 1 Nr. 2 b und § 10 Abs. 2.

74. Wer 30 Jahre in der chemischen Industrie gearbeitet hat, weist mit Sicherheit eine Reihe von ‚Überanfälligkeiten' gegen unterschiedliche
Umwelt- und Schadstoffeinwirkungen auf, die viele mögliche Arbeitsplätze zum persönlich bedingten Gesundheitsrisiko für ihn werden
lassen. Vgl. *Ashford* in: *Calabrese 1979* [67], 148.
Bei Beschäftigungsverboten, die wegen drohender Berufskrankheiten
im Rahmen *bestehender* Arbeitsverhältnisse ausgesprochen werden, ist
der Arbeitgeber verpflichtet, dem Arbeitnehmer nach Möglichkeit einen anderen Arbeitsplatz einzuräumen. Ferner hat der Arbeitnehmer
neben Rentenansprüchen bei etwa verminderter Erwerbsfähigkeit einen Anspruch auf Übergangsleistungen, die einen etwaigen Verdienst-
ausfall bis zur Höhe einer Jahresrente ausgleichen. Vgl. § 3 der 7. Berufskrankheitenverordnung von 1968, dazu unten.

75. Vgl. auch *Thomas Murray:* Genetic Screening in the Workplace: Ethical Issues. In: Journal of Occupational Medicine 25 (1983), 451–454
(454).

76. Versagt man den Unternehmen das Mandat für eine unbeschränkte
Politik der Prävention mittels genetischer Selektion der Arbeitnehmer,
so folgt daraus selbstverständlich umgekehrt, daß man dem Arbeitgeber nicht Arbeitsschutzmängel vorhalten kann, wenn er verfügbare
genetische Tests nicht anwendet.

77. Zu den Einstellungsuntersuchungen vgl. *Rosenbrock 1982* [58],
100–112: „Der Anteil der Betriebe mit Einstellungsuntersuchungen ist
mehr als doppelt so hoch (68.8%) wie der derjenigen Betriebe, in denen anforderungsbezogene Stellenbeschreibungen existieren. (29,5%)
Daraus muß geschlossen werden, daß es sich bei einem erheblichen
Anteil der Einstellungsuntersuchungen um allgemeine Tauglichkeits-
prüfungen handelt." (111) Solche Prüfungen gehören nicht zum gesetzlichen Aufgabenkreis des Betriebsarztes nach dem Arbeitssicherheitsgesetz von 1973, werden aber regelmäßig bei der Bestellung des
Arztes durch Vertrag mit dem Arbeitgeber vereinbart.

78. Er muß lediglich die (offene) Diskriminierung nach dem Geschlecht
der Bewerber unterlassen (§ 611 a BGB). Nach § 99 Betriebsverfas-

sungsgesetz kann der Betriebsrat (bei Unternehmen mit mehr als 20 Beschäftigten) lediglich der Einstellung, nicht aber der Ablehnung eines Bewerbers widersprechen. Vgl. dazu etwa *Peter Derleder,* in: Bürgerliches Gesetzbuch. Alternativkommentar. Neuwied: Luchterhand 1979, Nr. 1 zu § 611 BGB.

79. Vgl. Urteil des Bundesarbeitsgerichts vom 7.6. 1984, Der Betrieb 1984, 2706.

80. Landesarbeitsgericht Düsseldorf, Der Betrieb 1971, 2071; Bundesarbeitsgericht [79]; *Paul Hoffmann:* Zur Offenbarungspflicht des Arbeitnehmers. In: Zeitschrift für Arbeitsrecht 6 (1975), 1–64: Es muß das Risiko einer ‚arbeitsplatzbezogenen Funktionsstörung‘ bestehen (42). *Wolfgang Zöllner:* Daten- und Informationsschutz im Arbeitsverhältnis. Köln: Heymanns 1982, 33 ff.

81. Vgl. *Hoffmann 1971* [80], 45, *Günter Schaub:* Arbeitsrechtshandbuch (5. Aufl.). München: Beck 1983, 97 f., Bundesarbeitsgericht [79].

82. Vgl. die Rechtsprechung des Bundesarbeitsgerichts: Urteil vom 25.11. 1982, Entscheidungssammlung zum Arbeitsrecht (EzA) Nr. 10 ‚Krankheit‘ zu § 1 Kündigungsschutzgesetz; Arbeitsrechtliche Praxis (AP) Nr. 6 zu § 1 Kündigungsschutzgesetz; Urteil vom 23.6. 1983, Neue Juristische Wochenschrift 1984, 1836–1837 (1837).

83. Urteil vom 6.7. 1973, Betriebsberater 1974, 510–511.

84. Vgl. *Schaub 1983* [81], 89.

85. Bundesverfassungsgericht, Entscheidungen 27, 1 ff. (6), Mikrozensusurteil 1979.

86. Auf die wissenschaftlichen Mängel der Tests stellen ab: *Klaus Hümmerich:* Streitfragen um Personalakten in der Privatwirtschaft. In: Der Betrieb 1977, 541–544 (543), *Eckard Peters:* Arbeitnehmerdatenschutz. Diss. Frankfurt 1982, 86, 87; auf die Verhältnismäßigkeit: *Karlheinz Schmid:* Rechtsprobleme bei der Anwendung von Intelligenztests zur Bewerberauslese. In: Der Betrieb 1971, 1420 ff.

87. Vgl. Bundesverwaltungsgericht, Urteil vom 20.12. 1963 in: Neue Juristische Wochenschrift 1964, 607–608.

88. Vgl. die vorhergehenden Fußnoten und *Derleder 1979* [78] Nr. 3 zu § 611 BGB, *Schaub 1983* [81], 89, *Karlheinz Schmid:* Rechtsprobleme des Stressinterviews. In: Betriebsberater 1971, 1237–1239.

89. Vgl. auch Europarat *CAHGE (84)* 3: Genetic Screening and Diagnosis (Dokument vom 9.3. 1984) Nr. 26. Dort wird auch auf die noch fernerliegenden Gefahren von genetischen Tests verwiesen, die nicht mehr diagnostizieren, ob jemandem eine bestimmte Krankheit droht, sondern ob er charakterlich ungeeignet ist, einen bestimmten Job auszufüllen. (Nr. 37).

90. Vgl. *New York Times* Jan. 4, 1979, ferner: *Ronald Bayer:* Reproductive Hazards in the Workplace: Bearing the Burden of Fetal Risks. In: Health and Society 60 (1982), 633–656.

91. Für *Eduard Gaugler* (Hg.): Handwörterbuch des Personalwesens. Stuttgart: Poeschel 1975, muß die werksärztliche Tätigkeit „auch unter dem Aspekt der Mittlerrolle gesehen werden zwischen Arbeitsmarkt und Arbeitskräftebedarf des einzelnen Unternehmens." Der Betriebsarzt soll „die für das Unternehmen Ungeeigneten fernhalten oder nach ihrer partiellen Leistungsminderung ... lenken helfen." (2036 ‚Werksarzt'). Zur Entlassungsselektion nach gesundheitlichen Gesichtspunkten und zur Rolle des Betriebsarztes dabei, vgl. *Rosenbrock 1982* [58], 163–172. In etwas über 40% aller Betriebe spielen nach der Auffassung der Mitarbeiter gesundheitliche Gründe eine Rolle bei der Entlassung (165).
Für eine Zusammenstellung gesetzlich vorgeschriebener Untersuchungen, siehe *Georg Kliesch, Matthias Nöthlichs und Rolff Wagner:* Arbeitssicherheitsgesetz. Kommentar. Berlin: Schmidt 1978, Nr. 7.4 zu § 3.

92. Vgl. zur genetischen ‚Überwachung' *OTA 1983* [59], 67–85. Bisher sind die diskutierten Tests meist nur zu Forschungszwecken eingesetzt worden. Ein Hauptproblem ist die verläßliche Bestimmung der Rate genetischer Veränderungen in der ‚normalen', unbelasteten Bevölkerung. In Bezug auf diese kann eine arbeitsplatzbedingte Zunahme der Veränderungen erst als solche gemessen werden (70, 80).

93. § 3 der 7. Berufskrankheitenverordnung vom 20. 6. 1968 (BGBl I, 721). Ein Beschäftigungsverbot bei unterbliebener Vorsorgeuntersuchung enthält § 4 VBG 100 „Arbeitsmedizinische Vorsorge" (vom 1. 10. 1984).

94. § 18 Abs. 3 der alten Fassung der VBG 1 setzte fest, daß der Versicherte dauernd von einer gefährdenden Beschäftigung fernzuhalten sei, „wenn er sich den schädlichen Einwirkungen gegenüber besonders empfindlich erweist". Vgl. *Karl Koetzing und Karl Linthe:* Die Berufskrankheiten. (2. Aufl.) Berlin: Schmidt 1969, 102. Genau diesen Fall diagnostizieren genetische Tests (er ist in der Neufassung der VBG 100 in § 10 Abs. 3 erfaßt).

95. § 3 Arbeitssicherheitsgesetz verpflichtet den Betriebsarzt, den Arbeitgeber „in allen Fragen des Gesundheitsschutzes zu unterstützen" und zu diesem Zweck „die Arbeitnehmer zu untersuchen, arbeitsmedizinisch zu beurteilen und zu beraten". Weitergehende Aufgaben können ihm im Anstellungsvertrag mit dem Arbeitgeber übertragen werden. Vgl. *Herbert Giese, Hans Ibels und Helmut Rehkopf:* Kommentar zum Gesetz über Betriebsärzte. Heidelberg: Recht und Wirtschaft 1974, Nr. 4 zu § 3 Arbeitssicherheitsgesetz.

96. Die Frage ist für das geltende Recht umstritten. Vgl. *Giese et al. 1974* [95] Nr. 18 zu § 3 Arbeitssicherheitsgesetz, *Kliesch et al. 1978* [91] Nr. 7.9 zu § 3.

97. Persönliche Mitteilung der Betroffenen.

98. Zum Recht auf freie Arztwahl vgl. *Kliesch et al. 1978* [91] Nr. 7.11 zu § 3 Arbeitssicherheitsgesetz. *Giese et al. 1974* [95] Nr. 21 zu § 3. Gesundheitsdienste, die der Arbeitgeber über seine gesetzlichen Verpflichtungen hinaus als freiwillige Fürsorge anbietet, können auf den Betriebsarzt beschränkt werden.

99. Die Frage ist nach geltendem Recht umstritten. Vgl. *Giese et al. 1974* [95] Nr. 4 zu § 8 Arbeitssicherheitsgesetz, *Kliesch 1978 et al.* [91] Nr. 4.2 zu § 8 (327 f.), *H. J. Schimke:* Die Schweigepflicht des Betriebsarztes bei freiwilligen Vorsorgeuntersuchungen nach dem Arbeitssicherheitsgesetz. In: Betriebsberater 1979, 1354–1355, *Werner Hinrichs:* Rechtliche Aspekte zur Schweigepflicht der Betriebsärzte und des betriebsärztlichen Personals. In: Der Betrieb 1980, 2287–2291.

100. Selbst der (inzwischen zurückgezogene) Referentenentwurf für ein Arbeitsschutzgesetz von 1982 geht in dieser Hinsicht nicht weit genug. Er räumt dem Arzt ein Mitteilungsrecht an den Arbeitgeber in allen Fällen gesundheitlicher Bedenken gegen die Beschäftigung ein, also auch wenn die Bedenken lediglich in der Person des Arbeitnehmers begründet sind (§ 14). Man hat die Wahl zwischen zwei Übeln. Die gewerkschaftliche Stellungnahme betont zu Recht, daß auch Arbeitslosigkeit zu einer Gesundheitsverschlechterung führen kann. *IG Chemie 1982* [70], 137, 139.

101. Vgl. auch *Kliesch et al. 1978* [91] Nr. 4.2 zu § 8 Arbeitssicherheitsgesetz (329).

102. Zu entsprechenden Diskussionen in Italien vgl. *Helmut Wintersberger:* 10 Jahre Arbeitermedizin in Italien. In: WSI-Mitteilungen 31 (1978), 590–597.

103. § 75 Betriebsverfassungsgesetz – die ‚Magna Charta‘ der Betriebsverfassung, vgl. *Rolf Dietz und Reinhard Richardi:* Betriebsverfassungsgesetz. Kommentar. (5. Aufl.) München: Beck 1973, Nr. 1 zu § 75.

104. § 8 Arbeitssicherheitsgesetz schließt Weisungen (des Arbeitgebers) für den gesetzlich definierten Tätigkeitsbereich des Betriebsarztes aus.

105. Für ausreichend halten das *D. Stege und F. Weinspach:* Betriebsverfassungsgesetz. Handkommentar für die betriebliche Praxis. (5. Aufl.) Köln: Instituts Verlag 1984, Nr. 30 zu § 94. Beispiele aus der Praxis betriebsärztlicher Erhebungen geben *Joachim Heilmann und Wolfgang Thelen:* Der werksärztliche Fragebogen – ein Mitbestimmungsproblem. In: Betriebsberater 1977, 1556–1559 (1556).

106. Ebenso *Heilmann und Thelen 1977* [105], 1559, dagegen: *Hans Galperin und Manfred Löwisch:* Kommentar zum Betriebsverfassungsgesetz. (6. Aufl.) Heidelberg: Recht und Wirtschaft 1982, Nr. 5 zu § 94: Es sei ein Widerspruch zur Autonomie der Betriebsärzte, „wollte man sie bei Erhebung der für ihr medizinisches Urteil von ihnen für notwendig gehaltenen Daten von der Zustimmung des Betriebsrates abhängig machen“. Zur Grenze des Fragerechts des Arbeitgeber vgl. *Hoff-*

mann 1975 [80], 46; zur Unzulässigkeit von Stresstests *Schmidt 1971* [88].

107. Vgl. *Dietz und Richardi 1973* [103] Nr. 27 zu § 95, *Karl Fitting, Fritz Auffarth und Helmut Kaiser:* Betriebsverfassungsgesetz. Handkommentar. (13. Aufl.) München: Vahlen 1981, Nr. 8 zu § 95. Nach § 95 Abs. 2 kann der Betriebsrat in Unternehmen mit mehr als 1000 Beschäftigten die Aufstellung solcher Richtlinien verlangen.

108. Vgl. dazu *Rosenbrock 1982* [58], 176 f., ferner: *Frieder Naschold:* Arbeitsschutz in den USA und präventive Sozialpolitik. In WSI-Mitteilungen 31 (1978), 573–584.

109. Zur Tariffähigkeit des Verbots von psychodiagnostischen Tests vgl. *Derleder 1979* [78] Nr. 3 zu § 611 BGB. Gesetzliche Regelung fordert etwa *Karlheinz Schmid:* Mitbestimmungsrechte des Betriebsrats bei der Verwendung psychologischer Testverfahren. In: Der Betrieb 1974, 1910–1913: Zulässigkeitskriterien für Leistungs-, Intelligenz- und Persönlichkeitstests (1911).

Eine größere Transparenz der laufenden Entwicklung ließe sich erreichen, wenn Arbeitnehmervertreter schon in die Forschung, die zu genetischen Testverfahren führt, einbezogen würden. In den USA gibt es dazu Modelle, etwa eine Kooperation der Harvard School of Public Health, der Gewerkschaften der Gummiindustrien und des Goodrich-Konzerns von 1971. Ein gemeinsames Komitee definiert arbeitsmedizinische Probleme, begutachtet und verabschiedet Forschungsplanungen und gibt Empfehlungen zur Umsetzung der Ergebnisse ab. Vgl. *Omenn 1982* [65], 373.

110. Lebensversicherer lassen die Antragsteller folgende typische Schlußerklärung abgeben: „Ich ermächtige den Versicherer, zur Nachprüfung und Verwertung der von mir über meine Gesundheitsverhältnisse gemachten Angaben alle Ärzte, Krankenhäuser und sonstige Krankenanstalten, bei denen ich in Behandlung war oder sein werde, sowie andere Personenversicherer und Behörden über meine Gesundheitsverhältnisse zu befragen. Dies gilt nur für die Zeit vor der Antragsnahme und die nächsten 3 Jahre nach der Antragsnahme. Insoweit entbinde ich alle, die hiernach befragt werden, von der Schweigepflicht ..." *(Allianz Lebensversicherungs-AG).*

Krankenversicherer verlangen entsprechende Erklärungen. Ebenso lassen sie sich ermächtigen, die Gesundheitsdaten ‚zur Prüfung des Risikos' an andere Personenversicherer weiterzugeben. Bedenken gegen diese Praxis bei *Angela Hollman:* Formularmäßige Entbindung von der Schweigepflicht gegenüber Versicherungsunternehmen. In: Neue Juristische Wochenschrift 1978, 2332–2333.

111. § 16 Versicherungsvertragsgesetz (VVG). Trifft den Versicherungsnehmer kein Verschulden, so kann der Versicherer immer noch für die Zukunft höhere Prämien verlangen (§ 41 VVG).

112. Typische Gründe, eine Krankenversicherung abzulehnen, sind u.a. Geisteskrankheiten, Bluterkrankheit, Huntington, Krebserkrankungen, Gehirnarteriosklerose. In anderen Fällen werden Zuschläge zu den Prämien verlangt. Die ‚Sensibilität‘, mit der die Unternehmen auf neue Erkenntnisse über ungewöhnliche Risiken reagieren, zeigte sich in der Diskussion um die Gefährlichkeit von Holzschutzmitteln. Es wird von 40–60% höheren Prämien berichtet, die verlangt wurden, sobald der Verdacht auf Holzschutzmittelvergiftung bestand. *Spiegel* 21. Januar 1985, 64.

113. Die erste Frage im ‚Ärztlichen Zeugnis‘, das die *Allianz* vor Abschluß einer Lebensversicherung verlangt, lautet: „Sind bei Eltern oder Geschwistern Tuberkulose, Herz- und Kreislauferkrankungen, Zuckerkrankheit oder Gemütskrankheiten vorgekommen? Welche? Bei wem?“ (ähnlich *Iduna*).

114. *Harper* berichtet, daß beim Huntingtonregister in Süd-Wales Versicherungen, Fahrerzentralen und öffentliche Dienststellen (!) angefragt haben, 1982 [51], 244.

115. Dieses Modell liegt auch dem Versicherungsvertragsgesetz von 1908 und dem § 21 (Pflicht zu gleichmäßiger Behandlung der Mitglieder) Versicherungsaufsichtsgesetz von 1931 zugrunde. Zur Problematik der Konstruktion der ‚Gefahrengemeinschaft‘ für die moderne Versicherung, vgl. *Rudolf Gärtner:* Privatversicherungsrecht. (2. Aufl.) Neuwied: Luchterhand 1980, 317–326, *Jürgen Prölss:* Der Versicherer als ‚Treuhänder der Gefahrengemeinschaft‘. In: *Claus Canaris und Uwe Diederichsen* (Hg.): Festschrift für Karl Larenz. München: Beck 1983, 487–535.

116. Zur Funktion der Prämiendifferenzierung heute, vgl. *Gärtner 1980* [115], 323 f.; zur Verpflichtung zur Prämiendifferenzierung *Prölss 1983* [115], 531, *Alfred Goldberg und Helmut Müller:* Versicherungsaufsichtsgesetz. Kommentar. Berlin: Walter de Gruyter 1980, Nr. 9 zu § 21.

117. Der Bundesgerichtshof (Urteil vom 6.7. 1983) hat das zeitlich unbegrenzte Kündigungsrecht des Versicherers bei einer Krankentagegeldversicherung für unvereinbar mit dem Vertragszweck (soziale Absicherung im Krankheitsfall) erklärt, Neue Juristische Wochenschrift 1983, 2631–2633. In dem Urteil werden die Umrisse einer Neuinterpretation der ‚Gefahrengemeinschaft‘ sichtbar: „Mit dem Gedanken der Gefahrengemeinschaft … ist es unvereinbar, daß ein Krankenversicherer sich lediglich deshalb von einem Versicherungsnehmer trennt, weil dieser infolge seines fortgeschrittenen Alters zu einem größeren Risiko geworden ist.“ (2623). Hier gelten die Versicherungsnehmer nicht mehr nur als die private Interessengemeinschaft von Trägern gleicher Risiken, die möglichst preisgünstigen Versicherungsschutz suchen, sondern als eine sozialpolitische Solidargemeinschaft, die

auch für überproportionale Risiken einzelner betroffener Mitglieder einstehen wollen. Auch das klassische Modell der ‚Gefahrengemeinschaft' zwingt im übrigen keineswegs zur Anwendung genetischer Tests bei der Risikodifferenzierung. Zwar unterstellt das Modell, daß jeder entsprechend der besonderen Gefahr, die er einbringt, zum gemeinschaftlichen Fonds beiträgt, aus dem schließlich die Ansprüche aller gedeckt werden sollen. Aber die Teilnehmer der Gemeinschaft sind Personen, nicht lediglich rechnerische Risikofaktoren. Es ist vertretbar, an sich mögliche Differenzierungen dann zu unterlassen, wenn sie nur auf Kosten wesentlicher Persönlichkeitsbelange der Versicherten durchzuführen wären.

118. Vgl. *Kurt Gruneke:* Versicherte Gefahr und Anzeigepflicht in der privaten Krankenversicherung. Diss. Köln 1965, 48 ff., 101. Die allgemeinen Versicherungsbedingungen sehen Leistungsausschluß für „Anomalien oder körperliche Fehler und deren Folgen" vor, wenn der Versicherungsnehmer sie bei Vertragsschluß gekannt hat (§ 15 Nr. 2 AVB-TK). Erfaßt werden sollen alle Merkmale, die möglicherweise ärztliche Behandlung und damit Leistungspflicht des Versicherers auslösen können. Das gilt heute beispielsweise auch für Unfruchtbarkeit.

119. In diese Richtung (Dreijahresfrist) geht die Regelung bei der Lebensversicherung, § 6 der Allgemeinen Versicherungsbedingungen. Allerdings behalten sich die Versicherer die Anfechtung wegen arglistiger Täuschung vor. Diese müßte beim Verschweigen genetischer Daten ebenfalls ausgeschlossen werden.

120. Vgl. die ausführliche Diskussion bei: *Ulrich Eibach:* Experimentierfeld: Werdendes Leben. Göttingen: Vandenhoek 1983, 90–124. Siehe ferner jetzt: *Johannes Reiter* und *Ursula Theile:* Genetik und Moral. Beiträge zu einer Ethik des Ungeborenen. Mainz: Grünewald 1985.

121. So *NAS 1975* [29], 19.

122. Das ist der Haupteinwand von *Paul Ramsey:* Genetic Therapy. In: *Michael Hamilton* (Hg.): The New Genetics and the Future of Man. Grand Rapids.: Eerdmans 1972, 157–175 (161 f.), vgl. auch *John Fletcher:* Moral and Ethical Problems of Pre-Natal Diagnosis. In: Clinical Genetics 8 (1975), 251–257 (256).

123. Vgl. *Edward Doudera und Douglas Peters* (Hg.): Legal and Ethical Aspects of Treating Critically and Terminally Ill Patients. Ann Arbor: Aupha 1982, 213 ff. (Part Three: Legal Aspects of Withholding Medical Treatment from Handicapped Children), ferner: *Natalie Abrams und Michael Bruckner* (Hg.): Medical Ethics. Cambridge: MIT 1983, 368 ff. Heftige Kontroversen löste eine Entscheidung in den USA aus, die den Eltern eines vom Downs Syndrom betroffenen Kindes das Recht gewährte, die Zustimmung zu einer lebenserhaltenden Herzoperation des Kindes zu verweigern, vgl. dazu *George Annas:* Denying the Rights of the Retarded: The Phillip Becker Case. In: Hastings

Center Report 9 (Dec. 1979), 18–20. Die US-Bundesregierung versucht, in allen von ihr unterstützten Krankenhäusern eine Politik durchzusetzen, die Behinderung eines Kindes generell als Begründung für die Verweigerung einer ansonsten gebotenen Behandlung ausschließt, vgl. *Norman Fost:* Putting Hospitals on Notice. In: Hastings Center Report 12 (Aug. 1982), 5–8.

124. Dazu *Ramsey 1972* [122], 160 ff. und *Fletcher 1975* [122].

125. § 218 a Strafgesetzbuch; Das Gesetz trägt so dem Prinzip Rechnung, daß das Lebensrecht des Fötus nur einem überwiegenden Recht der Frau, das ebenfalls Verfassungsrang hat, aufgeopfert werden darf. Bundesverfassungsgericht, Entscheidungen 39, 1 ff. (50).

126. Berühmt geworden ist die Entscheidung des obersten Gerichtshofes von New Jersey In re Quinlan 70 N. J. 10, 355 (1976). Es ging um die Frage, ob die Familie einer Patientin, die seit sechs Monaten im Koma lag, die Abschaltung der lebenserhaltenden künstlichen Beatmung verlangen durfte. Das Gericht billigte das Verlangen unter der Voraussetzung, „daß keine vernünftige Möglichkeit besteht, daß (die Patientin) je aus ihrer gegenwärtigen komatösen Verfassung in einen erkennenden, bewußten Zustand zurückkkehrt". Vgl. auch *Doudera und Peters 1982* [123].

127. Vgl. *NAS 1975* [29], 129; vgl. auch *Traute Schroeder:* Ethische Probleme bei genetischer Beratung in der Schwangerschaft. In: Monatsschrift für Kinderheilkunde 130 (1982), 71–74 (73).

128. So im Ergebnis wohl auch *Albin Eser,* in: *Schönke/Schröder:* Kommentar zum Strafgesetzbuch (21. Aufl.). Beck: München 1983, Nr. 24 zu § 218 a StGB.

129. Mitteilung von *Prof. A. Motulsky.*

130. Vgl. *Jan-Diether Murken et al.:* Pränatale genetische Diagnostik. In: Deutsches Ärzteblatt 23 (1976), 2560–2563 (2562), kritisch dazu: *Jürgen Kunze,* ebda. 24 (1977), 808, mit einer Antwort von *Murken;* siehe ferner: *H. und U. Körner:* Zu ethischen Fragen in der humangenetischen Beratung und pränatalen Diagnostik. In: Deutsches Gesundheitswesen (DDR) 35 (1980), 235–238 (237).

131. Vgl. auch die Stellungnahme „Genetische Beratung" für die Bundesärztekammer 1980 [5]: „Bei der heutigen einfachen Familienplanung ist es wichtig, daß die wenigen gewünschten Kinder gesund zur Welt kommen" (Nr. 2. 4); kritisch zu dieser Position: *Ulrich Eibach und Angelika Eibach-Bialas:* Genetische Beratung, pränatale Diagnostik und Ethik. In: Medizinische Welt 32 (1981), 1453–1455.

1. Vgl. *Tabahita Powledge:* The Last Taboo: Genetic Manipulation and Eugenics. Boston: Houghton (im Erscheinen), *C. B. Kerr:* Negative and Positive Eugenics. In: *H. Messel* (Hg.): The Biological Manipulation of Life. New York: Pergamon 1981, 281–310, *Paul Overhage:* Die biologische Zukunft des Menschen. Frankfurt: Knecht 1977, *L. L. Cavalli-Sforza und W. F. Bodmer:* The Genetics of Human Populations. San Francisco: Freeman 1971, 757 ff., *Joshua Lederberg:* Orthobiosis: The Perfection of Man. In: *A. Tiselius und S. Nilson* (Hg.): The Place of Science in a World of Facts. Uppsala: Almquist 1970, 29–58, *John Maynard Smith:* Eugenics and Utopia. In: *Frank Manuel* (Hg.): Utopia and Utopian Thought. Boston: Houghton 1966, 150–168, *Peter Medawar:* Die Zukunft des Menschen. Frankfurt: Fischer 1962, *J. B. S. Haldane:* Heredity and Politics. London: Allen 1938, 68–103.

2. *Walter Fuhrmann und Friedrich Vogel:* Genetische Familienberatung (3. Aufl.) Berlin: Springer 1982, 174. Bei dominanten Defekten fallen dagegen individual- und bevölkerungseugenische Gesichtspunkte zusammen. Wenn man die Geburt eines betroffenen Individuums abwehrt, verringert man zugleich die Häufigkeit des schädlichen Gens in der Bevölkerung.

3. *Bentley Glass:* Effects of Changes in the Physical Environment. In: *John Roslansky* (Hg.): Genetics and the Future of Man. Amsterdam: North Holland 1966, 23–47 (46).

4. „Die Behauptung, ‚es gehe abwärts‘ scheint lediglich die mißliche Lage des modernen Menschen zu reflektieren, wenn man ihn in eine primitive Gegend aussetzen würde – in eine Welt ohne Insulin, Penicillin, Zentralheizung und andere angeblich schwächende Hilfsmittel. Es ist nicht recht einzusehen, in welcher Hinsicht solche Spekulationen irgendwie von Interesse sein sollen“. *Medawar 1962* [1] 30 ff. und 119 Anm. 3. Ebenso wird darauf verwiesen, wie wenig uns stört, daß wir nicht mehr wie unsere Vorfahren ein schützendes Haarkleid haben und daher für unser Überleben von der Textilherstellung und der Heizung abhängen. Vgl. *Lionel Penrose,* in: *Gerhard Wendt* (Hg.): Genetik und Gesellschaft. Stuttgart: Wissenschaftliche Buchgesellschaft 1970, 3–9 (4).

5. Nach *Cavalli-Sforza und Bodmer 1971* [1], 778, 779, siehe auch: *Walter Fuhrmann:* Genetik – Moderne Medizin und Zukunft des Menschen. München: Goldmann 1970, 27–31.

6. *Friedrich Vogel und Arno Motulsky:* Human Genetics. Berlin: Springer 1982, 369 ff. (380, 392), siehe ferner: *G. R. Fraser:* The Implications of Prevention and Treatment of Inherited Disease for the Genetic Future

of Mankind. In: Journal de Génétique Humaine 20 (1972), 185–205; *James Neel:* Thought on the Future of Human Genetics. In: Medical Clinics of North America 53 (1969), 1001–1011.

7. Vgl. *Donald Mackenzie:* Eugenics in Britain. In: Social Studies of Science 6 (1976), 499–532, für die englische eugenische Bewegung zu Beginn des Jahrhunderts. Allgemein siehe: *Stephan Chorover:* Die Zurichtung des Menschen. Frankfurt: Campus 1982.

8. Vgl. *K. Mather:* Genetical Demography. In: Proceedings of the Royal Society. Series B 159 (1963), 106–124 (117); allgemein dazu *Medawar 1962* [1], 79–95, *Frederick Osborn und Carl Bajema:* The Eugenic Hypothesis. In Social Biology 19 (1972), 337–345, *Vogel und Motulsky 1982* [6], 180 f.

9. Dazu: *Osborn und Bajema 1972* [8], 342 ff., ferner: *Arthur Falek:* Differential Fertility and Intelligence. In: *Irving Gottesmann und L. Erlenmeyer-Kimling* (Hg.): Differential Reproduction in Individuals with Mental and Physical Disorders. In: Social Biology 18 (Supplement) (1971), 50–59, *Sheldon Reed:* Mental Retardation and Fertility. ebda. 42–49: eine Untersuchung in Minnesota ergab, daß von den Personen mit einem I.Q. unter 70 (n = 1450) 43% sich überhaupt nicht fortpflanzten (44).

10. „Die meisten Wissenschaftler werden, wenn man sie um eine begründete Schätzung bittet, wahrscheinlich Werte irgendwo dazwischen angeben, mehr weil sie extreme Ansichten ablehnen, als weil sie von irgendwelchen positiven Beweisen überzeugt sind." *Vogel und Motulsky 1982* [6], 492; zur Kritik der Zwillingsstudien vgl. *Leon Kamin:* The Science and Politics of I.Q. New York: Wiley 1974.

11. Fragwürdig ist daher auch eine oft als Widerlegung der Verfallshypothese zitierte Studie, die empirisch zeigt, daß der mittlere I.Q. in einer Bevölkerung (Schottland) zwischen 1932 und 1947 nicht gesunken, sondern gestiegen ist. Vgl. dazu *H. v. Bracken:* Humangenetische Psychologie. In: *Peter Becker (Hg.):* Humangenetik. Handbuch Band I, 2. Stuttgart: Thieme 1969, 537. Es erscheint schon schwierig zu beweisen, daß in beiden Fällen die Bevölkerung denselben Test durchlaufen hat. Und selbst wenn Vergleichbarkeit unterstellt wird, kann theoretisch eine eingetretene genetische Degeneration durch überwiegende kulturelle Entwicklung (verstärkte Beschulung, Einführung des Radios usw.) verdeckt worden sein. Vgl. *Smith 1966* [1], 152. Im übrigen bewegt sich der festgestellte Intelligenzanstieg (1 I.Q.-Punkt) ohnehin im Bereich der normalen Testfehlerquote!

12. Vgl. bei *Hans Stengel:* Grundriß der menschlichen Erblehre. Stuttgart: Wissenschaftliche Buchgesellschaft 1980, 338; zur Diskussion der Modellannahmen siehe *Mather 1963* [8].

13. Vgl. *Paul Gastonguay:* Human Genetics: A Model of Responsibility. In: Ethics in Science & Medicine 4 (1977), 119–134 (129).

14. Vgl. *Kerr 1981* [1], 301, 305. Da die Rate der Neumutationen mit dem Alter der Eltern zunimmt, wird sie durch den sozialen Wandel in entwickelten Gesellschaften, der zu niedrigem Heiratsalter und zu verringerter Kinderzahl führt, günstig beeinflußt, vgl. auch *Osborn und Bajema 1972* [8].

15. *Vogel und Motulsky 1982* [6], 423 ff. (432), *Cavalli-Sforza und Bodmer 1971* [1], 763.

16. Auf der anderen Seite folgt, daß die Heterozygotenhäufigkeit auch ohne jede eugenische Intervention zurückgehen muß, sobald die Krankheit, gegen die sie Resistenz verleiht, durch medizinischen oder hygienischen Fortschritt verschwindet. Der Wegfall selektiver Vorteile der Heterozygoten ist eine Hypothese zur Erklärung der niedrigeren Häufigkeit des Sichelzellmerkmals bei den Schwarzen in den USA, wo die Malaria unter Kontrolle ist, gegenüber den afrikanischen Bevölkerungen. Zum Selektionsvorteil der Heterozygoten vgl. *Vogel und Motulsky 1982* [6], 392 ff., *R. Witkowski und P. Großmann:* Häufigkeit und Prophylaxe genetisch bedingter Defekte und Erkrankungen. In: Ärztliche Jugendkunde 71 (1980), 21–26 (24).

17. Indirekte populationseugenische Wirkung hat die Familienberatung in diesen Fällen, falls die Eltern nach der Geburt eines betroffenen Kindes auf weitere Kinder verzichten oder wegen der ‚Investition‘ in die Pflege des Kindes ihre Reproduktion einschränken, vgl. *John Hartung und Peter Ellison:* A Eugenic Effect of Medical Care. In: Social Biology 24 (1977), 192–199.

18. *Smith 1966* [1], 154. Dieselben Argumente gelten auch für Keimbahntherapie als Mittel der Eugenik. *Smith* bezeichnet diese Strategie als Transformationseugenik und sieht sie als eigentlich akzeptablen Weg an, da sie Entscheidungsfreiheit für Heiraten und Kinder gewährt, ohne langfristig die Frequenz schädlicher Gene zu erhöhen. (ebda) 161/2) Keimbahntherapie wäre eine Alternative zum selektiven Abort als Mittel, die Geburt betroffener Kinder abzuwenden, aber als Mittel zur Reduktion der Genfrequenz wäre sie wohl nicht effektiver als die Selektion gegen homozygote Träger und daher zu vernachlässigen.

19. *Julian Huxley:* Eugenics in an Evolutionary Perspective. In: Eugenics Quarterly 54 (1962), 123 ff. (135) und auf dem berüchtigten Ciba-Symposion „Man and His Future" 1962, deutsch: Die Zukunft des Menschen – Aspekte der Evolution. In: *Gordon Wolstenholme* (Hg.): Das umstrittene Experiment: Der Mensch. München: Desch 1966, 31–52 (47).

20. Vgl. *Friedrich Vogel und Peter Propping:* Ist unser Schicksal mitgeboren? Moderne Vererbungsforschung und menschliche Psyche. Berlin: Severin 1981.

21. *Cavalli-Sforza und Bodmer 1971* [1], 768 f. haben den denkbaren Effekt der Züchtungspolitik berechnet, die *Muller* vorgeschlagen hat:

Männer mit niedrigem I. Q. sollten (freiwillig) auf Fortpflanzung verzichten, dafür sollten viele Frauen mit dem Samen hochintelligenter
Männer künstlich befruchtet werden. (Vgl. *Herman Muller;* Human
Evolution by Voluntary Choice of Germ Plasm. In: Science 134
(1961), 643f.) Unter der Annahme, daß Intelligenz zu 50% vererbt
wird, ergab sich je nach Grad der weiblichen Beteiligung und nach
I. Q. der eingesetzten Männer folgende theoretische Erhöhung (von
100) des durchschnittlichen I. Q. in einer Generation:

Spender	*Grad der weiblichen Beteiligung*		
	20%	*50%*	*100%*
Männer I. Q. über 122 *(= 6% der Männer)*	101.5	103.8	107.5
Männer I. Q. über 156 *(= 0.008% der Männer)*	103.0	107.5	115.0

Vgl. dazu auch *Wolfgang van den Daele:* Eugenik im Angebot. In:
Kursbuch 80 (1985), 41–54.

22. Forderung von *Stengel 1980* [12], 343. Im allgemeinen stießen Züch-
tungsfantasien, wie sie etwa auf dem Ciba-Symposion ausgebreitet
wurden, auch bei Genetikern auf heftige Ablehnung, vgl. *Friedrich Vogel:* Können und dürfen wir Menschen züchten? In: Hippokrates
1967, 640–650. Allerdings waren die Kritiker selbst nicht unanfällig
gegen populationsgenetische Verbesserungsstrategien. *Vogel* etwa be-
klagte: „So muß der Zustand beseitigt werden, daß gerade überdurchschnittlich begabte Menschen, deren Ehrgeiz sie führende Stellungen
in Wissenschaft, Technik und Wirtschaft anstreben läßt, durch soziale
Barrieren vielfach noch an rechtzeitiger Heirat und ausreichender
Fortpflanzung gehindert werden." Einkommensunabhängige Kinder-
beihilfen lehnte er ab, denn „sie ermutigen umgekehrt gerade die Fortpflanzung des sozial Schwachen und wirken sich deshalb dysgenisch
aus." (649/650).

23. *Garret Hardin:* The Moral Threat of Personal Medicine. In: *Mack
Lipkin und Peter Rowley:* Genetic Responsibility. New York: Plenum
1974, 85–91 (88).

24. *Stengel 1980* [12], 341.

25. Vgl. *Heinz Bach:* Die Wende der Behindertenpädagogik in der Gegenwart. In: Vierteljahresschrift für Heilpädagogik 42 (1973), 33–333.
Allgemein: *Hermann Meyer:* Geistigbehindertenpädagogik. In: *Svet-
luse Solarowa* (Hg.): Geschichte der Sonderpädagogik. Stuttgart:
Kohlhammer 1983, 84–119 (114ff.).

26. *H. von Bracken:* Vorurteile gegen behinderte Kinder, ihre Familien
und Schulen. Berlin: Marhold 1976, 78.

27. In einigen Bundesländern wird erwogen, die Schulpflicht für Geistigbehinderte wieder einzuschränken und Schwerbehinderte wie früher
‚auszuschulen‘, so etwa in Niedersachsen. Vgl. dazu *Meyer 1983* [25],
116.

28. Die Medizin unterscheidet traditionell zwischen Debilen (I.Q.
50–70), Imbezillen (20–50) und Idioten (0–20). Die Einteilung
schwankt jedoch nach Autoren und Ländern. Ein I.Q. von 70 entspricht beim Erwachsenen einem mentalen Alter, das normalerweise
ein Zehnjähriger erreicht. Vgl. *Vogel und Motulsky 1982* [6], 480 ff.
Zur Klassifikation in der Pädagogik und Psychologie vgl. *Heinz Bach:*
Personenkreis Geistigbehinderter. In: Derselbe. (Hg.): Pädagogik der
Geistigbehinderten. Berlin: Marhold 1979 (= Handbuch der Sonderpädagogik Bd. 5), 3–18 (4/5). Allgemein zur Kritik an den „etikettie-
renden“ Klassifikationen mit Hilfe des I.Q. *Dietrich Eggert:* Psycholo-
gische Frühdiagnostik bei geistigbehinderten Kindern. In: *Jürgen Collantz und Gebhard Flatz* (Hg.): Geistige Entwicklungsstörungen.
Bern: Huber 1976, 85–112 (88 f.).

29. *Reed 1971* [9] 44 f. (Tabelle 2), vgl. auch *Vogel und Motulsky 1982* (6),
483. Auch eine neuere schwedische Untersuchung bescheinigt den
Kindern Geistigbehinderter schlechte Aussichten: Von den 41 Kindern der 15 behinderten Frauen waren 8 selbst behindert, bei 6 bestand der Verdacht; weitere 23 benötigten psychiatrische Hilfe. Und
nur 6 lebten problemlos bei ihren biologischen Müttern. *C. Gillberg
und M. Geijer-Karlsson:* Children Born to Mentally Handicapped
Women: A 1–21 Year Follow-Up Study of 41 Cases. In: Psychosoma-
tic Medicine 13 (1983), 891–894.

30. Schon deshalb ist es wenig überraschend, daß solche Kinder häufiger
in der psychiatrischen Praxis auftauchen. Zu den Ursachen geistiger
Behinderung vgl. *Gebhard Flatz:* Verhütung geistiger Behinderung als
Aufgabe der Humangenetik. In *Collantz und Flatz 1976* [28], 11–18;
zum Problem der sozialen Vererbung vgl. auch: *Travis Thompson:* Sterilization of the Retarded: In Whose Interest? In: Hastings Center
Report 8 (June 1978) 29–32 (31), und *Medora Bass:* Surgical Contraception: A Key to Normalization and Prevention. In: Mental Retardation 16 (1978), 399–404, die zu einer Studie über ‚kulturell-familia-
le geistige Behinderung‘ in Milwaukee feststellt: „Die Wahrscheinlichkeit, ein behindertes Kind zu haben, war für die behinderte Mutter
14mal größer als für die Kontrollpersonen. Mangelhafte Kindesfür-
sorge und fehlende Stimulation des Kindes waren bedeutsamer als
Erblichkeit.“ (401).

31. *S. Reed und V. Elving:* Effects of Changing Sexuality on the Gene
Pool. In: *T. de la Cruz und G. La Veck* (Hg.): Conference on Human
Sexuality and the Mentally Retarded. New York: Brunner 1973,
111–137.

59. So Oberlandesgericht Hamm 1983 (57), 2096: schwer verständlich ist dann der Nachsatz: „Weitergehende Zwangseingriffe müßten dem Gesetzgeber vorbehalten bleiben." Ein amerikanisches Bezirksgericht (Columbia) hat 1974 die Einwilligung des Betroffenen für unersetzbar erklärt: „Weder kann, wer geistig inkompetent ist, die Standards (der informierten Einwilligung) erfüllen, noch kann die Einwilligung eines Vertreters bei dem Individuum, das tatsächlich der irreversiblen Sterilisation unterzogen wird, Freiwilligkeit begründen." *Relf v. Weinberger*, 372, *F. Supp*, 1196 ff. (1202); ebenso ein Berufungsgericht in Indiana, A. L. v. G. R. H., 425 U. S. 936 (1976), vgl. *Vitello 1978* [38], 407.

60. Zum deutschen Regierungsentwurf vgl. Bundesdrucksache VI/3434; zum Gesetz von Montana: *Neuwirth 1975* [38], 462 f. (das Gesetz ist eine Ausnahme unter den eugenischen Regelungen der amerikanischen Staaten geblieben.); zur AAMD: *Vitello 1978* [38], 408: zur schweizerischen Akademie: Medizinisch-ethische Richtlinien zur Sterilisation. In: Schweizerische Ärztezeitung 63 (1982), 624.

61. Stellungnahme der Bundesvereinigung Lebenshilfe für Geistig Behinderte e. V. vom 21. 2. 1974, Stellungnahme des Diakonischen Werks der Evangelischen Kirche in Deutschland vom 3. 1. 1975.

62. Vgl. Franzier v. Levi, 440 S. W. 2 d 393 (Texas 1969), vgl. auch: *Ruth Macklin und Willard Gaylin* (Hg.): Mental Retardation and Sterilization: A Problem of Competency and Paternalism. New York: Plenum 1981, 71 f.

63. Vgl. auch *Eser und Koch* 1984 [57], 9.

64. Vgl. *Hayes 1982* [48], 7, *Neuwirth 1975* [38], 451, *Bass 1978* [48], 400.

65. Auch ein anderer vielzitierter amerikanischer Fall dürfte so zu lösen sein: Die Elternpaare dreier Mädchen von 12, 23 und 15 Jahren, die blind, taub und geistigbehindert sind, klagen auf Zulassung der Sterilisation. Die Mädchen besuchen während der Woche eine besondere Tagesschule, und der Schulleiter gibt an, von keiner könne erwartet werden, daß sie „Verhütungspillen in verläßlicher Weise akzeptiert und schluckt". Vgl. den Bericht von *Margaret O'Brian Steinfels:* Involuntary Sterilization: The Latest Case. In: Psychology Today, Febr. 1978, 124.

66. Zahlen nach *Heidenreich 1982* [46], 555. In der Frauenklinik Hannover wurden von 1974–1981 7 geistigbehinderte Frauen sterilisiert, davon 3 auf eigenen Wunsch, eine aufgrund medizinischer Indikation, drei (11 und 15 Jahre) auf Antrag des gesetzlichen Vertreters nach Gutachten des Gesundheitsamtes oder der Klinik.

67. Vgl. *Der Spiegel 1984,* Nr. 41, 54 f. unter Bezug auf eine Fernsehsendung in ‚Panorama'.

68. Im amerikanischen Fall Stump v. Sparkman (bei *Vitello 1978* [38], 406 f.) war ein 15jähriges Mädchen, das als „etwas zurückgeblieben"

32. *Tage Kemp:* Genetic-Hygienic Experiences in Denmark in Recent Years. In: Eugenics Review 49 (1957), 11–18. Als Beleg verwendet z.B. bei *Stengel 1980* [12], 340 f. Die Problematik von Vergleichsdaten, die die Auswirkungen von irgendwelchen Programmen auf die Häufigkeit geistiger Behinderung in der Bevölkerung belegen sollen, wird etwa durch den Befund von *Edward Polloway und David Smith:* Changes in Mild Mental Retardation: Population, Programs and Perspectives. In: Exceptional Children 50 (1983), 149–158, deutlich gemacht. Die Autoren konstatieren für die USA zwischen 1976 und 1981 eine Abnahme von fast 13% bei Kindern, die in den gesetzlichen Förderprogrammen als geringfügig geistig behindert registriert sind (viele der früher als geistigbehindert geltenden Kinder werden inzwischen in normale Schulen aufgenommen). Darin spiegelt sich zum Teil der Erfolg von Maßnahmen der Frühförderung, zum Teil die Verschiebung der Abgrenzungskriterien.

33. Schätzungen reichen von 200 000 bis 2 Mill. Offizielle Zahlen gibt es offenbar aus den Jahren 1934 (62 463) und 1935 (71 760). Vgl. *Ernst-Walter Hanack:* Die strafrechtliche Zulässigkeit künstlicher Unfruchtbarmachungen. Marburg: Elwert 1959, 67 f.

34. Buck v. Bell 274 U.S. 200, 207 (Supreme Court 1927). Zur Praxis der Sterilisation vgl. *Jonas Robitscher* (Hg.): Eugenic Sterilization. Springfield: Thomas 1973, 118 ff. 31 Staaten der USA hatten Sterilisationsgesetze. In einigen wurden sie jedoch kaum angewandt; in Arizona, Idaho und New York gab es insgesamt weniger als 50 Fälle. Über 50% aller Sterilisationen entfallen auf die drei Staaten California (über 30%), Virginia und North Carolina. Einige weitere Zahlen (nach Appendix 2, 123):

Jahre	*Sterilisationen*			
	insgesamt	*Anteil geistig behindert*	*Anteil weiblich*	*Durchschnitt pro Jahr*
1907–1928	9 522	31,7%	51%	849 (1921–30)
1929–1940	26 356	51,9	61,2	2196
1941–1950	16 355	62,6	61,1	1635
1951–1963	11 445	56,9	69,7	880

35. Vgl. dazu unten Abschnitt 4.4. Das schwedische Gesetz bestimmte darüber hinaus, daß der Eingriff bei jedem auch nur körperlichen Widerstand des Betroffenen unzulässig sei. *Gerhard Simson:* Die rechtlichen Grundlagen der Sterilisierung und Kastration in Schweden. In: Monatsschrift für Kriminologie und Strafrechtsreform 46 (1964), 97–107 (98).

Eine häufig zitierte Ausnahme für Zwangssterilisation ist dagegen eine Regelung des Schweizer Kantons Waadt 1928, vgl. *Jenny Blasbalg:* Ausländische und deutsche Gesetzentwürfe über Unfruchtbarmachung. In: Zeitschrift für das gesamte Strafrecht 32 (1932), 477–496 (484 f.), *Hanack 1959* [33], 43 ff.

36. Vgl. *Hanack 1959* [33], 68. Aus demselben Grunde lehnten die Gerichte der Bundesrepublik Schadensersatzansprüche wegen solcher Sterilisation regelmäßig ab, vgl. z. B. Oberlandesgericht Hamm, Neue Juristische Wochenschrift 1954, 559 f. Dagegen wurden Ärzte, die Sterilisationen außerhalb des Erbgesundheitsgesetzes vornahmen, z. B. zur Vorbereitung von Massensterilisationen der Bevölkerung in den besetzten östlichen Ländern, in Nürnberg wegen Verbrechen gegen die Menschlichkeit angeklagt (Vgl. *Alexander Mitscherlich und Fred Mielke:* Medizin ohne Menschlichkeit. Frankfurt: Fischer 1978, 237 ff.

37. Vgl. *Robitcher 1973* [34], 118 ff. In 9 Staaten waren die Gesetze entweder aufgehoben oder für verfassungswidrig erklärt, in 22 Staaten galten sie formell noch. 1963 wurden noch 467 Sterilisationsfälle gezählt, die Hälfte davon in North Dacota. Das Gesetz von Dacota wurde 1965 aufgehoben.

38. Cook v. State, 495 P.2d 768 (771–772); North Carolina, General Statutes §§ 35–39 vom 1. 1. 1975 (Das Gesetz wurde in den ersten 20 Monaten in einem Fall angewandt.) North Carolina Association for Retarded Children v. North Carolina, 420 F. Supp. 451–459. Vgl. dazu *Michael Bayles:* Sterilization of the Retarded: In Whose Interest? The Legal Precedents. In: Hastings Center Report 8 (June 1978), 37–41 (38); ferner: *Gloria Neuwirth et al.:* Capacity, Competence, Consent: Voluntary Sterilization of the Mentally Retarded. In: Columbia Human Rights Law Review 6 (1974/1975), 447–472. Für Verfassungswidrigkeit der Zwangssterilisation nach gegenwärtigem amerikanischen Recht z. B.: *Donald Gianelli:* Eugenic Sterilization and the Law. In: *Robitscher 1973* [34], 60–81; *John Vitello:* Involuntary Sterilization: Recent Developments. In: Mental Retardation 16 (1978), 405–409.

39. So aber ausdrücklich *Garret Hardin* noch 1970: Parenthood, Right or Privilege? In: Science 169 (1970) Leitartikel 31.7. Ganz entsprechend war die Position der früheren Eugenik. „Die Gesellschaft muß das Keimplasma als etwas betrachten, das der Gesellschaft gehört und nicht nur dem Individuum, das es trägt". Aus dem Bericht eines amerikanischen ,Komitees zur Untersuchung und Darstellung der besten praktischen Methoden, fehlerhaftes Keimplasma in der amerikanischen Bevölkerung zu verringern' (1914), vgl. *Julius Paul:* State Eugenic Sterilization History: A Brief Overview. In: *Robitcher 1973* [34], 25–40 (30).

40. Vgl. *John Kramer:* The Right Not to be Mentally Retarded. In: *Michael Kindred et al.* (Hg.): The Mentally Retarded Citizen and the Law. New York: Free Press 1976, 32–59 (41).

41. Vgl. auch *Patricia Wald:* Basic Personal and Civil Rights. In: *Kindred 1976* [40], 3–26 (13). Der Oberste Gerichtshof der USA hat 1942 ein Gesetz des Staates Oklahoma, das zwangsweise Sterilisation einer bestimmten Gruppe von Gewohnheitsverbrechern vorsah, wegen willkürlicher Diskriminierung dieser Gruppe außer Kraft gesetzt: Skinner v. Oklahoma, 316 U.S. 535 ff. (541 f.) In dieser Entscheidung von 1941 hat das Gericht im übrigen erstmals anerkannt, daß Zwangssterilisation der Entzug eines ‚basic civil right of man‘ ist, zu heiraten und sich fortzupflanzen.

42. Zwar schwankt die Verfassungsauslegung bei der Konstruktion der Wesensgehaltgarantie zwischen der Betonung inhaltlicher, absoluter und relativer, auf Güterabwägung und Übermaßverbot beruhender Schranken. Vgl. *Peter Häberle:* Die Wesensgehaltgarantie des Artikel 19 Abs. 2 Grundgesetz. (3. Aufl.) Heidelberg: Müller 1983, 287 ff. Aber für das Grundrecht der körperlichen Unversehrtheit kann ein unverfügbarer „Menschenwürdegehalt" nicht fraglich sein. *Theodor Maunz und Reinhold Zippelius:* Deutsches Staatsrecht. (3. Aufl.) München: Beck 1983, 161. Bundesverfassungsgericht, Entscheidungen 16, 194 (201).

43. So (zumindest mißverständlich) *Else Koffka:* Wie soll die freiwillige Sterilisierung künftig gesetzlich geregelt werden? In: *Roderich Glanzmann* (Hg.): Ehrengabe für Bruno Heusinger, München: Beck 1968, 355–371 (355). Ganz ähnlich argumentierte 1928 die Mehrheit eines Reichstagsausschusses, „daß die Zeit für eine zwangsweise Sterilisierung noch nicht gekommen sei, da die Ergebnisse der Vererbungswissenschaft noch zu mangelhafte seien". Vgl. *Blasbalg 1932* [35] 494 f. Auch *Hans Nachtsheim* plädierte 1952 eher pragmatisch („nach Lage der Dinge") gegen die Zwangssterilisierung, als grundsätzlich. Er befürchtete Mißbräuche und die Diskreditierung des eugenischen Gedankens überhaupt. Für und wider die Sterilisierung aus eugenischer Indikation. Stuttgart: Thieme 1952, 47 ff. (50).

44. Vgl. z. B. die amtliche Begründung zum Entwurf eines Sterilisationsgesetzes, Bundestagsdrucksache VI/3434, 38. Ferner: *Günther Kaiser:* Eugenik und Kriminalwissenschaft heute. In: Neue Juristische Wochenschrift 1969, 538–544.

45. Vgl. *Albin Eser* in: *Schönke/Schröder:* Kommentar zum Strafgesetzbuch (21. Aufl.) München: Beck 1983, Nr. 37 ff. zu § 223 Strafgesetzbuch.

46. Zur Prüfung der Einwilligung durch eine unabhängige Kommission vgl. den Gesetzentwurf bei *Neuwirth 1975* [38], 463 ff., ferner *Bayles 1978* [38], 38 f. Für die alleinige Verantwortung des behandelnden

Arztes *W. Heidenreich, P. Petersen und J. Schneider:* Zur Sterilisation von geistig behinderten Frauen. In: Geburtshilfe und Frauenklinik 42 (1982), 554–557 (556).

47. Der Untergebrachte ist von Amtswegen zu entlassen, wenn die Voraussetzungen entfallen sind; Art. 2 Abs. 1, 104 Abs. 2 Grundgesetz und etwa § 32 Psychischkrankengesetz von Nordrhein-Westfalen (vom 2. 12. 1969). Vgl. *Erwin Saage und Horst Göppinger:* Freiheitsentzug und Unterbringung. (2. Aufl.) München: Beck 1975, III Rdnr. 716.

48. Vgl. *Medora Bass:* Voluntary Eugenic Sterilization. In: *Robitcher 1973* [34], 94–112: *Susan Hayes und Robert Hayes:* Contraception for Intellectually Handicapped People: Legal and Ethical Issues. In: Healthright (Australien) 1 (1982) Heft 4, 5–7 (5).

49. Vgl. *Heidenreich et al. 1982* [46], 556, die sich auf *Neville 1978* berufen, einen Philosophieprofessor, der diese Behauptung ohne jeden empirischen Beleg in die Welt setzt. *Robert Neville:* Sterilization of the Retarded: In Whose Interest? The Philosophical Arguments. In: Hastings Center Report 8 (June 1978), 33–37 (33).

50. Vgl. *Julius Paul:* The Return of Punitive Sterilization Proposals. In: Law and Society Review 3 (1968), 77–106. Nicht immer verlangten die Gesetzentwürfe ausdrücklich Sterilisation, aber die Tendenz war klar. *Philip Reilly* bemerkt dazu: „Das Ausmaß, in dem auf der Höhe der Bürgerrechtsbewegung öffentliche Unterstützung für Sterilisationsgesetze mobilisiert werden konnte, ist ernüchternd." Genetics, Law and Social Policy. Cambridge: Harvard 1977, 128.
In *Relf v. Weinberger,* 372, F. Supp. 1196 ff. (1202) (1974), wird berichtet, daß eine geistigbehinderte Frau u. a. mit der Drohung zur Sterilisation bewegt werden sollte, daß sie andernfalls von der Sozialfürsorge (auf die sie einen gesetzlichen Anspruch hatte) ausgeschlossen würde.

51. Zitiert bei *Robitcher 1973* [34], 8; Ähnliches hat *David Ingl* gefordert, vgl. bei *Reilly 1977* [50], 142.

52. Vgl. die Spiegelnotiz „Geistige Talfahrt" Nr. 27, 1984, 105 f.

53. Vgl. *Gerd Schetting:* Die Rechtspraxis der Subventionierung. Berlin: Duncker 1973, 30, 38. Um den hier diskutierten Fall eindeutig zu machen, kann man unterstellen, daß die Verwaltung zur Subvention freiwilliger Sterilisation durch ein entsprechendes Gesetz, das die Vermeidung erbkranken Nachwuchses zum Ziel hat, ermächtigt ist. Nach der sog. ‚Wesentlichkeitstheorie' des Bundesverfassungsgerichts müssen grundsätzliche Entscheidungen, die den Bürger unmittelbar betreffen, durch Gesetz erfolgen – das gilt sowohl für die eingreifende wie für die leistende Verwaltung. Vgl. dazu etwa: *Klaus Stern:* Das Staatsrecht der Bundesrepublik Deutschland, Band I. (2. Aufl.) München: Beck 1984, 811 f. Die Einführung öffentlicher Förderung von eugenischer Sterilisation in das Gesundheitssystem dürfte eine ausdrückliche

gesetzliche Entscheidung erfordern. Der bloße Ansatz im Haushaltsgesetz würde dazu nicht ausreichen. Für den Bereich der Sozialleistungen hat § 55 des Sozialgesetzbuches, Buch X den Gesetzesvorbehalt verankert.

54. Zur Verpflichtung des Staates, die Grundrechte nicht nur als subjektive Abwehrpositionen des Einzelnen, sondern als überindividuelle Normen des Gemeinschaftslebens zu schützen, vgl. Bundesverfassungsgericht, Entscheidungen 39, 1 ff. (41 f.) (Fristenregelung 1975) und Bundesverwaltungsgericht, Entscheidungen 64, 271 ff. (278) Peep-Show 1981).

55. Damit sind alle Grundrechte, soweit es ihren Kern betrifft, unverfügbar. Auf die Möglichkeit, ein bestimmtes Recht zu haben und auszuüben, kann man weder gegenüber Privaten, noch gegenüber der öffentlichen Verwaltung wirksam verzichten. So wird zwar der mit der Verwaltung vereinbarte Verzicht auf eine bestehende Fahrerlaubnis für zulässig gehalten, nicht aber der Verzicht darauf, je wieder eine Fahrerlaubnis zu beantragen. Vgl. dazu *Klaus Bußfeld:* Zum Verzicht im öffentlichen Recht am Beispiel des Verzichts auf eine Fahrerlaubnis. In: Die öffentliche Verwaltung 1976, 765–771 (771). Vgl. auch *Jost Pietzker:* Die Rechtsfigur des Grundrechtsverzichts. In: Der Staat 17 (1978) 527–551 542 ff.).

56. Staatlicher Zugriff auf Grundrechte wird durch die Einhaltung von Schranken (im öffentlichen Interesse, Verhältnismäßigkeit und Wesensgehaltgarantie) gerechtfertigt. Er kann nicht stattdessen durch Leistungen, die anderweitige Vorteile bieten, kompensiert werden: Freiheit gegen Geld oder gegen Teilnahme an Verfahren! Vgl. dazu: *Eckhart Klein:* Die Kompetenz- oder Rechtskompensation. In: Deutsches Verwaltungsblatt 1981, 661–667 (662, 666).

57. Dafür: *Albin Eser und Hans-Georg Koch:* Aktuelle Rechtsprobleme der Sterilisation. In: Medizinrecht 1984, 6–13 (9). Landgericht Zweibrücken, Monatsschrift für Deutsches Recht 1979, 758 f.; dagegen: Landgericht Düsseldorf, Zeitschrift für Familienrecht 1981, 306, Oberlandesgericht Hamm. Neue Juristische Wochenschrift 1983 2095–2096 (2096). Das Landgericht Berlin hielt einen Pfleger für berechtigt, die Sterilisation einer Frau als Heilbehandlung (zur Abwehr von Depression und Selbstmordgefahr) zu veranlassen, wenn „kein milderer Ausweg gegeben ist, weil alle anderen Behandlungsmethoden keinen Erfolg versprechen und der Eingriff auch ausschließlich im Interesse der Erhaltung des Gesundheitszustandes der Pflegebefohlenen und nicht etwa zur Erleichterung der Pflegschaftsführung ... oder im Interesse etwaiger zukünftiger Kinder durchgeführt wird". Zeitschrift für Familienrecht 1971, 668–669 (669).

58. *Eckhard Horn:* Strafbarkeit der Zwangssterilisation. In: Zeitschrift für Rechtspolitik 1983, 265–266.

59. So Oberlandesgericht Hamm 1983 (57), 2096: schwer verständlich ist dann der Nachsatz: „Weitergehende Zwangseingriffe müßten dem Gesetzgeber vorbehalten bleiben." Ein amerikanisches Bezirksgericht (Columbia) hat 1974 die Einwilligung des Betroffenen für unersetzbar erklärt: „Weder kann, wer geistig inkompetent ist, die Standards (der informierten Einwilligung) erfüllen, noch kann die Einwilligung eines Vertreters bei dem Individuum, das tatsächlich der irreversiblen Sterilisation unterzogen wird, Freiwilligkeit begründen." *Relf v. Weinberger,* 372, *F. Supp,* 1196 ff. (1202); ebenso ein Berufungsgericht in Indiana, A. L. v. G. R. H., 425 U. S. 936 (1976), vgl. *Vitello 1978* [38], 407.

60. Zum deutschen Regierungsentwurf vgl. Bundesdrucksache VI/3434; zum Gesetz von Montana: *Neuwirth 1975* [38], 462 f. (das Gesetz ist eine Ausnahme unter den eugenischen Regelungen der amerikanischen Staaten geblieben.); zur AAMD: *Vitello 1978* [38], 408: zur schweizerischen Akademie: Medizinisch-ethische Richtlinien zur Sterilisation. In: Schweizerische Ärztezeitung 63 (1982), 624.

61. Stellungnahme der Bundesvereinigung Lebenshilfe für Geistig Behinderte e. V. vom 21.2. 1974, Stellungnahme des Diakonischen Werks der Evangelischen Kirche in Deutschland vom 3.1. 1975.

62. Vgl. Franzier v. Levi, 440 S. W. 2 d 393 (Texas 1969), vgl. auch: *Ruth Macklin und Willard Gaylin* (Hg.): Mental Retardation and Sterilization: A Problem of Competency and Paternalism. New York: Plenum 1981, 71 f.

63. Vgl. auch *Eser und Koch* 1984 [57], 9.

64. Vgl. *Hayes 1982* [48], 7, *Neuwirth 1975* [38], 451, *Bass 1978* [48], 400.

65. Auch ein anderer vielzitierter amerikanischer Fall dürfte so zu lösen sein: Die Elternpaare dreier Mädchen von 12, 23 und 15 Jahren, die blind, taub und geistigbehindert sind, klagen auf Zulassung der Sterilisation. Die Mädchen besuchen während der Woche eine besondere Tagesschule, und der Schulleiter gibt an, von keiner könne erwartet werden, daß sie „Verhütungspillen in verläßlicher Weise akzeptiert und schluckt". Vgl. den Bericht von *Margaret O'Brian Steinfels:* Involuntary Sterilization: The Latest Case. In: Psychology Today, Febr. 1978, 124.

66. Zahlen nach *Heidenreich 1982* [46], 555. In der Frauenklinik Hannover wurden von 1974–1981 7 geistigbehinderte Frauen sterilisiert, davon 3 auf eigenen Wunsch, eine aufgrund medizinischer Indikation, drei (11 und 15 Jahre) auf Antrag des gesetzlichen Vertreters nach Gutachten des Gesundheitsamtes oder der Klinik.

67. Vgl. *Der Spiegel 1984,* Nr. 41, 54 f. unter Bezug auf eine Fernsehsendung in ‚Panorama'.

68. Im amerikanischen Fall Stump v. Sparkman (bei *Vitello 1978* [38], 406 f.) war ein 15jähriges Mädchen, das als „etwas zurückgeblieben"

beschrieben wurde, auf Betreiben der Mutter sterilisiert worden, „um unglückliche Umstände zu verhindern". Der Betroffenen war gesagt worden, es handle sich um eine Blinddarmoperation. Zwei Jahre später heiratete sie und erfuhr, daß sie unfruchtbar gemacht worden war. In einem englischen Fall wurde ein 11jähriges Mädchen unter den Schutz des Gerichts gestellt, um eine Sterilisation, die von der Mutter veranlaßt werden sollte, abzuwenden. Es wurde nicht für ausgeschlossen gehalten, daß das Mädchen mit 18 Jahren selbst würde entscheiden können. Re D (a minor), 1 All E. R. 326 ff. (335) (1976).

69. „Manche schwachsinnigen Mädchen reagieren auf monatliche Blutungen mit erheblicher Ängstlichkeit und so ausgeprägten Stimmungsschwankungen, daß eine schwere Belastung der Umgebung daraus resultiert. ... Die Befreiung von den Regelblutungen wird deshalb von den Angehörigen der geistig Behinderten nicht selten als größere Erleichterung empfunden, als die Befreiung von der Schwangerschaftsangst." *Heidenreich 1982* [46], 556, wo aber diese Operation ausdrücklich nicht empfohlen wird.

70. Vgl. *Eser und Koch 1984* [57], 9.

Kapitel IV
Gentherapie

1 Vgl. *Bundesminister für Forschung und Technologie (Hg.) (BMFT 1984):* Ethische und rechtliche Probleme der Anwendung zellbiologischer und gentechnischer Methoden am Menschen. Dokumentation eines Fachgesprächs im Bundesministerium für Forschung und Technologie. München: Schweitzer 1984; *Office of Technology Assessment (OTA 1984):* Human Gene Therapy. Background Paper. Washington: OTA (BP-BA-32) 1984; *French Anderson:* Prospects for Human Gene Therapy. In: Science 225 (1984), 401–409; *Theodore Friedmann:* Gene Therapy – Fact and Fiction. Cold Spring Harbor Laboratory 1983; *Splicing Life Life 1982. President's Commission for the Study of Ethical Problems in Medicine and Biomedical and Behavioral Research:* Splicing Life. The Social and Ethical Issues of Genetic Engineering with Human Beings. Washington: GPO 1982; *Walter Klingmüller:* Genmanipulation und Gentherapie. Berlin: Springer 1976.

2 Vgl. *R. Palmiter* et al.: Dramatic Growth of Mice that Develop from Eggs Microinjected with Metallothionein Growth Hormone Fusion Genes. In: Nature 300 (1982), 611–615.

3 Bisher hat es zwei Versuche der Genübertragung beim Menschen gegeben. Im ersten Fall wurden in der BRD zwei todkranke Kinder behandelt, die an einem Arginasedefekt litten, im zweiten Fall wurden Patienten mit schwerer Thalassämie Globingene in Rückenmarkszellen

übertragen. Vgl. *H. Terhegen* et al.: Unsuccessful Trial of Gene Replacement in Arginase Deficiency. In: Zeitschrift für Kinderheilkunde 119 (1975), 1–3 und: Science 210 (1984), 210: Human Gene Therapy Stirs New Debate und 509 f.: UCLA Gene Therapy Racked by Friendly Fire (Experimente von Martin Cline, Californien).
Beide Versuche scheiterten, weil die fremden Gene nicht angemessen integriert wurden, bzw. in den Zielzellen nicht funktionierten. Auch bei den bisherigen Übertragungen in die Keimbahn wurden die fremden Gene in den Empfängerorganismen gar nicht oder zur falschen Zeit in den falschen Geweben aktiv. Das Rattenwachstumshormon wurde bei den Riesenmäusen in der Leber statt wie normal in der Hirnanhangdrüse produziert.

4 Vgl. *Barbara Culliton:* Gene Therapy: Research in Public. In: Science 227 (1985), 493–496.

5 Am häufigsten genannt werden gegenwärtig neben Lesch-Nyhan-Syndrom verschiedene Störungen des Immunsystems, die auf dem Fehlen von Enzymen beruhen (Adenosindeaminase-Mangel, Purinnukleotidphosphorylase-Mangel), für die weltweit etwa 40–50, bzw. 9 Fälle berichtet worden sind. Vgl. *OTA 1984* [1], 26.
Dagegen werden die Aussichten, Therapien für die relativ häufigen Krankheiten des Hämoglobins zu entwickeln, wegen der Probleme der Feinregulierung heute eher skeptisch beurteilt. Vgl. auch *Science* 223 (1984), 1378.

6 Vgl. *Robert Williamson* in: *Friedmann 1983* [1], 53.

7 Die Vertretbarkeit der somatischen Gentherapie ist unbestritten, vgl. etwa *Jänisch* und *Eser* in: *BMFT 1984* [1], 139

8 Vgl. *Splicing Life 1982* [1], 53 ff.

9 Vgl. z. B. *Bernhard Cohen:* The Fear and Distrust of Science in Historical Perspective: Some First Thoughts. In: *Andrei Marcovits und Karl Deutsch (Hg.):* Fear of Science – Trust in Science. Königstein: Hain 1980, 29–58 (36 ff.).

10 Empfehlung 934, abgedruckt in *BT-Drucksache* 9/1373 (1982) 11 f. Vgl. auch SPD-Grundwertekommission „Humane Grenzen des technisch Machbaren" Positionspapier der Kommission der Grundwerte beim SPD-Parteivorstand, Febr. 1981

11 *Reinhard Löw:* Gen und Ethik. Philosophische Überlegungen zum Umgang mit menschlichem Erbgut. In: *Peter Koslowski* et al. *(Hg.):* Die Verführung durch das Machbare. München: Hirzel 1983, 33–48 (45).

12 Darauf weist *Löw 1983* [11], 44 selbst zu Recht hin.

13 Zu den Grenzen der Einwilligung der Eltern in die genetische Korrektur ihrer Kinder vgl. *Albin Eser:* Recht und Humangenetik. Juristische Überlegungen zum Umgang mit menschlichem Erbgut. In: *Koslowski 1983* [11], 49–69 (62 ff.)

14 Zur Fehlerfreundlichkeit der Reproduktionsmechanismen als Bedingung von Evolution vgl. *Christine und Ernst von Weizsäcker:* Fehlerfreundlichkeit. In: *Klaus Kornwachs (Hg.):* Offenheit, Zeitlichkeit, Komplexität. Frankfurt: Campus 1984.

15 Vgl. die Diskussion in *BMFT 1984* [1], 138 f. *(Jänisch),* 141 *(Eser)* und 153 *(Sperling).*

16 Vgl. allgemein: *Gerfried Fischer:* Medizinische Versuche am Menschen. Göttingen: Schwartz 1979, 42 ff.; zur Gentherapie: *French Anderson und John Fletcher:* Gene Therapy in Human Beings: When is it Ethical to Begin? In: New England Journal of Medicine 303 (1980), 1293–1296; *Friedmann 1983* [1], 33 ff. und die Vorschläge der Working Group on Human Gene Therapy der National Institutes of Health: Points to Consider in the Design and Submission of Somatic-Cell Gene Therapy Protocols. In: Federal Register 50 (22.1. 1985) 2940–2045, siehe auch: *Culliton 1985* [4].

Die Therapieexperimente, die *Martin Cline 1980* [3] an den Thalassämiepatienten durchgeführt hat, sind als verfrüht kritisiert worden, weil weder die Wirksamkeit des Verfahrens (Übertragung genetisch transformierter Knochenmarkszellen) noch der Ausschluß schwerwiegender Nebenwirkungen in vivo, also etwa an Tieren, zuvor demonstriert war. Vgl. Science 210 (1980), 509–511. Ob die Kritik ähnlich scharf ausgefallen wäre, wenn es sich bei dem Experiment an den sterbenden Patienten nicht gerade um Gentherapie gehandelt hätte, kann bezweifelt werden. Sicher aber entsprachen *Clines* Rettungsversuche eher der Hoffnung auf eine medizinische Sensation als einem geordneten Verfahren experimenteller Therapieentwicklung. *Cline* mußte wegen des Verstoßes gegen die Richtlinien der Förderungsinstitutionen die Leitung seines Laboratoriums an der University of California, Los Angelos, abgeben und verlor einen Teil seiner Forschungsgelder. Vgl. Science 214 (1981) 220: Cline Loses Two NIH Grants.

17 Für einen Verzicht auf genetische Therapien im Embryonalstadium spricht sich auch die *President's Commission* aus: wegen der technischen Schwächen des Verfahrens, der Risiken für die behandelten Embryonen, der Nähe zur Eugenik und der bestehenden Alternative der Embryonenselektion. *Splicing Life 1982* [1], 47 f.

Kapitel V
Die Politik der menschlichen Natur

1 Entsprechende Vorschläge wurden auf dem CIBA-Kolloquium 1962 von Biologen ins Spiel gebracht. Vgl. *Gordon Wolstenholme (Hg.):* Das umstrittene Experiment: Der Mensch. München: Desch 1966, 384 und *Paul Overhage:* Die biologische Zukunft des Menschen. Frankfurt: Knecht 1977, 188.

2 Novum Organum, Ausgabe von *Spedding, Ellis und Heath* 1858, Neu-druck, Stuttgart: Wissenschaftliche Buchgesellschaft 1963. Werke Band IV, 225. Vgl. zum folgenden: *Wolfgang van den Daele und Wolfgang Krohn:* Anmerkungen zur Legitimation der Naturwissenschaften. In: *Klaus Meyer-Abich (Hg):* Physik, Philosophie und Politik. Festschrift für Carl Friedrich von Weizsäcker. München: Hanser 1982, 416–429.

3 *Ernst Benda:* Die Erprobung der Menschenwürde am Beispiel der Humangenetik. In: Aus Politik und Zeitgeschehen. Beilage der Wochenzeitung Das Parlament. 19. Januar 1985, 18–36 (29).

4 Das gilt selbst für die fast einhellige Ablehnung von Menschenzüchtung. Zentrale Argumente sind, daß unentscheidbar sei, was für zukünftige Menschen günstige Eigenschaften sind und daß möglicherweise durch Züchtung die genetische Vielfalt der menschlichen Art und damit die langfristige Anpassungsfähigkeit verloren gehen könne. Vgl. etwa *Peter Medawar:* Die Zukunft des Menschen. Frankfurt: Fischer 1962, 57, 72.

5 Anders wird man argumentieren, wenn man eine ,Mitleidsmoral' vertritt, die nicht nur verlangt, daß man Handlungen unterläßt, die schaden, sondern daß man zumutbare Interventionen unternimmt, um anderen Menschen zu nützen, vgl. *Joseph Fletcher:* The Ethics of Genetic Control. Garden City: Anchor 1974, 128.

6 *Fletcher 1974* [5] 36 ff. plädiert dafür, das bisherige ,Fortpflanzungsroulette' durch eine konsequente ,Qualitätskontrolle' abzulösen. Für ihn sind „Befruchtung im Labor, Klonen und Glasuterus ebenso natürlich wie Liebe, Leben und Tod und Sonnenuntergang" (132).

7 Vgl. dazu *Daniel Callahan:* The Tyranny of Survival. New York: Macmillan 1973, 138 ff., 245 ff. Er betont, daß die Begrenzung der technologischen Dynamik kulturellen Wandel und die Entwicklung einer neuen öffentlichen Moral voraussetzt.

8 „Die zwei größten Taten, und wahrscheinlich Missetaten, der Naturwissenschaft der Gegenwart waren die Atomspaltung und die Entdeckung von Eingriffsmöglichkeiten in die Vererbungsmechanismen." Wenig Lärm um Viel. In: Scheidewege 8 (1978) 289–309 (294). Der Biologe *Robert Sinsheimer* hält kulturelle Schranken der Wissenserweiterung für notwendig und nennt als Gebiete wenn nicht verbotenen, so doch ,unangebrachten' Wissens: die Erforschung einfacher Methoden der Isotopentrennung (die die Waffenentwicklung verbilligen würden), die Suche nach außerirdischer Intelligenz und die Aufklärung der Mechanismen des Alterns. Vgl. The Presumptions of Science. In: The Limits of Scientific Inquiry. Daedalus Spring 1978, 23–35 (27 f.).

9 Dies liegt durchaus in der Konsequenz radikalerer Kritiken der modernen Biotechniken, vgl. etwa *Jeremy Rifkin:* Algeny. Harmondsworth: Penguin 1984.

10 Probleme der absoluten Schranken von Selbstmanipulation werden sich mit Sicherheit für die nächste Generation von Biotechniken stellen, die auf der Neurophysiologie und Psychologie aufbauen und Verfahren der Verhaltenskontrolle und der Persönlichkeitsveränderung erzeugen werden. Fällt die Nutzung solcher Techniken in die freie Selbstbestimmung des Einzelnen – bis hin zur Erzeugung von Außensteuerung, Willenlosigkeit oder anderen Formen des Persönlichkeitsverlustes? Vgl. *Ruth Macklin:* Man, Mind, and Morality. Englewood: Prentice-Hall 1982.

11 Der Glasuterus wird bereits von Gynäkologen als das kommende Verfahren begrüßt, bei Schwangerschaftskomplikationen Föten sehr früher Entwicklungsphasen am Leben zu erhalten. So *S. Trotnow* in einer Diskussion an der Universität Bielefeld am 10.6. 1985.

12 So *Rifkin 1984* [9]; 251 ff., 233: „Genetisches Engineering stellt die fundamentalste aller Fragen: Ist die Garantie unserer Gesundheit ein hinreichender Preis, um unsere Humanität zu verkaufen?"

13 Die Tatsache, daß ohnehin kaum jemand In-vitro-Befruchtung oder Ersatzmutterschaft oder ein geklontes Kind *will*, sofern davon nicht Gesundheit abhängt, dürfte im übrigen der wirksamste Schutz gegen die Verbreitung dieser Techniken sein. Das gilt allerdings kaum für das hauptsächliche Ziel der Menschenzüchtung: die Hebung der normalen Intelligenz – sollte sie je technisch möglich werden. Vgl. dazu *Wolfgang van den Daele:* Eugenik im Angebot. In: Kursbuch 80 (1985) 41–54.

14 Die Komplexität des Krankheitskonzepts kann hier nicht entfaltet werden. Vgl. dazu *Karl Rotschuh (Hg.):* Was ist Krankheit? Darmstadt: Wissenschaftliche Buchgesellschaft 1975.
Die Identität des Krankheitsbegriffs wird in Diskussionen häufig dadurch verwischt, daß mit unterschiedlichem Gewicht jeweils auf das Phänomen der Krankheit, auf das Modell der Verursachung, Ansätze der Behandlung und Vorbeugung in der Medizin sowie deren gesellschaftliche Funktion abgestellt wird. Jedenfalls ist eine biologische Krankheitsdefinition beispielsweise verträglich mit einem psychosomatischen Ansatz, der in Stress und persönlichen Konflikten mögliche Krankheitsursachen sieht und/oder Heilung eher von der therapeutischen Wirkung der Arzt-Patient-Kommunikation erwartet als von irgendwelchen technischen Interventionen in den Körper des Patienten.

15 Die Kehrseite dieser Tendenz ist der Versuch der Weltgesundheitsorganisation, die Gesundheitsdefinition auf den „Zustand vollkommenen körperlichen, geistigen und sozialen Wohlbefindens" auszudehnen, um ihr politisches Mandat möglichst weit zu fassen. Vgl. *Hans Schäfer:* Der Krankheitsbegriff. In: *M. Blohmke et al. (Hg.):* Handbuch der Sozialmedizin. Band III. Stuttgart: Enke 1976, 15–31 (18).

16 Einen Vorgeschmack bietet die Episode des sog. überaktiven Kindes. In

den USA und in England wurden in den 70ern unzählige Schulkinder wegen Konzentrationsschwäche, Unruhe im Klassenraum und Leistungsversagen mit Amphetaminen behandelt, nachdem man bei ihnen das ,hyperkinetische Syndrom' (hyperkinetic behavior disorder) diagnostiziert hatte. Vgl. *P. Schrag und D. Divoky:* The Myth of the Hyperkinetic Child. New York: Pantheon 1975 und: Richard Voß (Hg.): Pillen für den Störenfried. Hamm: Hoheneck 1983.

17 Vgl. *Talcott Parsons:* The Social System. New York: Free Press 1951, 428 ff.

Ausgewählte Literatur

Kapitel I
Embryonen im Labor und künstliche Familie

Reports, Dokumente

Advisory Group on Human Reproduction (EMRC) 1983. Human In Vitro Fertilization and Embryo Transfer. Recommendations to European Medical Research Councils. In: Lancet 19. und 26. Nov. 1983, 1187.

American College of Obstetricians and Gynocologists (ACOG) 1983. Guidelines on Surrogate Mothering. News Release 10.5. 1983.

American Fertility Society (AFS) 1984. Ethical Statement on In Vitro Fertilization. In: Fertility and Sterility 41 (1984), 12.

British Medical Association (BMA) 1983. Interim Report on Human Fertilization and Embryo Replacement. In: British Medical Journal 286 (1983), 1594–1595.

Council for Science and Society (CSS) 1984. Human Procreation. Ethical Aspects of the New Techniques. Report of a Working Party (Vors.: *R. G. Dunstan*) Oxford: University Press 1984.

Ethics Advisory Board (EAB) 1979. HEW Support of Human in Vitro Fertilization and Embryo Transfer. In: Federal Register 44 (1979), 35058–37033 (auch abgedruckt in: *Grobstein 1981*, Appendix 2).

Medical Research Council (MRC) 1982. Research Related to Human Fertilization and Embryology. In: British Medical Journal 285 (1982), 1480.

Richtlinien 1985. 88.Deutscher Ärztetag: Richtlinien zur Durchführung von In-vitro-Fertilisation (IVF) und Embryotransfer als Behandlungsmethode der menschlichen Sterilität. In: Deutsches Ärzteblatt 82 (1985), 1649, 1690–1698.

Royal College of General Practitioners (RCGP) 1983. Working Party Report: Evidence to the Government Inquiry into Human Fertilization and Embryology. In: Journal of the Royal College of General Practioners June 1983, 390–391.

Royal College of Obstetricians and Gynecologists (RCOG) 1983. Report of the Ethics Committee on In Vitro Fertilization and Embryo Replacement or Transfer. London 1983.

Warnock 1984. Report of the Committee of Inquiry into Human Fertilization and Embryology. (Vors.: *Mary Warnock*) London 1984: Cmnd. 9314.

Bücher

Andrews, Lori 1984. New Conceptions. A Consumer's Guide to the Newest Infertility Treatments. New York: St. Martins 1984.

Arditti, Rita, Duelli-Klein, Renate und Shelley Minden (Hg.) 1985. Retortenmütter: Frauen in den Labors der Menschenzüchter. Hamburg: Rowohlt 1985.

Balz, Manfred 1980. Heterologe künstliche Samenübertragung beim Menschen. Tübingen: Mohr 1980.

Bundesminister für Forschung und Technologie (BMFT) (Hg.) 1984. Ethische und rechtliche Probleme der Anwendung zellbiologischer und gentechnischer Methoden am Menschen. Dokumentation eines Fachgesprächs im Bundesministerium für Forschung und Technologie. München: Schweitzer 1984.

Edwards, Robert und Jean Purdy (Hg.) 1982. Human Conception in Vitro. London: Academic 1982.

Eibach, Ulrich 1983. Experimentierfeld werdendes Leben. Göttingen: Vandenhoeck 1983.

Fletcher, Joseph 1974. The Ethics of Genetic Control: Ending Reproductive Roulette. New York: Anchor 1974.

Grobstein, Clifford 1981. From Chance to Purpose. Reading, Mass.: Addison 1981.

Jüdes, Ulrich (Hg.) 1983. In-vitro-Fertilisation und Embryotransfer (Retortenbaby) Stuttgart: Wissenschaftliche Verlagsanstalt 1983.

Keane, Noel und Dennis Breo 1981. The Surrogate Mother. New York: Everest 1981.

Milunsky Aubrey und George Annas (Hg.) 1976. Genetics and the Law (I) New York: Plenum 1976.

Milunsky Aubrey und George Annas (Hg.) 1980. Genetics and the Law II New York: Plenum 1980.

Ramsey, Paul 1970. Fabricated Man. New Haven: Yale 1970.

Snowdon, R., Mitchell, G. und Snowdon, E. 1983. Artificial Reproduction: A Social Investigation. London: Allan 1983.

Tepperwien, Ingeborg 1973. Pränatale Einwirkungen als Tötung oder Körperverletzung. Tübingen: Mohr 1973.

Walters, William und Peter Singers (Hg.) 1983. Test-Tube Babies. Melbourne: Oxford University Press 1983.

Wood, Carl und Anne Westmore 1984. Test-Tube Conception. Englewood Cliffs: Prentice-Hall 1983.

Artikel

Annas, George 1984. Surrogate Embryo Transfer. In: Hastings Center Report 14 (June 1984), 25.

Annas, George und Sherman Elias 1983. In Vitro Fertilization and Embryo

Transfer: Medicolegal Aspects of a New Technique to Create a Family. In: Family Law Quarterly 17 (1983), 199–223.

Bartels, Ditta 1983. The Uses of in Vitro Human Embryos. In: Search 14 (1983), 257–262.

Benda, Ernst 1985. Die Erprobung der Menschenwürde am Beispiel der Humangenetik. In: Aus Politik und Zeitgeschichte. Beilage zur Wochenzeitung Das Parlament 19. Januar 1985, 18–36.

Brumby, Margaret 1983. Australian Community Attitudes to In-Vitro-Fertilization. In: The Medical Journal of Australia 2 (1983), 650–653.

Coester-Waltjen, Dagmar 1982. Rechtliche Probleme der für andere übernommenen Mutterschaft. In: Neue Juristische Wochenschrift 1982, 2528–2534.

Coester-Waltjen, Dagmar 1984. Befruchtungs- und Gentechnologie beim Menschen – rechtliche Probleme von morgen? In: Zeitschrift für das gesamte Familienrecht 1984, 230–236.

Curie-Cohen, Martin, Lutrell, Lesleigh und Sander Shapiro 1979. Current Practice of Artificial Insemination by Donor in the United States. In: New England Journal of Medicine 300 (1979), 585–590.

Cusine, Douglas J. 1979. Some Legal Implications of Embryo Transfer. In: New Law Journal 129 (1979), 627–628.

Deutsch, Erwin 1985. Artifizielle Wege menschlicher Reproduktion. In: Monatsschrift für deutsches Recht 1985, 177–183.

Duelli-Klein, Renate 1984. Von der einen das Ei, von der anderen den Uterus. Frauenunterdrückung im Technopatriarchat. In: Feministische Studien 3 (1984), 140–149.

Erickson, Elizabeth 1978. (Comment) Contracts to Bear a Child. In: California Law Review 66 (1978), 611–622.

Evans, John und Anne McLaren 1985. Unborn Children (Protection) Bill. In: Nature 314 (14. 3. 1985), 127–128.

Fletcher, Joseph 1972. Indicators of Humanhood: A Tentative Profile of Man. In: Hastings Center Report 2 (November 1972), 1–4.

Gustafson, James 1973. Genetic Engineering and the Normative View of the Human. In: *Williams, Preston (Hg.):* Ethical Issues in Biology and Medicine. New York: Schenkmann 1973, 46–58.

Handling the Embryo. In: *Nature* 309 (31. 5. 1984), 387.

Harris, John 1983. In Vitro Fertilization: The Ethical Issues I. In: The Philosophical Quarterly 33 (1983), 217–237.

Hartley, Shirley und Linda Pietracyk 1979. Preselecting the Sex of Offspring: Technologies, Attitudes, and Implications. In: Social Biology 26, No. 3 (1979), 232–246.

van Hoften, Ellen Lassner 1981. (Note) Surrogate Motherhood in California: Legislative Proposals. In: San Diego Law Review 18 (1981), 341–385.

Johnston, Ian et al. 1981. In Vitro Fertilization: The Challenge of the Eighties. In: Fertility and Sterility 36 (1981), 699–706.

Jonas, Hans 1982. Laßt uns einen Menschen klonieren. In: Scheidewege 12 (1982), 462–489.

Jones, Howard 1982. The Ethics of In Vitro Fertilization. In: Fertility and Sterility 37 (1982), 146–149.

Kass, Leon 1971. Babies by Means of In Vitro Fertilization: Unethical Experiments on the Unborn? In: New England Journal of Medicine 285 (1971), 1174–1179.

Kliemt, Hartmut 1979. Normative Probleme der künstlichen Geschlechtsbestimmung und des ‚Klonens‘. In: Zeitschrift für Rechtspolitik 1979, 165–169.

Kühl-Meyer, Beatrix 1984. Rechtliche Probleme einer sog. Kaufmutterschaft. In: Zentralblatt für Jugendrecht und Jugendwohlfahrt 69 (1983), 763–767.

Laufs, Werner und Matthias Arnold 1984. Der Gesetzgeber und das Retortenbaby. In: Zeitschrift für Rechtspolitik 1984, 279–283.

Mady, Theresa 1981. Surrogate Mothers: The Legal Issues. In: American Journal of Law and Medicine 7 (1981), 323–352.

Ostendorf, Heribert 1984. Experimente mit dem ‚Retortenbaby‘ auf dem rechtlichen Prüfstand. In: Juristenzeitung 1984, 595–600.

Reilly, Philip 1981. Die In-Vitro-Befruchtung. Eine Beurteilung des gegenwärtigen Stands der Möglichkeiten. In: Deutsches Ärzteblatt (1981), 621 ff., 687 ff.

Rosettenstein, David 1981. Defining a Parent: The Biology and the Rebirth of the Filius Nullius. In: New Law Journal 131 (1981), 1095–1096.

Samuels, Alec 1982. Artificial Insemination and Genetic Engineering: The Legal Problems. In: Medicine, Science and the Law 22 (1982), 261–268.

Schattenfroh, Sylvia 1981. Praxis der heterologen Insemination. In: Münchner Medizinische Wochenschrift 123 (1981), 762–764.

Tiefel, Hans 1982. Human in Vitro Fertilization. A Conservative View. In: Journal of the American Medical Association 247 (1982), 3235–3242.

Trounson, Alan, Wood, Carl und John Leeton 1982. Freezing of Embryos. An Ethical Obligation. In: The Medical Journal of Australia, Oct. 2, 1982, 332–333.

Graf Vitzthum, Wolfgang 1985. Die Menschenwürde als Verfassungsbegriff. In: Juristenzeitung 1985, 201–209.

Walters, Leroy 1979. Human In Vitro Fertilization. A review of the Ethical Literature. In: Hastings Center Report 9 (August 1979), 23–43.

Warnock, Mary 1983. In Vitro Fertilization. The Ethical Issues II. In: The Philosophical Quarterly 33 (1983), 238–249.

Wuermeling, Hans 1983. Verbrauchende Experimente mit menschlichen Embryonen. In: Münchner Medizinische Wochenschrift 125 (1983), 1189–1191.

Kapitel II
Genomanalyse, genetische Tests und ‚Screening'

Reports, Dokumente

Bundesärztekammer 1980. Stellungnahme des wissenschaftlichen Beirats: Genetische Beratung und pränatale Diagnostik in der Bundesrepublik Deutschland. In: Deutsches Ärzteblatt 77 (1980), 183–192.

Department of Health and Human Services (DHSS) 1980. State Laws and Regulations of Genetic Disorders. 1980 (DHSS Publication No. (HSA) 81–5243).

Europarat 1984. Genetic Screening and Diagnosis. CAHGE (84) 3 (Dokument vom 9. 3. 1984).

Hearings before the Subcommittee on Investigation and Oversight of the Committee on Science and Technology, U. S. House of Representatives 1981, 1982
October 14, 1981: Genetic Screening and the Handling of High Risk Groups in the Workplace. Washington: GPO (88–570 O)
June 22, 1982: Genetic Screening of Workers. (97–570 O)
October 6, 1982: Genetic Screening in the Workplace. (11–575 O).

Holtzmann, Neil 1977. Newborn Screening for Genetic Metabolic Diseases. U. S. Department of Health, Education, and Welfare. Washington 1977 (DHEW Publ. No. (HSA) 78–5207).

National Academy of Sciences 1975. Committee for the Study of Inborn Errors of Metabolism: Genetic Screening, Programs, Principles, and Research. Washington: NAS 1975.

Office of Technology Assessment (OTA) 1983. The Role of Genetic Testing in the Prevention of Occupational Disease. Washington: GPO 1983 (OTA – BA – 194).

Research Group on Ethical, Social, and Legal Issues in Genetic Counseling and Genetic Engineering of the Institute of Society, Ethics, and the Life Sciences 1972 Ethical Issues in Screening for Genetic Disease. In: New England Journal of Medicine 286 (1972), 1129–1132.

Screening and Counseling 1983. President's Commission for the Study of Ethical Problems in Medicine and Biomedical and Behavioral Research: Screening and Counseling for Genetic Conditions. Washington: GPO 1983.

Bücher

Bora, K. C. et al. (Hg.) 1982. Chemical Mutagenesis, Human Population Monitoring and Genetic Risk Assessment. Amsterdam: Elsevier 1982.

Bundesminister für Forschung und Technologie (BMFT) (Hg.) 1984. Ethische und rechtliche Probleme der Anwendung zellbiologischer und gentechnischer Methoden am Menschen. München: Schweitzer 1984.

Calabrese, Edward 1984. Ecogenetics. Genetic Variation in Susceptibility to Environmental Agents. New York: Wiley 1984.

Cavalli-Sforza, L. und W. Bodmer 1971. Genetics of Human Populations. San Francisco: Freeman 1971.

Chorover, Stephan 1982. Die Zurichtung des Menschen. Frankfurt: Campus 1982.

Eibach, Ulrich 1983. Experimentierfeld: Werdendes Leben. Göttingen: Vandenhoeck 1983.

Emery, A. und J. Miller (Hg.) 1976. Registers for the Detection and Prevention of Genetic Diseases. Chicago: Year Book Med. 1976.

Fuhrmann, Walter und Friedrich Vogel 1982. Genetische Familienberatung. (3. Aufl.) Berlin: Springer 1982.

Hamilton, Michael (Hg.) 1972. The New Genetics and the Future of Man. Grand Rapids: Eerdmans 1972.

Harsanyi, Zsolt und Richard Hutton 1981. Genetic Prophecy. Beyond the Double Helix. New York: Rawson 1981.

Humber, J. und R. Almeder (Hg.) 1976. Biomedical Ethics and the Law. New York: Plenum 1976.

Kessler, Seymor (Hg.) 1979. Genetic Counseling. Psychological Dimensions. New York: Academic 1979.

McKusick, V. 1978. Mendelian Inheritance in Man. (5. Aufl.) Baltimore: Johns Hopkins 1978.

Lappé, Marc 1979. Genetic Politics. New York: Simon 1979.

Laufs, Adolf 1978. Arztrecht. (2. Aufl.) München: Beck 1978.

Lewontin, R., S. Rose und L. Kamin 1984. Not in Our Genes. Biology, Ideology and Human Nature. New York: Pantheon 1984.

Lipkin jr., Mack und Peter Rowley (Hg.) 1974. Genetic Responsibility. On Choosing our Children's Genes. New York: Plenum 1974.

Mason, J. und R. Smith 1983. Law and Medical Ethics. London: Butterworth 1983.

Messel, H. (Hg.) 1982. The Biological Manipulation of Life. Sydney: Pergamon 1982.

Milunsky, Aubrey 1977. Know Your Genes. New York: Avon 1977.

Milunsky, Aubrey und George Annas (Hg.) 1980. Genetics and the Law II. New York: Plenum 1980.

Murken, Jan-Diether und Sabine Stengel-Rutkowski (Hg.) 1978. Pränatale Diagnostik. Stuttgart: Enke 1978.

Passarge, Eberhard 1979. Elemente klinischer Genetik. Stuttgart: Fischer 1979.

Powledge, Tabahita (im Erscheinen). The Last Taboo: Genetic Manipulation and Eugenics. Boston: Houghton.

Reiter, Johannes und Ursula Theile (Hg.) 1985. Genetik und Moral. Beiträge zu einer Ethik des Ungeborenen. Mainz: Grünewald 1985.

Robitcher, Jonas (Hg.) 1973. Eugenic Sterilization. Springfield: Thomas 1973.

Rosenbrock, Rolf 1982. Arbeitsmediziner und Sicherheitsexperten im Betrieb. Frankfurt: Campus 1982.

Schloot, Werner (Hg.) 1984. Möglichkeiten und Grenzen der Humangenetik. Frankfurt: Campus 1984.

Stengel, Hans 1980. Grundriß der menschlichen Erblehre. Stuttgart: Wissenschaftliche Verlagsanstalt 1980.

Vogel, Friedrich und Arno Motulsky 1982. Human Genetics. (2. Aufl.) Berlin: Springer 1982.

Winnacker, Ernst-Ludwig 1984. Gene und Klone. Eine Einführung in die Gentechnologie. Weinheim: Chemie 1984.

Wittkowski, Regine und Otto Prokop 1983. Genetik erblicher Syndrome und Mißbildungen. Wörterbuch für die Familienberatung, Teil I (3. Aufl.) Stuttgart: Gustav Fischer 1983.

Artikel

Annas, George und Brian Coyne 1975. ,Fitness' for Birth and Reproduction: Legal Implications of Genetic Screening. In: Family Law Quarterly 9 (1975), 463–489.

Annas, George 1981. Righting the Wrong of ,Wrongful Life'. In: Hastings Center Report 11 (Febr. 1981), 8–9.

Annas, George 1982. Mandatory PKU Screening: The Other Side of the Looking Glass. In: American Journal of Public Health 72 (1982), 1401–1403.

Bayer, Ronald et al. 1981. Voluntary Health Risks and Public Policy. In: Hastings Center Report 11 (Oct. 1981), 26–44.

Bayer, Ronald 1982. Reproductive Hazards in the Workplace: Bearing the Burden of Fetal Risks. In: Health and Society 60 (1982), 633–656.

Bickel, H. 1983. Screening auf angeborene Stoffwechselkrankheiten. In: Monatsschrift für Kinderheilkunde 131 (1983), 323–327.

O'Brian, Mary et al. 1978. Neonatal Screening for Alpha-1-Antitrypsin Deficiency. In: Journal of Pediatrics 92 (1978), 1006–1010.

Capron, Alexander 1980. The Continuing Wrong of ,Wrongful Life'. In: Milunsky und Annas 1980, 81–93.

Cartier, L. et al. 1982. Prevention of Mental Retardation in Offspring of Hyperphenylaninemic Mothers. In: American Journal of Public Health 72 (1982), 1386–1390.

Child, Barton 1975. Prospects for Genetic Screening. In: Journal of Pediatrics 87 (1975), 1125–1132.

Clemens, Peter 1984. Neugeborenenscreening auf angeborene Stoffwechselkrankheiten. In: Deutsches Ärzteblatt (B) 14. 10. 1984, 2625–2630.

van den Daele, Wolfgang 1985. Eugenik im Angebot. In: Kursbuch 80 (1985), 41–54.

Deutsch, Erwin 1984. Unerwünschte Empfängnis, unerwünschte Geburt und unerwünschtes Leben verglichen mit wrongful conception, wrongful birth und wrongful life des anglo-amerikanischen Rechts. In: Monatsschrift für Deutsches Recht 1984, 793–795.

Doberthien, Marliese 1976. Kritik des Frauenarbeitsschutzes. In: Zeitschrift für Rechtspolitik 9 (1976), 106–110.

Eibach, Ulrich 1985. Konflikte in der Humangenetischen Beratung: Ein Beratungsmodell. In: Diakonie 11 (1985), 110–115.

Eibach, Ulrich und Angelika Eibach-Bialas 1981. Genetische Beratung, pränatale Diagnostik und Ethik. In: Medizinische Welt 32 (1981) 1453–1455.

Emery, Alan et al. 1974. A Genetic Register System (RAPID), in: Journal of Medical Genetics 11 (1974) 145–151.

Emery, Alan et al. 1978. A Report on Genetic Registers. In: Journal of Medical Genetics 15 (1978), 435–442.

Erbe, Richard 1981. Issues in Newborn Screening. In: Birth Defects 17 (1981), 167–179.

Evans, Hugh und Nora Bognacki 1979. Alpha-1-Antitrypsin Deficiency and Susceptibility to Lung Disease. In: Environmental Health Perspectives 29 (1979), 57–61.

von Ferber, Christian 1981. Gesundheitsvorsorge im Sozialrecht. In: *Wolfgang Gitter et al. (Hg.):* Im Dienste des Sozialrechts. Festschrift für Georg Wannagat. Köln: Heymanns 1981, 97–113.

Finch, John 1982. No Wrongful Life. In: New Law Journal March 11, 1982, 235–236.

Fletcher, John 1975. Moral and Ethical Problems of Pre-Natal Diagnosis. In: Clinical Genetics 8 (1975), 251–257.

Fletcher, Joseph 1980. Knowledge, Risk, and the Right to Reproduce: A Limiting Principle. In: *Milunsky und Annas 1980,* 131–137.

Frankel, Charles 1974. The Specter of Eugenics. In: Commentary 57 (March 1974), 25–33.

Fuchs, Maximilian 1981. Die zivilrechtliche Haftung des Arztes aus der Aufklärung über Genschäden. In: Neue Juristische Wochenschrift 1981, 610–613.

Gastonguay, Paul 1977. Human Genetics: A Model of Responsibility. In: Ethics in Science & Medici ne 4 (1977), 119–134.

Gebhardt, E. 1984. Gefährdung des menschlichen Erbgutes im modernen Zivilisationsmilieu. In: *Schloot 1984,* 69–92.

Göckenjahn, Gerd 1980. Politik und Verwaltung präventiver Gesundheitssicherung. In: Soziale Welt (1980) 156–175.

Goedde, H. W. 1979. Ökogenetik. In: Fortschritte der Medizin 97 (1979), 127–128 und 165–167.

Grimm, T. 1981. Neugeborenen-Screening nach Duchennescher Muskeldystrophie. In: Monatsschrift für Kinderheilkunde 129 (1981), 414–417.

Gröbe, H. 1983. Screening – Untersuchungen bei Neugeborenen. In: Monatsschrift für Kinderheilkunde 131 (1983), 806–809.

Grover, Ranjeet et al. 1983. Current Sickle Cell Screening Program for Newborns in New York City. In: American Journal of Public Health 73 (1983), 249–252.

Gusella, J. et al. 1983. A Polymorphic DNA Marker Genetically Linked to Huntington's Disease. In: Nature 306 (1983), 234–238.

Harper, Peter et al. 1982. A Genetic Register for Huntington's Chorea in South Wales. In: Journal of Medical Genetics 19 (1982), 241–245.

Heilmann, Joachim und Wolfgang Thelen 1977. Der werksärztliche Fragebogen – ein Mitbestimmungsproblem. In: Betriebsberater 1977, 1556–1559.

Heldrich, Andreas 1965. Der Deliktsschutz des Ungeborenen. In: Juristenzeitung 1965, 593–599.

Hoffmann, Paul 1975. Zur Offenbarungspflicht des Arbeitnehmers. In: Zeitschrift für Arbeitsrecht 6 (1975) 1–64.

Holden, C. 1981. Air Force Challenged on Sickle Trait Policy. In: Science 211 (1981), 257.

Holtzmann, Neil 1980. Public Participation in Genetic Policymaking. In: Milunsky und Annas 1980, 247–258.

Jahrbuch 1981/1982. Fortschritt und Fortbildung in der Medizin. Jahrbuch 1981/1982, Deutscher Ärzteverlag 1981, 31–84.

Jörgensen, G. 1979. Genetische Individualprognostik. In: Münchener Medizinische Wochenschrift 121 (1979) 1595–1596.

Jonas, Hans 1982. Laßt uns einen Menschen klonieren. In: Scheidewege 12 (1982), 462–489.

Körner, H. und U. 1980. Zu ethischen Fragen in der humangenetischen Beratung und pränatalen Diagnostik. In: Deutsches Gesundheitswesen (DDR) 35 (1980), 235–238.

Kolata, Gina 1980. Mass Screening of Neural Tube Defects. In: Hastings Center Report 10 (December 1980), 8–10.

Lappé, Marc 1979. Humanizing the Genetic Enterprise. In: Hastings Center Report 9 (Dec. 1979), 10–15.

Lavine, Mary 1982. Industrial Screening Programs for Workers. In: Environment 24 (1982), 26–38.

Lippman-Hand, A. und Clarke Fraser 1979. Genetic Counseling – The Postcounseling Period: 1. Parent's Perceptions of Uncertainty. 2. Making Reproductive Choices. In: American Journal of Medical Genetics 4 (1979), 51–71 und 73–87.

McGarity, Thomas und Elinor Schroeder 1981. Risk-Oriented Employment Screening. In: Texas Law Review 59 (1981), 999–1076.

McKusick, V. 1969. Family-Oriented Follow-Up. In: Journal of Chronic Disease 22 (1969), 1–7.

McQueen, David 1975. Social Aspects of Genetic Screening for Tay-Sachs-Disease. In: Social Biology 22 (1975), 125–133.

Motulsky, Arno 1978. Bioethical Problems in Pharmacogenetics und Eco-genetics. In: Human Genetics, Suppl. 1 (1978), 185–192.

Motulsky, Arno 1983. The Impact of Genetic Manipulation on Society and Medicine. In: Science 219 (1983), 135–140.

Murken, Jan-Diether et al. 1976. Pränatale genetische Diagnostik. In: Deutsches Ärzteblatt 23 (1976), 2560–2563 (2562).

Murray, J. et al. 1982. Linkage Relationship of a Cloned DNA Sequence on the Short Arm of the X-Chromosome to Duchenne Muscular Dystrophy. In: Nature 300 (1982), 69–71.

Murray, Thomas 1983. Warning: Screening Workers for Genetic Risk. In: Hastings Center Report 13 (Febr. 1983), 5–8.

Murray, Thomas 1983. Genetic Screening in the Workplace: Ethical Issues. In: Journal of Occupational Medicine 25 (1983), 451–454.

Omenn, Gilbert 1982. Predictive Identification of Hypersusceptible Individuals. In: Journal of Occupational Medicine 24 (1982), 369–374.

Papayannopoulou, Thalia et al. 1984. A Haemoglobin Switching Activity Modulates Hereditary Persistence of Fetal Haemoglobin. In: Nature 309 (1984), 71–73.

Porter, Ian 1982. Control of Hereditary Disorders. In: Annual Review of Public Health 3 (1982), 377–319.

Propping, P. 1980. Genetische Familienberatung bei Schizophrenie. In: Deutsche Medizinische Wochenschrift 105 (1980), 273–276.

Ramsey, Paul 1972. Genetic Therapy. In: *Michael Hamilton* (Hg.): The New Genetics and the Future of Man. Grand Rapids: Eerdmans 1972, 157–175.

Reilly, Philip 1978. Government Support of Genetic Services. In: Social Biology 25 (1978), 23–32.

Sahney, S. et al. 1982. Genetic Counseling in Adult Polycystic Kidney Disease. In: American Journal of Medical Genetics 11 (1982), 461–468.

Schmid, Karlheinz 1971. Rechtsprobleme bei der Anwendung von Intelligenztests zur Bewerberauslese. In: Der Betrieb 1971, 1420 ff.

Schmid, Karlheinz 1971. Rechtsprobleme des Stressinterviews. In: Betriebsberater 1971, 1237–1239.

Schmid, Karlheinz 1974. Mitbestimmungsrechte des Betriebsrats bei der Verwendung psychologischer Testverfahren. In: Der Betrieb 1974, 1910–1913.

Schroeder, Traute 1982. Ethische Probleme bei genetischer Beratung in der Schwangerschaft. In: Monatsschrift für Kinderheilkunde 130 (1982), 71–74.

Schulte, Franz-Josef 1981. Neuropädiatrisches Screening, einschließlich neuromuskulärer Erkrankungen. In: *Jahrbuch 1981/1982,* 63–73.

Seller, Mary 1982. Ethical Aspects of Genetic Counseling. In: Journal of Medical Ethics 8 (1982), 185–188.

Severo, Richard 1980. Screening Blacks by Dupont Sharpens Debate on

Gene Tests. In: New York Times, Febr. 4, 1980 (abgedruckt auch in *Hearing* Oct. 14, 1981, 290 ff.).

Shaw, Margery 1984. Conditional Prospective Rights of the Fetus. In: Journal of Legal Medicine (Chicago) 5 (1984), 63–116.

Slade, Michael 1982. The Death of Wrongful Life: A Case for Resuscitation? In: New Law Journal September 16, 1982, 874–876.

Sperling, K. 1984. Genomanalyse beim Menschen. Manuskript, Institut für Humangenetik der Freien Universität, Berlin 1984.

Stokinger, H. und L. Scheel 1973. Hypersusceptibility and Genetic Problems in Occupational Medicine – A Consensus Report. In: Journal of Occupational Medicine 15 (1973), 564–573.

Teltscher, Betty und Stephan Polgar 1981. Objective Knowledge about Huntington's Disease and Attitudes Toward Predictive Tests of Persons at Risk. In: Journal of Medical Genetics 18 (1981), 31–39.

Thomas, S. 1982. Ethics of Predictive Tests for Huntington's Chorea. In: British Medical Journal 284 (1982), 1383–1389.

Ulrich, L. 1976. Reproductive Rights and Genetic Disease. In: *Humber und Almeder 1976,* 373–382.

Vogel, Friedrich 1984. Genetik psychischer Eigenschaften. In: *Schloot 1984,* 47–67.

Weatherall, D. 1984. Prenatal Diagnosis of Thalassemia. In: British Medical Journal 288 (1984), 1331–1322.

Witkin, Hermann u. a. 1976. Criminality in XYY – and XXY Men. In: Science 193 (1976), 547–555.

World Health Organization (WHO) 1983. Community Control of Hereditary Anemias. Memorandum from a WHO Meeting. In: Bulletin of the World Health Organization 61 (1983), 63–80.

Zeesman, Susan et al. 1984. A Private View of Heterozygosity: Eight-Year Follow-Up Study on Carriers of the Tay – Sachs Gene Detected by High School Screening in Montreal. In: American Journal of Medical Genetics 18 (1984), 769–778.

Kapitel III
‚Negative‘ Eugenik

Reports, Dokumente

Bundesvereinigung Lebenshilfe für geistig Behinderte e. V. 1974. Stellungnahme zu der im Rahmen eines fünften Gesetzes zur Reform des Strafrechts vorgesehenen Neuregelung der Strafbarkeit der Sterilisation. 21. 2. 1974.

Diakonisches Werk der evangelischen Kirche in Deutschland 1975. Zur Frage der Sterilisation geistig Behinderter. Stellungnahme 3. 10. 1975.

Schweizerische Akademie der medizinischen Wissenschaften 1982. Medizinisch-ethische Richtlinien zur Sterilisation. In: Schweizerische Ärztezeitung 63 (1982), 624.

Bücher

Cavalli-Sforza, L. L. und W. F. Bodmer 1971. The Genetics of Human Populations. San Francisco: Freeman 1971.

Chorover, Stephan 1982. Die Zurichtung des Menschen. Frankfurt: Campus 1982.

Collantz, Jürgen und Gebhard Flatz (Hg.) 1976. Geistige Entwicklungsstörungen. Bern: Huber 1976.

Fuhrmann, Walter 1970. Genetik – Moderne Medizin und Zukunft des Menschen. München: Goldmann 1970.

Fuhrmann, Walter und Friedrich Vogel 1982. Genetische Familienberatung (3. Aufl.) Berlin: Springer 1982.

Haldane, J. B. S. 1938. Heredity and Politics. London: Allen 1938.

Kamin, Leon 1974. The Science and Politics of I. Q. New York: Wiley 1974.

Kindred, Michael et al. (Hg.) 1976. The Mentally Retarded Citizen and the Law. New York: Free Press 1976.

Macklin, Ruth und Willard Gaylin (Hg.) 1981. Mental Retardation and Sterilization: A Problem of Competency and Paternalism. New York: Plenum 1981.

Medawar, Peter 1961. Die Zukunft des Menschen. Frankfurt: Fischer 1962.

Mitscherlich, Alexander und Fred Mielke 1978. Medizin ohne Menschlichkeit. Frankfurt: Fischer 1978.

Nachtsheim, Hans 1952. Für und wider die Sterilisierung aus eugenischer Indikation. Stuttgart: Thieme 1952.

Overhage, Paul 1977. Die biologische Zukunft des Menschen. Frankfurt: Knecht 1977.

Powledge, Tabahita. The Last Taboo: Genetic Manipulation and Eugenics. Boston: Houghton (im Erscheinen).

Reilly, Philip 1977. Genetics, Law and Social Policy. Cambridge: Harvard 1977.

Robitcher, Jonas (Hg.) 1973. Eugenic Sterilization. Springfield: Thomas 1973.

Stengel, Hans 1980. Grundriß der menschlichen Erblehre. Stuttgart: Wissenschaftliche Buchgesellschaft 1980.

Vogel, Friedrich und Arno Motulsky 1982. Human Genetics. Berlin: Springer 1982.

Vogel, Friedrich und Peter Propping 1981. Ist unser Schicksal mitgeboren? Moderne Vererbungsforschung und menschliche Psyche. Berlin: Severin 1981.

Artikel

Bass, Medora 1973. Voluntary Eugenic Sterilization. In: Robitcher 1973, 94–112.

Bass, Medora 1978. Surgical Contraception: A Key to Normalization and Prevention. In: Mental Retardation 16 (1978), 399–404.

Bayles, Michael 1978. Sterilization of the Retarded: In Whose Interest? The Legal Precedents. In: Hastings Center Report 8 (1978), 37–41.

v. Bracken, H. 1969. Humangenetische Psychologie. In: *Peter Becker (Hg.):* Humangenetik. Handbuch Band I/2. Stuttgart: Thieme 1969.

van den Daele, Wolfgang 1985. Eugenik im Angebot. In: Kursbuch 80 (Juni 1985), 41–54.

Eser, Albin und Hans-Georg Koch 1984. Aktuelle Rechtsprobleme der Sterilisation. In: Medizinrecht 1984, 6–13.

Falek, Arthur 1971. Differential Fertility and Intelligence. In: Social Biology 18 (Supplement) (1971), 50–59.

Flatz, Gebhard 1976. Verhütung geistiger Behinderung als Aufgabe der Humangenetik. In: *Collantz und Flatz 1976,* 11–18.

Fraser, G. R. 1972. The Implications of Prevention and Treatment of Inherited Disease for the Genetic Future of Mankind. In: Journal de Genetique Humaine 20 (1972), 185–205.

Gastonguay, Paul 1977. Human Genetics: A Model of Responsibility. In: Ethics in Science & Medicine 4 (1977), 119–134.

Gianelli, Donald 1973. Eugenic Sterilization and the Law. In: *Robitscher 1973,* 60–81.

Gillberg, C. und M. Geijer-Karlsson 1983. Children born to Mentally Handicapped Women: A 1–21 Year Follow-Up Study of 41 Cases. In: Psych. Medicine 13 (1983), 891–894.

Glass, Bentley 1966. Effects of Changes in the Physical Environment. In: *John Roslansky (Hg.):* Genetics and the Future of Man. Amsterdam: North Holland 1966, 23–47.

Gottesmann, Irving und L. Erlenmeyer-Kimling (Hg.) 1971. Differential Reproduction in Individuals with Mental and Physical Disorders. In: Social Biology 18 (Supplement) (1971).

Hardin, Garret 1974. The Moral Threat of Personal Medicine. In: *Mack Lipkin und Peter Rowley (Hg.):* Genetic Responsibility. New York: Plenum 1974, 85–91.

Hartung, John und Peter Ellison 1977. A Eugenic Effect of Medical Care. In: Social Biology 24 (1977), 192–199.

Hayes, Susan und Robert Hayes 1982. Contraception for Intellectually Handicapped People: Legal and Ethical Issues. In: Healthright (Australien) 1 (1982) Heft 4, 5–7.

Heidenreich, W., P. Petersen und J. Schneider 1982. Zur Sterilisation von geistig behinderten Frauen. In: Geburtshilfe und Frauenklinik 42 (1982), 554–557.

Horn, Eckhard 1983. Strafbarkeit der Zwangssterilisation. In: Zeitschrift für Rechtspolitik 1983. 265–266.

Huxley, Julian 1962. Eugenics in an Evolutionary Perspective. In: Eugenics Quarterly 54 (1962), 123 ff.

Huxley, Julian 1966. Die Zukunft des Menschen – Aspekte der Evolution.

In: *Gordon Wolstenholme (Hg.):* Das umstrittene Experiment: Der Mensch. München: Desch 1966, 31–52.

Kaiser, Günther 1969. Eugenik und Kriminalwissenschaft heute. In: Neue Juristische Wochenschrift 1969, 538–544.

Kemp, Tage 1957. Genetic-Hygienic Experiences in Denmark in Recent Years. In: Eugenics Review 49 (1957), 11–18.

Kerr, C. B. 1987. Negative and Positive Eugenics. In: *H. Messel (Hg.):* The Biological Manipulation of Life. New York: Pergamon 1981, 281–310.

Koffka, Else 1968. Wie soll die freiwillige Sterilisierung künftig gesetzlich geregelt werden? In: *Roderich Glanzmann (Hg.):* Ehrengabe für Bruno Heusinger. München: Beck 1968, 355–371.

Kramer, John 1976. The Right Not to be Mentally Retarded. In: *Kindred 1976,* 32–59.

Lederberg, Joshua 1970. Orthobiosis: The Perfection of Man. In: *A. Tiselius und S. Nilson (Hg.):* The Place of Science in a World of Facts. Uppsala: Almquist 1970, 29–58.

Mackenzie, Donald 1976. Eugenics in Britain. In: Social Studies of Science 6 (1976), 499–532.

Mather, K. 1963. Genetical Demography. In: Proceedings of the Royal Society. Series B 159 (1963), 106–124.

Muller, Herman 1961. Human Evolution by Voluntary Choice of Germ Plasm. In: Science 134 (1961), 643 f.

Neel, James 1969. Thoughts on the Future of Human Genetics. In: Medical Clinics of North America 53 (1969), 1001–1011.

Neuwirth, Gloria et al. 1975. Capacity, Competence, Consent: Voluntary Sterilization of the Mentally Retarded. In: Columbia Human Rights Law Review 6 (1974/1975), 447–472.

Neville, Robert 1978. Sterilization of the Retarded: In Whose Interest? The Philosophical Arguments. In: Hastings Center Report 8 (June 1978), 33–37.

Osborn, Frederick und Carl Bajema 1972. The Eugenic Hypothesis. In: Social Biology 19 (1972), 337–345.

Paul, Julius 1968. The Return of Punitive Sterilization Proposals. In: Law and Society Review 3 (1968), 77–106.

Paul, Julius 1973. State Eugenic Sterilization History: A Brief Overview. In: *Robitcher 1973,* 25–40.

Reed, Sheldon und S. Reed 1971. Mental Retardation and Fertility. In Social Biology 18 (Supplement) (1971), 42–49.

Reed, S. und V. Elving 1973. Effects of Changing Sexuality on the Gene Pool. In: *de la Cruz, T. und G. La Veck (Hg.):* Conference on Human Sexuality and the Mentally Retarded. New York: Brunner 1973, 111–137.

Smith, John Maynard 1966. Eugenics and Utopia. In: *Frank Manuel (Hg.):* Utopia and Utopian Thought. Boston: Houghton 1966, 150–168.

Thompson, Travis 1978. Sterilization of the Retarded: In Whose Interest?

The Behavioral Perspective. In: Hastings Center Report 8 (June 1978), 29–32.

Vitello, John 1978. Involuntary Sterilization: Recent Developments. In: Mental Retardation 16 (1978), 405–409.

Vogel, Friedrich 1967. Können und dürfen wir Menschen züchten? In: Hippokrates 1967, 640–650.

Wald, Patricia 1978. Basic Personal and Civil Rights. In: *Kindred 1976,* 3–26.

Witkowski, R. und P. Großmann 1980. Häufigkeit und Prophylaxe genetisch bedingter Defekte und Erkrankungen. In: Ärztliche Jugendkunde 71 (1980), 21–26.

Kapitel IV
Gentherapie

Reports, Dokumente

Humane Grenzen des technisch Machbaren 1981. Positionspapier der Kommission für Grundwerte beim SPD-Parteivorstand, Februar 1981.

Office of Technology Assessment (OTA 1984). Human Gene Therapy. Background Paper. Washington: OTA-BP-BA 32, 1984.

Parlamentarische Versammlung des Europarates 1981, 1982. Genetic Engineering: Risks and Chances for Human Rights. Hearing, Kopenhagen 25./26. 5. 1981. Straßburg: Europarat 1981.
Empfehlung Nr. 934, Betr. Genmanipulation (1982) Bundestagsdrucksache 9/1373, 11 f.

Splicing Life 1982. President's Commission for the Study of Ethical Problems in Medicine and Biomedical and Behavioral Research: Splicing Life. The Social and Ethical Issues of Genetic Engineering with Human Beings. Washington: GPO 1982.

Working Group on Human Gene Therapy of the National Institutes of Health (NIH) 1985. Points to Consider in the Design and Submission of Human Somatic-Cell Gene Therapy Protocols. In: Federal Register 50 (Jan. 22, 1985) 2939–2945.

Bücher

Bundesminister für Forschung und Technologie (BMFT 1984) (Hg.). Ethische und rechtliche Probleme der Anwendung zellbiologischer und gentechnischer Methoden am Menschen. München: Schweitzer 1984.

Fischer, Gerfried 1979. Medizinische Versuche am Menschen. Göttingen: Schwartz 1979.

Friedmann, Theodore 1983. Gene Therapy – Fact and Fiction. Cold Spring Harbor Laboratory 1983.

Klingmüller, Walter 1976. Genmanipulation und Gentherapie. Berlin: 1976.

Karp, Laurence 1976. Genetic Engineering. Threat or Promise? Chicago: Nelson 1976.

Koslowski, Peter et al. (Hg.) 1983. Die Verführung durch das Machbare. München: Hirzel 1983.

Moraczewski, Albert 1983. Genetic Medicine and Engineering. Ethical and Social Dimensions. St. Louis: Catholic Health Association 1983.

Artikel

Anderson, French 1984. Prospects for Human Gene Therapy. In: Science 226 (1984), 401–409.

Anderson, French und John Fletcher 1980. Gene Therapy in Human Beings: When is it Ethical to Begin? In: New England Journal of Medicine 303 (1980), 1293–1296.

Culliton, Barbara 1985. Gene Therapy: Research in Public. In: Science 227 (1985), 493–496.

Cohen, Bernhard 1980. The Fear and Distrust of Science in Historical Perspective: Some First Thoughts. In: Andrei Marcovits und Karl Deutsch (Hrsg.) Fear of Science – Trust in Science, Königstein: Hain 1980, 29–58.

Eser, Albin 1983. Recht und Humangenetik. Juristische Überlegungen zum Umgang mit menschlichem Erbgut. In: Koslowski 1983, 49–69.

Löw, Reinhard 1983. Gen und Ethik. Philosophische Überlegungen zum Umgang mit menschlichem Erbgut. In: Peter Koslowski 1983, 33–48.

Palmiter, R. et al. 1982. Dramatic Growth of Mice that Develop from Eggs Microinjected with Metallothionein Growth Hormone Fusion Genes. In: Nature 300 (1982), 611–615.

Terheggen, H. et al. 1975. Unsuccessful Trial of Gene Replacement in Arginase Deficiency. In: Zeitschrift für Kinderheilkunde 119 (1975), 1–3.

von Weizsäcker, Christine und Ernst 1984. Fehlerfreundlichkeit. In: Klaus Kornwachs (Hg.): Offenheit, Zeitlichkeit, Komplexität. Zur Theorie offener Systeme. Frankfurt: Campus 1984.

Kapitel V
Die Politik der menschlichen Natur

Bücher

Callahan, Daniel 1983. The Tyranny of Survival. New York: Macmillan 1973.

Fletcher, Joseph 1974. The Ethics of Genetic Control. Garden City: Anchor 1974.

Glover, Jonathan 1984. What Sort of People Should there be? Genetic Engineering, Brain Control and Their Impact on Our Future World. Harmondsworth: Penguin 1984.

Häring, Bernhard 1976. Ethik der Manipulation. Graz: Styria 1976.

Löw, Reinhard 1985. Leben aus dem Labor. Gentechnologie und Verantwortung. Gütersloh: Bertelsmann 1985.

Macklin, Ruth 1982. Man, Mind and Morality. Englewood: Prentice-Hall 1982.

Medawar, Peter 1962. Die Zukunft des Menschen. Frankfurt: Fischer 1962.

Overhage, Paul 1977. Die biologische Zukunft des Menschen. Frankfurt: Knecht 1977.

Rifkin, Jeremy 1984. Algeny. Harmondsworth: Penguin 1984.

Rotschuh, Karl (Hg.) 1975. Was ist Krankheit? Darmstadt: Wissenschaftliche Buchgesellschaft 1975.

Wolstenholme, Gordon (Hg.) 1966. Das umstrittene Experiment: Der Mensch. München: Desch 1966.

Artikel

Benda, Ernst 1985. Die Erprobung der Menschenwürde am Beispiel der Humangenetik. In: Aus Politik und Zeitgeschehen. Beilage der Wochenzeitung Das Parlament 19. Januar 1985, 18–36.

Chargaff, Erwin 1978. Wenig Lärm um Viel. In: Scheidewege 8 (1978), 289–309.

van den Daele, Wolfgang 1985. Eugenik im Angebot. In: Kursbuch 80 (1985), 41–54.

van den Daele, Wolfgang und Wolfgang Krohn 1982. Anmerkungen zur Legitimation der Naturwissenschaften. In: Klaus-Michael Meyer-Abich (Hg.): Physik, Philosophie und Politik. Festschrift für Carl-Friedrich von Weizsäcker. München: Hanser 1982, 416–429.

Eisenberg, Leon 1976. The Outcome as Cause: Predestination and Human Cloning. In: Journal of Medicine and Philosophy 1 (1976), 318–331.

Frankel, Charles 1974. The Specter of Eugenics. In: Commentary 57 (March 1974), 25–33.

Lappé Marc 1972. Moral Obligations and the Fallacies of ‚Genetic Control'. In: Theological Studies 33 (1972), 411–427.

Miller, Lawrence 1977. Genetic Disease and Social Pathology. In: Ethics in Science & Medicine 4 (1977), 29–50.

Roberts, Catharine 1964. Some Reflections on Positive Eugenics. In: Perspectives in Biology and Medicine 7 (1964), 297–307.

Sinsheimer, Robert 1978. The Presumptions of Science. In: Daedalus. Spring 1978 (The Limits of Scientific Inquiry), 23–35.

Der Autor

Wolfgang van den Daele, geb. 1939, Dr. jur., Studium der Rechtswissenschaft und Philosophie in Hamburg, Tübingen und München. Mitarbeiter des Forschungsschwerpunkts Wissenschaftsforschung an der Universität Bielefeld. Mitglied der Enquetekommission ‚Chancen und Risiken der Gentechnologie‘ des Deutschen Bundestages.

Veröffentlichungen u. a.: Experimentelle Philosophie (mit G. Böhme u. a.). Frankfurt 1977. Die gesellschaftliche Orientierung des wissenschaftlichen Fortschritts (mit G. Böhme u. a.). Frankfurt 1978. Geplante Forschung (mit W. Krohn u. a.). Frankfurt 1979.

Grundprobleme der Ethik

Annemarie Pieper
Ethik und Moral
Eine Einführung in die praktische Philosophie
1985. 195 Seiten. Broschiert
(Beck'sche Elementarbücher)

Otfried Höffe (Hrsg.)
Lexikon der Ethik
3., erweiterte Auflage. 1985. 296 Seiten.
Paperback (Beck'sche Schwarze Reihe Band 152)

Robert Spaemann
Moralische Grundbegriffe
2. Auflage. 1983. 109 Seiten. Paperback
(Beck'sche Schwarze Reihe Band 256)

George E. Moore
Grundprobleme der Ethik
1975. 155 Seiten. Paperback (Beck'sche Schwarze Reihe Band 126)

Albert Schweitzer
Die Ehrfurcht vor dem Leben
Grundtexte aus fünf Jahrzehnten.
4. Auflage. 1984. 167 Seiten. Paperback
(Beck'sche Schwarze Reihe Band 255)

Gotthard M. Teutsch
Tierversuche und Tierschutz
1983. 164 Seiten. Paperback (Beck'sche Schwarze Reihe Band 272)

Helmut Seiffert
Einführung in die Wissenschaftstheorie
Band 3: Handlungstheorie, Modallogik, Ethik, Systemtheorie
1985. 230 Seiten. Paperback (Beck'sche Schwarze Reihe Band 270)

Verlag C. H. Beck München

Umweltschutz und Industriekritik

Rolf Peter Sieferle
Fortschrittsfeinde?
Opposition gegen Technik und Industrie von der Romantik
bis zur Gegenwart. 1984. 301 Seiten. Broschiert

Rolf Peter Sieferle
Der unterirdische Wald
Energiekrise und Industrielle Revolution
1982. 284 Seiten. Paperback (Beck'sche Schwarze Reihe Band 266)

Ina-Maria Greverus / Erika Haindl (Hrsg.)
Versuche der Zivilisation zu entkommen
1983. 208 Seiten. Paperback (Beck'sche Schwarze Reihe Band 275)

Klaus Michael Meyer-Abich / Bertram Schefold (Hrsg.)
Wie möchten wir in Zukunft leben
Der „harte" und der „sanfte" Weg
1981. 239 Seiten. Paperback (Beck'sche Schwarze Reihe Band 242)

Rolf Bauerschmidt
Kernenergie oder Sonnenenergie
1985. 247 Seiten mit 20 Abbildungen und 29 Tabellen. Paperback
(Beck'sche Schwarze Reihe Band 296)

Alexander Roßnagel
Bedroht die Kernenergie unsere Freiheit
Das künftige Sicherungssystem kerntechnischer Anlagen
2., durchgesehene Auflage. 1983. 317 Seiten mit 2 Abbildungen und
6 Tabellen. Paperback (Beck'sche Schwarze Reihe Band 279)

Alexander Roßnagel
Radioaktiver Zerfall der Grundrechte?
Zur Verfassungsverträglichkeit der Kernenergie
1984. 320 Seiten. Paperback (Beck'sche Schwarze Reihe Band 291)

Verlag C. H. Beck München